KB105337

금메달 물리학

GOLD MEDAL PHYSICS

금메달 물리학

존 에릭 고프 지음 **진선미** 옮김

Gold Medal Physics: The Science of Sports

by John Eric Goff

Copyright ⓒ 2010 The Johns Hopkins University Press
All rights reserved.

This Korean edition was published by Yangmoon Publishing Co., Ltd. in 2015 by arrangement with
The Johns Hopkins University Press, Baltimore, Maryland through KCC(Korea Copyright Center Inc.), Seoul.

이 책은 (주)한국저작권센터(KCC)를 통한 저작권자와의 독점계약으로 (주)양문에서 출간되었습니다.
저작권법에 의해 한국 내에서 보호를 받는 저작물이므로 무단전재와 복제를 금합니다.

머리말

야구선수가 되기 위해서는 마음속에 수많은 소년이 살고 있어야 한다.

–로이 캄파넬라 Roy Campanella*

나는 메이저리그 야구 역사에서 가장 위대한 포수였던 캄파넬라의 생각에 전적으로 동의한다. 야구도 다른 스포츠 종목들처럼 승부를 놓고 엎치락뒤치락하는 게임이다. 아이들은 스포츠이건 아니면 다른 어떤 것이든 게임을 할 때 세상에서 가장 순수한 즐거움을 누린다. 이와 같은 즐거움에는 미지의 것에 대한 호기심이 큰 역할을 할 것이다. 내가 어렸을 적 야구를 할 때면 '다음에는 어떻게 될까?'라는 호기심이 나를 게임에 빠져들게 만들었다.

이러한 호기심은 과학에도 그대로 적용된다. 아마 어린이 속에 과학자라는 존재의 특성이 가장 잘 함축되어 있을 것이다. 아이들은 순진무구한 감정에서 항상 '왜'라는 질문을 던진다. 하늘이 왜 푸르고, 자동

*메이저리그 첫 흑인포수로서 세 번이나 MVP로 뽑혔던 미국 프로야구 선수.

차 바퀴는 왜 필요하며, 야구장에서 사먹는 핫도그를 왜 핫도그라 부르게 되었는지 알고 싶어 한다. 부모이기도 한 나는 아이들 마음속 호기심의 세계는 끝없이 넓다는 것을 알고 있다. 그러나 확실한 것은 우리 모두 그 속에서 살아왔다는 사실이다. 사람들은 누구에게나 나이에 상관없이, 억누를 수 없는 호기심에서 마침내 '알았다!'라고 크게 소리치고 싶었던 순간이 있었을 것이다. 그것이 바로 과학자들이 하는 행동방식이다. 우리는 단지 세계가 어떻게 작동하는지 알고자 한다. 나도 물리학자로서의 일을 해 나가는 동안 어떤 새로운 것을 알게 되면 어린이 야구 리그에서 안타를 쳤을 때처럼 기뻐한다.

이 책에는 나의 스포츠에 대한 사랑과 과학에 대한 열정이 결합되어 있다. 스포츠의 세계는 실로 매우 방대하다. 그러나 여기서 내가 전 세계의 모든 스포츠들을 다 논의하더라도 어린이 야구경기장에서 일어나는 일들조차도 완전하게 설명할 수 없을 것이다. 나는 이 책에서 독자들이 물리학이라는 안경을 통해 스포츠의 세계를 보는 방법을 알게 되기를 바란다. 여기서 내가 선택한 스포츠는 내가 열정을 가지고 지켜보았거나 내가 그 스포츠에 대해 들었을 때 흥미가 솟아나게 된 종목들이다.

나는 스포츠를 좋아하거나 또 과학에 최소한 약간의 관심을 가진 독자들을 염두에 두고 이 책을 썼다. 그래서 대학 1학년 교양 물리학 범위를 크게 벗어나지 않도록 했다. 하지만 내가 탐구하는 범위 이상으로 깊이 파고 들어갈 수 있는 영역은 이 책의 곳곳에 널려 있다. 나는 이 책을 '스포츠 물리학' 교과서로 만들지는 않았다. 물론 그렇게 사용되거나 보충 교재나 연구 아이디어로 채택될 수는 있을 것이다. 스포츠를 사랑하고 아직 약간의 동심이 남아 있다면, 그리고 세계가 어떻게 작동하는지 궁금한 독자에게는 이 책이 많은 도움이 될 것이다.

이 책이 만들어지기까지 많은 분들이 도움을 주었다. 가장 먼저 나는 이 책의 출판을 담당한 존스홉킨스대학 출판부의 트레베 립스콤배에게 감사를 전한다. 그가 책에 대한 아이디어를 내게 제안하지 않았다면 이 책을 쓸 생각도 하지 못했을 것이다. 글을 쓰는 동안 그는 불필요한 부분을 떼어내고 다듬는 데 도움을 주었다. 역시 존스홉킨스대학 출판부에 근무하는 쥴리 맥카시, 킴 존슨, 로빈 레니슨, 클리어 맥케이어탐브리노, 캐시 알렉산더, 브렌던 코인, 그렉 니콜, 그리고 에이린 코사인도 출판 과정에 여러 도움을 주었다. 빌 카버는 문장을 매우 꼼꼼하게 교정해주었다. 나는 이 책을 쓰는 동안 스포츠에 대해 많이 배울 수 있었을 뿐만 아니라 빌로부터 영어에 대해서도 많이 배우게 되었다.

린치버그대학의 여러 교수와 학생들에게도 감사한다. 물리학 동료 교수인 율리어스 시글러는 여러 챕터를 읽고 좋은 조언을 제공해주었다. 앨리슨 자블론스키, 존 스티르스키, 조지 슈핀, 리치 버크, 그리고 로레타 돈 등과 나눈 대화는 이 책을 쓰는 데 많은 도움이 되었다. 로버트 화이트가 내게 불어/영어 번역으로 도움을 준 데 감사한다. 제7장은 나의 연구지도 학생이었던 벤 한나스와 브랜든 쿡이 중요한 아이디어를 제공해주었기에 가능했다. 잭 톰스가 트랙과 필드경기에 대해 여러 가지 이야기를 해준 데 감사하며, 크리스 예거와 린치버그대학 축구팀은 고맙게도 연습시간을 방해받아가며 나를 도와주었다. 로리 리 워싱턴은 원반던지기와 관련하여 흥미 있는 이야기들을 해주었다. 그래픽 아티스트 2명은 좋은 그림을 만들어주었다. 레베카 호스킨스와 케니 라이트는 그림 작업에 도움을 주었다. 브라이언 애치슨은 제1장을 쓰는 데 몇 가지 좋은 제안을 해주었다. 로빈 베링턴은 내가 스모 연구를 시작하는 데 큰 도움을 주었다. 제이와 맨디 게를라흐 및 자렛 게를라흐는 제10장에서 재미있게 다룬 자료를 만들어주었다.

끝으로, 나의 가족들이 없었다면 이 모두가 가능하지 않았을 것이다. 나의 예쁜 딸, 에밀리와 애비의 사랑이 고맙고, 최고의 과학자는 어린이라는 것을 이 녀석들이 깨우쳐주었다. 아내 수잔은 생각할 수 있는 모든 방법으로 나를 도와주었다. 많은 단원들의 초고를 읽고 귀한 조언을 해주었으며 내가 키보드를 붙잡고 보낸 많은 시간 동안 놀라운 끈기로 기다려주었다. 많은 사람들이 이 책을 읽고 편집에 참여했지만, 남아 있는 오류는 전적으로 내 책임임을 밝힌다.

CONTENTS

머리말 5

01 스포츠는 물리학으로 이루어져 있다 11

02 물리학자처럼 생각하기와 벡터 31

03 중력과 포물선운동 51

04 모형으로 우승시간을 예측하다 71

05 더 큰 추진력과 각운동량 101

06 물과 얼음에서 펼쳐지는 회전의 세계 131

07 휘어져 날아가는 킥의 과학 171

08 원반의 구심운동과 양력 205

09 스모 선수의 칼로리 소모와 선형운동량 243

10 승부를 맞추는 S방정식 275

후주(後註) 291

추천문헌 309

옮긴이의 글 313

찾아보기 317

01 스포츠는 물리학으로 이루어져 있다

딱! 야구방망이가 야구공을 때릴 때 나는 소리다. 어떤 사람들은 이 소리가 들릴 때, 야구를 하며 놀던 자신의 어린 시절을 떠올리며 회상에 잠긴다. 유명한 프로야구선수가 되어 수많은 관중들 앞에서 경기하게 될 날이 올 것이라 진지하게 믿었던 시기가 많은 사람들에게 있었을 것이다. 그렇지만 어릴 때 야구를 해본 경험이 없는 사람이라면 그 소리가 마음에 와 닿지 않고, 자동차 경적소리나 마찬가지로 들릴 것이다. 이렇게 우리는 각자 다른 방식으로 세계를 경험한다. 그리고 세계에 대해 더 많이 알게 될수록 우리의 경험도 풍부해질 수 있다. 예를 들어, 내 아내와 나는 2001년 여름 클리블랜드 인디언스Cleveland Indians의 프로야구 경기를 관람했다. 우리는 클리블랜드의 멋진 홈구장 제이콥스(현 프로그레시브) 필드의 우측 외야석에 앉았고, 야구경기에 완벽하게 어울리는 저녁이었다. 나는 어릴 적 야구를 즐겨했고, 내가 본 야구경기 수는 셀 수 없을 정도로 많았다. 그래서 경기장면과 들리는 소리에 매우 익숙해 있었다. 그러나 내 아내가 본 야구경기는 한 손으로도 셀 수 있을 정도로 몇 번밖에 되지 않았다.

경기 초반, 타자가 친 야구공이 우측 외야 쪽으로 날아와서 야구팬들이 말하는 '캔 오브 콘(can of corn : 높이 떠서 수비수가 쉽게 받을 수 있는 공—옮긴이)'이 되었다. 외야수가 야구공을 잡아서 내야수에게 던져주자, 아내가 내게 물었다. "야구방망이가 야구공을 치는 소리가 들리기 전에 야구공이 날아올랐는데 이상하지 않아요?" 그 순간 사람들마다 세계를 매우 다르게 경험한다는 생각이 내 머리를 스쳤다. 나는 물리학자이고 내 아내 수잔은 일본어 통역사이기 때문이다.

인디언스 게임을 관람하기 2개월 전에 아내와 나는 2주 동안 일본에 있었다. 그 전까지 나는 나이아가라 폭포의 캐나다 쪽을 구경할 때 외에는 미국을 떠나본 적이 없었다. 그렇지만 아내 수잔의 경우는 유럽과 아시아 여러 곳을 여행했고 일본에서는 5년 동안 살았다. 그래서 비행기로 13시간이나 걸리는 먼 곳인데도 별 다른 여행 준비가 필요 없었다. 수잔은 마치 고향에 온 것처럼 행동했다. 물론 나도 미국에서는 주유소나 식당, 상점, 호텔, 극장, 병의원 등을 거의 인식하지 않고 지낸다. 너무 익숙해서 그런 것이다. 그러나 일본에 머물 때는 거리를 걸어가면서 눈으로 보아도 무엇인지 전혀 알 수 없었다. 하지만 다행스럽게도 수잔은 거리와 지하철을 앞마당처럼 누비고 다녔다. 내게는 암호문처럼 적힌 단어들도 아내에게는 분명한 의미를 가졌다. 아내는 나와는 세상을 다른 방식으로 보았다고 말할 수 있다. 내가 아내에게 식당 메뉴에 대해 물어보듯이, 아내는 내게 야구공을 때리는 소리에 대해 물어온 것이다.

일본에서도 야구장은 고향에 온 것 같은 느낌을 주었다. 요코하마에 머무를 때는 홈팀 베이스타스와 도쿄 야쿠르트 스왈로스의 경기를 보았다. 일본 야구는 내가 미국에서 알던 야구와는 약간 다르다. 선수와 경기장이 미국보다 작으며, '작은 야구'를 더 강조한다. 번트, 도루, 그리고 희생타 등이다. 마찬가지로 투수들도 파워보다는 '기교'에 더 의존하여 커브나 슬라이더, 스크루볼 같은 공을 더 많이 던진다. 각 팀은 소속된 악대를 외야석에 배치해 둔다. 이닝이 끝날 때마다 악대가 자기 팀의 노래를 연주하고 팬들도 따라서 노래를 부른다. 이런 차이가 있지만 팬들이 술을 마시고 음식을 먹는 등 다른 것들은 기본적으로 동일하다. 야구는 야구인 것이다.

우리는 세계를 더욱 풍부하게 경험하는 방법을 배울 수 있다. 내가 일본에 대해 어느 정도 알았더라면 훨씬 용감한 여행자가 되었을 것이며, 그리고 수잔이 물리학 지식을 조금이라도 가지고 있었다면 소리와 빛의 속력 차이에 대해 생각할 수 있었을 것이다. 이 책을 읽고 있을 독자들도 스포츠의 세계로부터 더 많은 경험을 얻을 수 있기를 희망한다. 독자들이 앞으로 스포츠경기를 보게 되면 그중 일부 측면을 과거보다 더욱 뚜렷하게 이해할 수 있을 것으로 생각되며 이는 독자들에게 큰 즐거움으로 다가올 것이다.

그렇다면 야구공이 야구방망이에서 튕겨 나오는 것을 본 순간부터,

야구방망이가 야구공을 때리는 소리가 들릴 때까지 1초 미만이지만 시차가 생기는 이유는 무엇일까? 소리의 속력과 빛의 속력이 다르기 때문이다. 여기서 우리는 왜 빛의 속력을 고려해야 되는가? 물체를 본다는 것은 결국 그 물체에서 반사된 빛을 보는 것이기 때문이다.

대부분의 경우 우리는 여러 가지 광원에서 나오는 빛이 물체에 부딪혀 반사해 나와서 눈으로 들어오는 것으로 물체를 볼 수 있다.[1] 낮 동안에는 태양이 가장 중요한 광원이 된다. 실내에 있거나 밤에 사물을 봐야 할 때는 할로겐 불빛이나 백열등이 빛을 보내서 보는 것을 도와준다. 물론 다른 광원들도 있다. 하지만 여기서 핵심은 우리가 야구공과 야구방망이가 부딪히는 것을 볼 때는 이들로부터 반사되는 여러 빛들의 조합을 본다는 것이다.

소리도 우리에게 다가와야만 들을 수 있다. 양 손으로 손뼉을 치고 그 소리를 들어 보자. 움직이는 손의 에너지 일부가 손 주위 공기 분자의 운동으로 바뀌어 전달된다. 그 결과 소리의 파, 즉 음파sound wave가 만들어져서 우리에게 도달하고 그 에너지의 일부가 귀로 전달된다. 진공 속에서도 잘 전달되는 빛과는 달리, 소리가 전달되기 위해서는 매질substance이 필요하다. 우리가 듣는 소리의 대부분은 공기를 매질로 하여 전달된다(수영장 물속에 잠수한 상태에서도 소리를 들을 수 있다). 사실 빛은 진공에서 속력이 가장 빠르지만, 소리는 진공 속에서는 전달되지 않는다. 전달을 매개해주는 매질이 없기 때문이다. 그리고 빛이 공기 중에서 물로 들어갈 때는 속력이 25퍼센트 정도 감소되지만, 소리는 공기 중에서 물로 들어갈 때 속력이 4배 이상 증가한다.

야구방망이가 야구공을 때리는 순간, 음파 및 반사된 빛이 야구공과 야구방망이의 충돌 지점을 떠난다. 공기 중에서 빛은 대략 1초에 3억 미터의 속력으로 진행한다.[2] 1초에 지구의 적도 주위를 일곱 바퀴 반을 돌 수 있는 속력이다. 빛보다 빨리 진행하는 것은 없으므로, 빛의 속력은 우주에서의 한계 속력이라 할 수 있다. 한편, 소리의 경우는 빛보다 훨씬 느리다. 포근한 저녁[3] 무렵의 해수면 높이의 공기에서 소리는 1초에 345미터(혹은 시속 1242킬로미터) 속력으로 진행한다. 빛이 지구를 한 바퀴 돌 때[4], 소리는 100미터 축구장 길이의 절반 정도 나아간다.

아내와 나는 포수 앞의 홈플레이트에서 137미터 정도 떨어진 지점에 앉아 있었다. 즉, 빛이 우리에게 도착하기까지 약 2분의 1마이크로초 정도 걸린다는 의미다. 1마이크로초는 100만 분의 1초로, 우리 인간이 전혀 느낄 수 없는 시간이다.[5] 음파는 우리에게 도달할 때까지 약 0.4초가 소요되었다. 이것은 메이저리그 투수들이 던지는 강속구가 투수의 손을 떠나 포수 글러브 속으로 들어갈 때까지 걸리는 시간과 비슷하다. 즉, 빛은 소리보다 거의 100만 배나 빠르게 진행하기 때문에 아내와 나는 야구공이 야구방망이에 부딪히는 소리를 듣기 전에 그 장면을 보았던 것이다. 물론 타자는 이와 같은 현상을 전혀 감지하지 못한다. 1미터 정도 떨어진 곳에 서 있는 타자의 귀에 야구공과 야구방망이가 부딪히는 소리가 들어가기까지 걸리는 시간은 5밀리초(1000분의 5초) 정도로, 눈을 깜빡이는 시간의 20분의 1에 불과하다. 소리가 전달되는 데 걸리는 이와 같은 시간은 너무 짧아서 타자는 야구공이 야구방망이에 부딪히는 장면을 본 순간과 그 소리가 들리는 순간 사이의 차이를 전혀 인식하지 못한다. 이해가 쉽게 예를 들어 비교해 보면, 카메라의 셔터속력을 250(분의 1초)으로 설정했을 때 카메라의 셔터타임은 4밀리초, 꿀벌이 날개를 한 번 펄럭이는 데 소요되는 시간은 5밀리초 정도다. 카메라 셔터가 열렸다 닫히는 시간(셔터타임)이나 꿀벌이 날개를 펄럭이는 시간은, 그 사이에 무슨 일이 일어났는지 아무것도 인식할 수 없는 아주 짧은 순간이기는 마찬가지다. 야구공과 야구방망이가 충돌하는 장면의 빛이 우측 외야석에 앉은 우리 눈에 도달할 때 음파는 아직 1밀리미터의 10분의 2도 진행하지 못했다. 다르게 표현하면, 야구공과 야구방망이의 충돌이라는 시각적 정보가 우리 눈에 도달할 때, 충돌의 소리 정보는 사람 머리털 2개의 굵기만큼의 거리밖에 전달되지 못했다. 그 소리가 우리 귀에 도달할 때쯤 빛은 지구에서 달까지 거리의 3분의 1 정도나 나아갔다. 나와 아내를 비롯하여 외야의 높은 좌석에 앉은 관중들은 이와 같이 소리가 지체되는 것을 인식할 수 있었지만 비싼 내야석에서 구경하는 관중들은 그러지 못했다.

우리 인간들은 야구경기에서 소리가 전달되는 데 시간이 걸린다는 개념이 그저 신기할 뿐이지만 일부 동물들에서는 소리 전달에 지체되는 시간에 생존이 좌우된다. 많은 박쥐들이 음파를 이용하는 음향정위 echolocation라는 기술로, 아무것도 보이지 않는 깜깜한 밤에도 길을 찾아간다. 음파를 이용하여 나무에 부딪히지 않고 비행할 뿐만 아니라 날개를 펄럭이는 곤충과 같은 먹잇감도 찾아 사냥한다.

일부 고래들도 이러한 음향정위 기술을 이용하는 것으로 알려져 있다. 동물이 가진 생체 소나sonar, 즉 음파탐지기는 믿을 수 없을 정도로 정밀하다. 킬러고래orca는 넓은 범위의 음파 빔을 발사한다. 그중 일부가 반사되어 고래의 왼쪽으로 돌아오면, 왼쪽 귀에서 그 메아리가 오른쪽 귀에 도달하기 전에 먼저 감지한다. 그리고 동일한 메아리가 양쪽 귀에 도달할 때 그 세기에 나타나는 아주 작은 차이를 알아내어 주위 세계를 파악한다. 음향정위는 빛이 거의 없는 지역이나 바닷속에서 혹은 밤에 움직이고 사냥할 때 매우 중요한 기능을 한다.

시각에 크게 의존하는 우리 인간은 음향정위 기술이 생존에 크게 중요한 역할을 하지 않는다. 그러나 우리는 음향정위 방법을 재미있게 이용할 수 있다. 이미 알려진 소리의 속력을 이용해 거리를 구하는 대신, 거리를 알 때 이를 이용해 소리의 속력을 구해보는 것이다. 현재 자신이 서 있는 곳에서 외떨어진 큰 건물이나 산기슭까지의 거리를 알 때, '야호!' 같은 단어로 큰 소리로 외친 후 그 메아리가 자신에게 되돌아오기까지 걸린 시간을 손목시계로 측정한다.[6] 큰 벽으로부터 350미터 정도 떨어진 곳에서 소리를 지르고 시계로 측정했을 때 약 2초 후에 그 메아리가 들렸다고 가정하자. 소리가 진행한 전체 거리는 700미터이며 이를 소요된 시간으로 나누면,[7] 소리의 속력이 시속 약 1200킬로미터로 계산된다. 목장 가운데 서서 소리 지르고 손목시계로 측정했는데, 이렇게 나왔다면 아주 부정확한 측정은 아니다.

이렇게 소리의 속력을 구했다는 데 흥분하여 이번에는 비슷한 방식으로 빛의 속력을 구해 보려는 독자가 있을지도 모른다. 소리 지르는 반대편에 큰 거울을 세워두고 제 자리로 돌아와서 손전등이나 펜레이저pen laser를 준비한다. 그리고 쌍안경으로 거울을 관찰하면서 펜레이

저를 켠다. 그러나 빛이 날아가는 시간을 손목시계로 측정하려는 시도는 어김없이 실패한다. 하지만 갈릴레이는 거리를 알고 있는 두 언덕 사이에서 등불 두 개를 이용해서 이와 비슷한 실험을 했다.[8]

한 사람이 언덕 위에서 등불을 깜빡이고 반대쪽 언덕에 위치한 다른 사람은 첫 번째 등불의 불빛이 보일 때 자신의 등불을 깜빡이는 것으로 설정했다. 갈릴레이는 이렇게 하여 빛의 비행속력을 측정할 수 있을 것으로 생각했다. 그러나 그가 확인할 수 있었던 사실은 빛의 속력이 상상할 수 없을 정도로 빠르다는 것뿐이었다. 측정된 모든 시간들은 사람의 반응 시간으로 설명이 가능했기 때문이었다.

현대에 와서 실험을 통해 빛의 속력을 측정하였다. 진공 속에서 빛의 정확한 속력은 2억9979만2458m/s이며, 이에 따라 길이 1미터도 2억9979만2458분의 1초 동안 빛이 진행하는 거리로 정의된다. 갈릴레이 실험의 기본 설계는 오늘날에도 적용된다. 즉, 빛의 속력은 '왕복 시간을 측정하는 실험을 통해서만' 확인 가능하다.

물리학의 응용

야구방망이와 야구공의 충돌에 대한 아내의 의문에 대답하고, 목장에서 소리의 속력을 추정하기 위해 몇 가지 가정을 한다. 세계의 작동 원리에 대한 것이다. 이 중 일부는 지극히 당연하게 보이므로 가정이라 하기도 어렵다. 예를 들어, 빛이나 소리가 야구방망이와 야구공의 충돌 지점에서 출발하여 아내의 귀에 도달하는 데 걸리는 시간은 다음과 같은 방정식을 이용해 계산했다.

$$시간 = \frac{거리}{속력} \qquad (식\ 1.1)$$

이것은 흔히 이용되는 간단한 공식이다. 뉴욕의 양키스 홈구장에서 약 320킬로미터 떨어진 펜웨이파크(보스턴 레드삭스의 홈구장)까지 자동차로 시간이 얼마나 걸릴지 알고 싶다고 하자. 교통체증이나 도로 보수공사, 그리고 톨게이트 같은 자동차 속력을 늦추는 장애물이 일체 없다고 할 때 가장 좋은 운전은 평균 시속 80킬로미터로 달리는 것이다. 이를 〈식 1.1〉에 대입하면 걸리는 시간이 다음과 같이 계산된다.

$$시간 = \frac{320\text{km}}{80\text{km/h}} = 4시간 \qquad (식\ 1.2)$$

이것은 물론 아주 간단하게 나타낸 것이지만, 세계가 어떤 방식으로 작동하는지 설명할 때 물리학은 이렇게 한다.

물리학은 여러 가지 방식으로 세계를 탐구한다. 먼저, 세계 속으로 들어가서 직접 관찰하는 것이다. 실험하고 측정하며, 우리가(혹은 다른 사람들이) 과거에 수행했던 실험을 재현해 본다.

예를 들어, 소리가 야구공과 야구방망이의 충돌 지점에서 오른쪽 외야석까지 오는 데 걸리는 시간을 측정하기 위해 소리 감지기를 타자석과 내가 앉을 외야석 옆에 각각 설치한다. 그리고 두 감지기에 기록된 시간의 차이를 측정한다. 그러나 간단한 실험이지만 경기가 진행되는 중에 하기는 어렵기 때문에 좀 더 통제된 환경을 만들어 실험해야 한다.

내가 실험을 한다고 가정하자. 소리가 포수 홈플레이트 옆에서 우측 외야석의 특정 좌석까지 오는 데 걸리는 시간은 알고 있다. 여기까지는 좋다. 그러나 다른 경기에서 홈플레이트 뒤에 앉았다면 어떻게 할까? 야구공이 야구방망이에 맞는 장면을 눈으로 본 순간과 귀에 '딱!' 하는 소리가 들리는 순간의 시간차를 인식하지 못한다. 야구공이 맞는 소리가 귀에 도달할 때까지 걸린 시간을 구하기 위해서는 별도의 실험 환경을 설정할 필요가 없다. 간단한 방법으로 구할 수 있다. 홈플레이트 뒤에 위치한 내 좌석까지의 거리가 외야석 좌석까지보다 10배 더 가깝다고 할 때, 〈식 1.1〉에 대입하여 계산하면, 홈플레이트 뒤의 좌석까지 소리가 오는 데 걸린 시간이 우측 외야석에 도달하기까지 걸린 시간의 10분의 1로 계산된다. 0.04초의 짧은 시간이다. 사람이 눈을 깜박이는 시간도 그보다 2.5배 정도 더 길기 때문에 0.04초라는 지체 시간을 인식하기는 불가능할 것이다. 이렇게 예측할 수 있는 능력이 이와 같은 모델이 가진 실제적 힘이다.

물리학이 세계를 연구하는 또 다른 방식은, 어떤 합리적인 모델을 먼저 구성한 다음, 이것이 실제 세계에서의 실험결과를 예측해낼 수 있는지 관찰하는 것이다. 알려진 물리학 법칙들을(새로운 법칙을 만들 수도 있다) 이용하여 그 법칙들이 가져오는 결과를 결정하는 것이 기본적인 개념이다. 그러므로 우리가 만든 모델은 우리가 실제 세계에서 관찰하고 감지해낼 수 있는 정확도의 수준과 일치할 때만 유용하다. 우리가 프로그래밍한 모델로 컴퓨터를 이용하여 세계를 시뮬레이션할 수도 있다. 그리고 이러한 시뮬레이션의 결과를 실험 데이터와 비교한다.

여러 가지 모델을 만들어서 하고자 하는 것은 세계가 어떻게 움직이는지 아는 것이다. 소리는 종파longitudinal wave이지만 내가 이를 입증하거나 음파가 날아가는 속력을 추정하지는 않았다. 그러나 이미 소리가 종파임을 확인해주는 여러 가지 실험들이 수행되었으며, 소리가 파동이라는 사실이 소리의 기본적 특성들 중 하나임을 확신하고 있다. 우리는 여기서 좀 더 깊이 들어가, 소리가 실제로 무엇인지 확인하는 데 이러한 모델이 도움이 되는지 알고자 한다. 그러나 이는 철학자들과의 논의가 필요한 부분이다.

'정확도level of accuracy'는 물리학에서 중요한 개념이다. 우리가 어떤 측정모델을 만들 때는 무엇을 얼마나 정확하게 알고자 하는지를 고려한다. 앞에서 나는 소리와 빛이 나아가는 데 걸린 시간을 예로 들면서 1자리 단위의 정확도에서 이야기했다.[9] 포수 앞 홈플레이트에서 우측 외야석까지의 거리는 단순한 추정치일 뿐이지만, 여기서 이용한 소리의 속력은 상당히 정확하다. 물론 소리의 속력은 공기 밀도와 온도에 영향을 받는다. 소리가 나아가는 시간을 소수점 아래 단위의 정확도로 알기 위해서는 이보다 더 정확한 모형이 필요하다. 검사하는 그날 그 순간의 공기 밀도와 온도를 알아야 소리의 속력을 좀 더 정확하게 추정할 수 있다. 상대습도도 알아야 한다. 8월에 열리는 플로리다 말린스의 경기 때 소리가 전달되는 데 걸리는 시간은 시카고 화이트삭스가 포스트시즌 경기를 할 때 전달되는 시간과 다를 수 있다. 나는 아내가 묻는 말에 다음과 같이 쉽게 개괄적으로만 대답해줄 수 있었다. "빛의 속력은 소리보다 훨씬 빠르기 때문에 야구공이 야구방망이에 부딪히는 것을 본 순간과 그 소리가 들린 순간 사이에 시간 간격이 생겨서 당신이 이상하게 느낀 것이에요." 만약 아내가 좀 더 자세한 설명을 원했다면 여기서 나열한 숫자들을 아내에게도 들먹였을 것이다. 그리고 그보다 더 정확한 설명을 요구했다면, 주어진 온도와 고도에서 소리의 속력을 결정하는 데 이용하는 경험적empirical 방정식을 동원해야만 했을 것이다.

스포츠를 넘어서

물리학에서는 만물이 어떻게 움직이는지 알고자 한다. 원자의 핵을 구성하는 양성자와 중성자의 내부에서 무슨 일이 벌어지고 있는지를 연구하지만, 우주가 어떻게 만들어졌는지도 연구한다. 물리학에서 연구하는 현상의 대부분은 이 양 극단 사이에 위치해 있다. 원자를 구성하는 양성자와 중성자들의 크기는 약 10^{-15}미터에 불과한 반면, 우주의 지름은 최소한 10^{26}미터보다 클 것으로 생각된다. 말하자면, 연구하는 대상들의 크기 차이가 100000…0(0이 40개)배에 달한다. 이렇게 매우 다양한 대상을 연구할 수 있는 것은 그 속에서 물리학의 여러 법칙들이 변함이 없기 때문이다. 즉, 어떤 대상들을 연구하든 동일한 물리학 법칙들을 적용할 수 있다는 것이다. 물론 약간의 변형이 필요할 때도 있다. 예를 들어, 원자를 연구할 때는 아이작 뉴턴Isaac Newton의 운동법칙보다 더 우수한 다른 어떤 법칙을 이용하게 된다.[10] 그러나 뉴턴의 법칙은 거대한 세계에서는 매우 잘 적용되고 이 책에서도 뉴턴의 법칙을 이용해서 스포츠를 연구한다.

그러나 원자의 세계에서는 그와 같은 법칙들을 이용할 수 없고 양자역학을 필요로 한다. 뉴턴 역학의 또 다른 변형도 있다. 예를 들어, 어떤 물체가 빛의 속력에 가까운 빠르기로 움직인다면 특수상대성이론이 필요하지만 속력이 빛보다 훨씬 느리다면 뉴턴 역학이 적용된다. 그리고 우주의 은하처럼 아주 큰 물체를 연구할 때는 일반상대성이론이 필요하게 된다. 그러나 이 책의 마지막 장에서 거론되는 스모선수들은 몸집이 크긴 하지만 일반상대성이론의 영향을 무시해도 된다. 위에서 언급한 모든 변형 방정식들은 이 책에서 다루는 범위를 벗어나며 스포츠팬들의 맨눈으로는 직접 관찰되지 않는 현상들과만 관련된다. 우리가 즐기는 스포츠의 세계를 설명하기 위해서 그와 같이 변형된 방정식을 동원할 필요는 없지만, 골프채와 같은 운동기구나 운동복 등에 이용하기 위해 더 좋은 새로운 물질을 만들려는 기업들의 경우는 다르다. 새로운 물질을 만드는 데 필요한 기술에는 주로 분자물리학이나 화학이 중요하고 또 여기에는 양자역학이 핵심적인 역할을 한다. 스포츠의 세계를 탐구하는 데는 두 가지 길이 있다. 물리학적 지식을 많이 습득하여 스포츠를 이해하는 데 필요한 과학적 도구들로 무장한 다음 스포츠의 세계를 분석하는 것이 그 한 가지 길이다. 그렇지 않고 스포츠 영역으로 곧바로 뛰어든 다음에 물리학의 도움을 받아가면서 일어나는 일들을 이해하는 길도 있다. 이 책에서는 후자의 길을 갈 것이다. 이를 위해서는 몇 가지 방정식이 필요하다. 무엇보다도 방정식에는 원인과 결과가 분명하게 나타나 있다. 예를 들어 앞에서 제시한 〈식 1.1〉에서, 속도가 일정할 때 거리가 2배로 되면(원인) 그 거리를 이동하는 데 걸리는 시간이 2배로 된다(결과). 이처럼 나는 모든 것을 말로 설명하기보다 몇 가지 방정식을 제시할 것이다.

스포츠와 관련된 물리학적 지식을 갖게 되면 이해의 폭이 스포츠를 넘어설 수 있다. 어렸을 때, 번개가 치고 천둥이 울릴 때 얼마나 먼 곳에 번개가 쳤는지 짐작하는 방법에 대해 들어보았을 것이다. 번개가 번쩍이면 곧바로 숫자를 세기 시작한다. 일천일, 일천이, 일천삼…… 이렇게 세어 가는 데 3초씩 걸리며 그 3초당 거리가 1킬로미터라고 했다. 그리고 다섯 번 센 후에(일천오를 세었을 때) 천둥소리를 들었다면 5킬로미터 떨어진 곳에서 번개가 친 것이다. 어릴 때의 이와 같은 계산법은 야구방망이가 야구공을 때리는 순간과 외야석 높은 곳에서 그 소리를 듣는 순간 사이에 시간 간격이 있는 것과 같은 원리에 근거한다. 이 역시 공기 중에서 빛이 소리보다 거의 100만 배나 빠르게 진행하기 때문이다. 빛이 진행하는 데 걸린 시간은 소리의 진행 시간에 비해 100만 분의 1로 작아서 무시할 수 있다. 천둥은 번개가 치면서 공기를 급속히 팽창시킬 때 나는 소리다. 소리는 앞에서 언급했던 종파들 중 하나로 진행방향으로 진동하면서 나아간다. 소리의 속력을 대략 초속 343미터로 보고 〈식 1.1〉에 대입하여 시간을 구하면, 소리가 1킬로미터(1000미터)를 나아가는 데 걸리는 시간은 다음과 같이 계산된다.

$$t = \frac{1000\text{m}}{343\text{m/초}} \simeq 2.9\text{sec} \qquad \text{(식 1.3)}$$

여기서 기호 $\simeq$는 근삿값, 즉 '대략적인 값'을 의미한다. 이렇게 근삿값 기호를 사용한 이유는 두 자릿수까지만 정확한 값이기 때문이다. 소리가 1킬로미터를 진행하는 데 3초보다 조금 덜 걸린다. 그래서 번개가 번쩍인 순간부터 천둥소리가 들린 순간까지를 앞의 방식으로 세어서 그 숫자에 킬로미터를 붙여 구하면 크게 틀린 값은 아니다. 기상학이나 대기학 분야에서 일하는 사람들처럼 정밀한 수치가 필요하면 단순히 숫자를 세는 것이 아니라 더 정확한 방법을 이용해야 한다.

장난감 모형

물리학자들은 연구하려는 계 내에서 무엇이 일어나는지 대체적 감을 잡기 위해 '장난감' 모형을 이용할 때가 있다. 예를 들어, 달리고 있는 사람을 모형으로 구성하기는 매우 어렵지만 단거리 선수가 결승선을 통과할 시간을 예측할 수는 있다. 그러나 달리기와 관련된 생체역학을 연구하자면 이것으로는 부족하다. 이른바 '공－막대' 모형이 필요하게 되는데 한 지점(공)이 관절에 해당되고 직선(막대)은 뼈를 나타낸다.

아마 한 번쯤은 스프링을 가지고 놀던지 아니면 손전등처럼 배터리가 들어가는 기구에 스프링이 장착된 것을 보았을 것이다. 스프링은 우리 물리학자들이 흔히 이용하는 장난감 모형이며 이 경우에는 빛과 소리 같은 현상들을 설명하는 데 큰 도움이 된다. 스프링이 빛이나 소리와 무슨 관계가 있을까 하고 생각하는 독자들도 있을 것이다. 하지만 스프링이 너무 늘어나지 않는 한[11], 스프링이 움직이는 방식은 앞뒤로 진동하는 빛이나 음파의 움직임과 비슷하다. 스프링과 빛 그리고 소리는 모두 진동한다.

〈그림 1.1〉은 나무로 된 막대 자를 세워서 식탁에 고정시킨 모양이다. 지금은 평형을 이룬 상태로, 아무것도 하지 않고 어디로도 움직이지 않는다. 〈그림 1.2〉에서는 손가락으로 막대 자를 밀어서 평형 상태를 깨트렸다. 부러질 정도로 너무 심하게 밀지 않으면 다시 원래 상태로 돌아온다. 그리고 이 과정에서 몇 차례 진동이 일어난다.[12] 이렇게

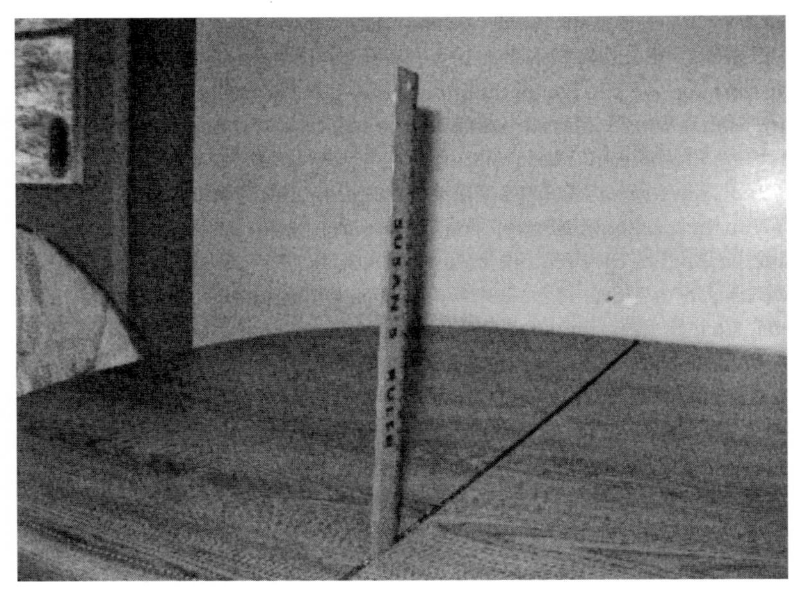

그림 1.1 | 평형 상태에서 30센티미터 막대 자

움직이는 물체는 아주 많다. 손으로 자신의 배를 누르면 곧바로 밀려 나온다. 컴퓨터의 모니터를 약간 위로 올리면 금방 원래 위치로 돌아올 것이다. 공학자들은 높은 빌딩이나 교량을 설계할 때 센 바람이 불면 약간씩 흔들리도록 설계한다. 다행히 이런 빌딩이나 교량은 바람이 잦아들면 원래의 평형 상태로 돌아온다. 이처럼 간단한 30센티미터 자에 힘(혹은 스트레스, 변형력)이 가해질 때 어떻게 움직이는지 이해하는 것이 다이빙 보드가 어떻게 작동하는지 이해해 가는 과정이다.

우리는 앞에서 언급했던 모든 사례들을 스프링에서처럼 정성적인 qualitative 방법으로 설명할 수 있다. 스프링은 당기기를 멈추면 원래의 (혹은 평형) 상태로 돌아온다. 자연의 많은 현상들이 스프링처럼 작동

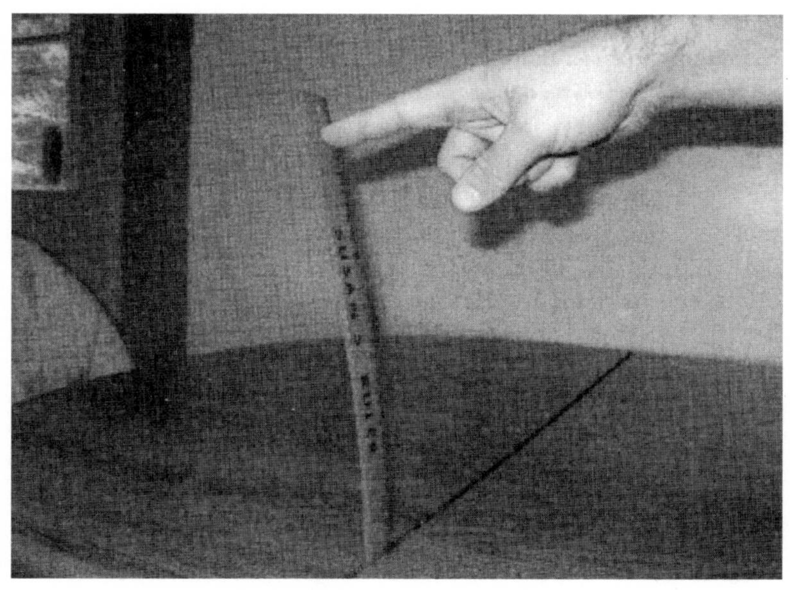

■ 그림 1.2 | 손가락으로 막대 자에 힘을 가했다.

하기 때문에 물리학 공부에서 스프링은 아주 보편적으로 사용되는 장난감 모형이 되었다.[13] 다이빙에 대해 이야기할 때 스프링을 다시 한 번 등장시킬 것이다.

본격적인 스포츠 이야기에 앞서

나는 스포츠에 참가하기뿐만 아니라 보는 것도 즐긴다. 그리고 물론 물리학도 좋아하고, 스포츠의 세계에서 물리학의 좋은 사례들을 발견하면서 계속해서 흥분한다. 우리가 스포츠에서 얻는 즐거움은 대부분 직접 참가하거나 경기를 볼 때 혹은 단순히 좋아하는 팀을 응원하는 과정에서 얻는다. 하지만 나는 스포츠를 공부하는 것도 즐거움을 얻는 한 가지 방법이라 생각한다. 스포츠 경기를 보면서 왜(그리고 어떻게) 그러한 일이 발생했는지 안다면 커다란 만족감을 얻게 된다. 물리학적 지식을 쌓게 되면 '공중에 머무르면서 덩크슛을 쏘았다' 혹은 '포수 글러브에 닿기 직전에 공이 스트라이크 존 아래로 떨어졌다' 같은 말을 들으면 동의하기보다는 묘한 미소를 짓게 될지도 모른다. 스포츠에서는 흔히 통용되고 있는 이와 같은 표현들이 물리학적으로 성립되지 않는 것을 알기 때문이다. 나는 실제로 농구선수들의 '체공시간'을 측정하지는 않을 것이다. 그리고 야구공이 어떻게 기이한 커브를 그리며 포수 글러브로 들어가는지 조사하지도 않는다. 그러나 이와 같은 두 가지 표현이 오류임을 말해주는 물리학을 설명한다. 스포츠를 넘어서 영화를 볼 때도 달라질 수 있다. 〈스타워즈〉는 내가 좋아하는 영화이지만 내 마음은 영화 속에서 물리학적으로 불가능한 것을 확인하면서 너무 많은 시간을 보낸다. '외계에서 일어난 폭발로 소음이 생기고'[14] '우주선이 우주공간 깊숙한 곳을 날아갈 때 엔진이 가동되며'[15], '무시무시하게 뒤틀린 속력이 있어 우주선이 빛의 속력보다 더 빨리 날아가는'[16] 등이다.

독자들이 이 책을 읽고 나서 스포츠에 참가하거나 구경할 때면 스포츠의 세계에서 벌어지는 재미있는 일들에 좀 더 가까이 갈 수 있기를 기대한다. 이제 경기 전 행사의 막을 내리고 우리는 1982년에 벌어졌던 스탠퍼드대학과 캘리포니아 버클리대학 간 풋볼 경기의 아주 유명한 마지막 장면으로 옮겨갈 것이다.

물리학자처럼 생각하기와 벡터

02

잊히지 않을 스포츠 경기의 명장면

"베어스Bears 팀(캘리포니아 버클리대학 풋볼팀 — 옮긴이)의 승리입니다! 세상에 어떻게 이런 일이. 풋볼 역사에 영원히 기억될 마지막 장면입니다. 기적이 일어났습니다!"(아나운서 말을 그대로 번역하면, "베어스… 승리입니다! 베어스의 승리! 오마이갓, 풋볼 역사에서 가장 놀랍고, 센세이셔널한, 충격적인, 심장이 터질 듯한, 흥분되는 마지막 장면입니다!" 아나운서가 흥분해서 외친 이 문장은 꽤 유명함 — 옮긴이) 거의 30년 전에 경기를 중계하던 조 스타키는 흥분에 휩싸여 이렇게 소리 질렀다. 나는 '더 플레이The Play'라는 이름이 붙여진 그 경기 장면을 생방송으로 직접 보지는 못했지만 지금까지 살아오면서 녹화 경기를 수십 번 이상 반복해서 보았다. 대학풋볼을 좋아하는 팬이라면 그 경기가 벌어졌을 때 아직 태어나지 않았던 사람들도 1982년 스탠퍼드대학과 캘리포니아대학 버클리캠퍼스 간의 풋볼경기 마지막 장면을 최소한 한 번 이상 보았을 것이다. 스포츠 경기는 잊히지 않을 명장면들을 남길 때가 있으며, 캘리포니아 베어스가 스탠퍼드 카디널스에 믿기지 않는 승리를 거둔 제85회 대학풋볼 결승전도 그중 하나다.

지금부터 '더 플레이'의 무엇이 그렇게 특별했는지 살펴보기 위해 1982년 캘리포니아 버클리의 메모리얼 스타디움으로 가보자. 스탠퍼드대학과 캘리포니아대학 버클리캠퍼스는 전통적 라이벌이지만 오하이오주립대학과 미시간대학 사이에 혹은 앨라배마대학과 오번대학 사이에 매년 벌어지는 라이벌전처럼 많은 주목을 받지 못했다.[1] 1982년의 이 유명한 경기에 참가했던 스탠퍼드대학 선수들 중 일부는 이 경기에 대해서는 언급도 하지 않는다. 나는 그 경기의 승자가 캘리포니아대학이라는 사실을 인정하지 않는 스탠퍼드대학 출신을 만난 적도 있다. '더 플레이'는 그 경기에서 캘리포니아대학에 승리를 안겨준 마지막 공격이었다. 더 플레이 과정에 라테랄(lateral: 패스)이 다섯 차례 있었고, 스탠퍼드의 응원악대(특히, 트롬본 연주자 한 명)도 운동장에서 넋을 잃고 혼란에 빠진 무리의 일부가 되었다.

후에 미국풋볼리그NFL에 진출하여 최우수상까지 받은 존 얼웨이John Elway가 당시 스탠퍼드대학의 쿼터백이었다. 미국 태평양 연안 10개 대학 스포츠연맹이 선정한 팩텐Pac10 선수로도 선정되고, 터치다운 패스 24회로 선두였으며, 1982년 그해 최고의 대학 풋볼선수에게 수여하는 하이즈먼 트로피 후보였다(트로피는 조지아대학의 허셸 워커Herschel Walker에게 돌아갔으며, 얼웨이는 차점자였다). 얼웨이는 이처럼 눈부시게 활약했음에도 불구하고 그가 재학하던 첫 3년 동안 스탠퍼드대학을 우승으로 이끌지 못했다. 1982년 캘리포니아대학과의 경기는 얼웨이와 스탠퍼드대학에 중요한 의미가 있었다. 추수감사절 전 토요일에 열리는 그 라이벌전에서 승리하면 풋볼 명예의 전당에 초대받을 가능성이 있었기 때문이었다.

전광판 시계에 53초가 남았을 때 캘리포니아대학은 19:17로 뒤지고 있었으며, 얼웨이는 자기 진영 13야드(1야드=0.9144미터) 라인에서, 17야드를 남긴 네 번째 공격(풋볼에서는 공격팀에 네 번의 공격권이 주어진다. 네 번의 공격으로 10야드 이상 전진하면 다시 네 번의 공격권을 얻는다—옮긴이)에 임했다. 프로구단인 덴버 브롱코스 입단을 위해서도 얼웨이는 이 경기를 승리로 이끌어야 했다. 얼웨이는 역전승을 노렸다. 그는 네 번째 공격에서 먼저 29야드의 롱패스(풋볼에서는 한 번의 공격매듭, 즉 다운마다 전방 패스를 한 차례 할 수 있다—옮긴이)를 연결하여 스탠퍼드를 자기 진영 42야드까지 나아가게 했다. 그리고 19야드 패스로 스탠퍼드는 상대진영 39야드로 진출했다. 테일백(Tailback: 공격수 포지션 중 하나—옮긴이)인 마이크 도테르Mike Dotterer가 21야드를 달려서 풋볼공은 캘리포니아 진영 18야드 라인에 놓였다. 그리고 도테르는 전진은 없이 오른쪽으로 달려 오른쪽 해시 라인 근처에서 35야드 필드골 기회를 만들었다. 도테르가 넘어지자마자 얼웨이는 타임아웃 신호를 보냈다. 스탠퍼드가 쓸 수 있는 마지막 타임아웃이었다.

하지만 얼웨이가 8초를 남겨두고 타임아웃을 부른 것은 불행이었다. 마크 하몬Mark Harmon이 35야드 필드골을 성공시키자 전광판 시계에는 4초가 남았다. 도테르가 태클로 넘어진 후 5초나 6초 기다린 다음 얼웨이가 타임아웃을 불렀다면 시계가 0을 가리킴과 동시에 필드골이 들어가고 경기는 20:19 스탠퍼드의 승리로 끝났을 것이다. 스탠퍼드 선수들은 기뻐 날뛰며 라이벌전의 역전승을 축하했을 것이다. 얼웨이는 경기의 영웅으로 등극하여 허셸 워커를 제치고 하이즈먼 트로피를 차지했을지도 모른다.[2]

스탠퍼드는 하몬이 필드골을 성공시킨 다음 승리축하 행동이 지나쳤다는 이유로 15야드 벌칙을 당했다. 그래서 스탠퍼드의 하몬은 4초를 남겨두고 자기진영 25야드 라인에서 킥오프를 해야만 했다.[3] 풋볼공을 깊숙이 킥을 하여 캘리포니아에 리턴의 기회를 만들어주는 대신에, 스탠퍼드는 풋볼공을 낮고 짧게 차는 '스퀴브squib'를 선택했다. 이렇게 킥을 하면, 킥한 풋볼공을 잡은 상대팀 공격 선수에게 빠르게 접근하여 태클로 공격을 끝낼 수 있기 때문이었다. 하지만 이 작전은 엔드라인까지가 짧아서 캘리포니아가 일을 낼 위험이 있었다. 캘리포니아의 선택은 두 가지 중 하나뿐이었다. 먼저 풋볼공을 필드한 다음 곧바로 아웃시키거나 그 자리에 주저앉아 경기를 정지시키는 방법이다. 어떻게 하든 시계는 멈출 것이다. 그러면 마지막으로 엔드존을 향해 풋볼공을 길게 던지는 '헤일 메리(Hail Mary: 풋볼에서 지고 있는 팀이 막판 득점을 노리고 감행하는 롱패스—옮긴이)' 던지기를 시도할 기회만 남는다. 선택 가능한 다른 한 가지 방법은 캘리포니아 선수들이 멋

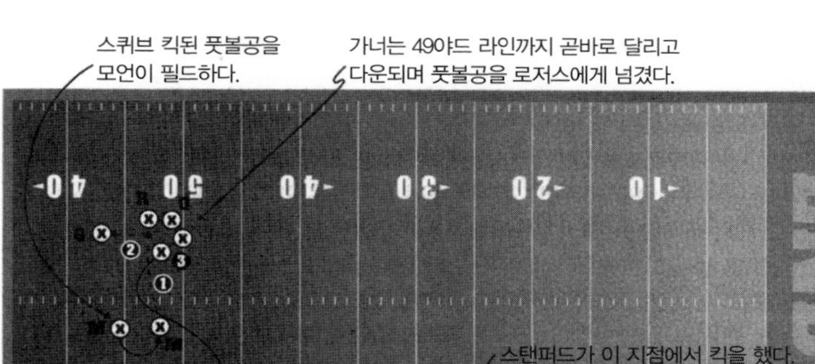

■ **그림 2.1** | '더 플레이' 전개과정을 보여주는 그림. 라테랄(패스)은 점선으로 나타냈다. 글자는 해당되는 선수들의 이름 첫 글자다(H하몬, M모언, R로저스, G가너, 그리고 F포드).

진 리턴을 구성해 보는 것이다. 헤일 메리 패스가 성공할 가능성은 매우 적으며, 기적적인 리턴을 성공시킬 가능성은 더 적었다. 하몬의 스쿼브 킥은 케빈 모언Kevin Moen이 캘리포니아 진영 45야드 라인에서 필드하였다. 그리고 그 다음 풋볼 역사에 길이 남을 명장면이 일어났다.

〈그림 2.1〉에 '더 플레이' 연결 순서를 나타냈다. 모언은 캘리포니아 진영 48야드까지 반원을 그리며 상대의 압박을 피해 간 다음, 공을 캘리포니아 진영 47야드 부근의 해시마크hash mark와 사이드라인 중간쯤

에 서 있던 리처드 로저스Richard Rogers에게 라테랄했다. 로저스는 자신의 뒤 캘리포니아 진영 43과 44야드 라인 중간에 위치한 드와이트 가너Dwight Garner에게 패스했는데 불과 1야드 전진했을 뿐이다. 풋볼공을 받은 가너는 스탠퍼드 수비수 여러 명에게 태클당할 때까지 곧장 앞으로 달려 미드필드 부근까지 갔다.[4] 그리고 가너는 다운되면서 공을 캘리포니아 진영 48야드 라인 자신의 오른쪽 뒤에 위치해 있던 로저스에게 넘겼다. 더 플레이가 시작될 때 남았던 시간 4초는 흐르고 있었고, 이는 풋볼공을 가진 캘리포니아 공격수가 점수를 올리기 전에 스탠퍼드 수비수가 태클만 할 수 있었어도 경기가 끝난다는 의미였다. 하지만 그렇게 되지 않았다. 로저스는 캘리포니아 진영 쪽으로 원을 그리는 방향을 택하여 스탠퍼드 45야드 라인의 필드 중심으로 내달렸다. 그 지점에서 로저스는 메리엇 포드Mariet Ford에게 네 번째 라테랄을 연결했고, 포드는 우측 해시마크의 바로 오른쪽에서 로저스의 공을 받았다. 포드는 스탠퍼드 40야드 라인을 넘어 달렸는데, 40야드 라인에는 황색 경고 깃발이 던져져 있었다. 스탠퍼드의 응원악대가 이제 게임이 끝났다고 생각하고 운동장 안으로 들어온 것을 본 심판이 스탠퍼드에게 반칙을 준 것이다. 그동안 포드는 스탠퍼드 26야드 라인까지 달려서 26야드와 27야드 사이에서 해시라인과 사이드라인 가운데쯤 서 있던 모언에게 공을 넘겼다.[5] 모언은 처음에 킥오프된 풋볼공을 필드한 선수다. 모언이 풋볼공을 잡았을 때 많은 수의 스탠퍼드 응원악대가 스탠퍼드 20야드 라인의 오른쪽 해시마크 부근까지 들어와 있었다. 이제 태클이 들어올 수비수가 보이지 않는 상황에서 모언은 엔드존까지 내달려서 승점을 얻음과 동시에 그 순간 엔드존에서 6야드 바깥에 있던 스탠퍼드 응원악대의 트롬본연주자 게리 타이렐과 충돌했다.

미친 듯한 그 터치다운으로 캘리포니아는 스탠퍼드를 누르고 그날의 승리자가 되었다. 25:20이었다.[6] 스탠퍼드 선수들과 악대, 그리고 응원단은 모두 얼어붙어버렸다. 반대로 캘리포니아 진영은 열광의 도가니가 되었다. 스탠퍼드대학과 얼웨이는 패배를 인정했지만[7], '더 플레이'를 둘러싼 논란은 오랫동안 계속되었다. 그러나 1982년 스탠퍼드-캘리포니아 경기의 마지막 장면은 대학풋볼 역사에 절대로 잊히지 않을 순간으로 남을 것이란 사실에는 논란의 여지가 없다.

물리학 시간

이제 물리학자의 입장에서 '더 플레이'를 다시 한 번 살펴보자. 그러나 이렇게 한다고 해서 멋진 스포츠 행사를 보는 순수한 즐거움이 없어지는 것은 아니다. 그보다는 물리학의 기본적 개념들을 이런 스포츠 장면을 이용해서 설명할 수 있는 것이다. 스포츠의 세계에는 물리학의 개념을 실제로 보여주는 흥미 있는 사례들이 많이 일어난다. 약간의 물리학적 지식으로 무장하면 우리가 보는 스포츠의 명장면들을 더욱 잘 이해할 수 있게 된다.

이처럼 물리학과 스포츠 사이를 오가며 논의하기 위해 먼저 마크 하몬이 풋볼공을 킥할 때 뒤에서부터 풋볼공을 향해 몇 발짝을 걸어가서 차는 행동을 이해해 보자. 우리는 보통 자신이 어떻게 걷는지 생각하지 않고 걸어간다. 걸을 때는 한 발을 다른 발 앞에다 위치시키는 것은 분명하다. 그렇지만 실제로 우리 자신을 앞으로 밀어주는 것은 무엇일까? 나 자신이 나를 앞으로 밀어서 가는 것일까? 하몬이 자기 자신을 앞으로 밀어서 풋볼공에 다가갔다고 믿는다면 눈이나 얼음으로 된 운동장이라면 어떻게 달랐을지 생각해 보자.

흔히 작용action–반작용reaction의 법칙이라 부르는 뉴턴의 제3법칙[8]은 이와 같이 걷는 행동을 이해하는 데 도움이 된다. 한 물체가 다른 물체로부터 힘을 받으면 다른 물체도 처음의 그 물체로부터 힘을 받는데, 이것을 '반작용'이라 부르며 첫 번째 힘과 크기가 같지만 방향은 반대다. 뉴턴의 제3법칙에서는 작용, 반작용이라는 용어가 자주 이용되지만 작용이 반작용에 '앞서는' 힘은 아니다. 두 물체가 서로에 대해 힘을 가할 때 두 물체는 동시에 힘을 받는다. 그리고 여기에서 '크기' 및 '방향'이라는 용어도 이용했는데, 물리학에서는 벡터라는 수학적 개념을 이용해서 힘을 나타내기 때문이다. 힘 벡터의 크기[9]가 힘의 세기에 해당한다. 다른 말로 하면, 내가 당신의 팔을 동쪽방향으로 10파운드[10]의 힘으로 밀면, 힘 벡터의 크기는 '10파운드', 방향은 '동쪽'이다. 이때 당신의 팔은 내 손을 10파운드의 힘으로 서쪽 방향으로 민다. 이렇게 힘은 항상 쌍으로 작용한다는 원칙이 뉴턴의 제3법칙이다.

〈그림 2.2〉는 나의 발이 운동장을 뒤로 미는 모습이다. 이때 운동장은 같은 크기지만 방향이 반대인 힘으로 나의 발을 앞으로 민다. 힘 벡터의 개념을 설명하기 위해 사진에 화살표를 그려넣었다. 벡터 꼬리는 힘을 받는 물체의 중심에 위치하고 벡터 화살표 머리끝은 힘이 작

■ 그림 2.2 | 걸을 때의 내 발 모습. 운동장으로부터 발에 가해지는 벡터량과 발이 운동장에 가하는 벡터량을 나타냈다.

용하는 방향을 가리킨다. 뉴턴의 제3법칙의 두 힘은 절대로 동일한 물체에 작용하지 않는다.

〈그림 2.2〉처럼 발과 운동장 사이에 작용하는 힘의 배후에는 마찰이라는 메커니즘이 있다. 두 물체가 서로 접촉되면 마찰력이 생긴다. 어떤 경우에, 우리는 마찰을 없애거나 최소한으로 줄이고자 한다. 공기마찰을 줄이기 위해 자동차를 유선형으로 설계하고, 썰매에는 눈과의 마찰을 줄이기 위해 매끈한 날을 장착한다. 그러나 마찰은 여러 가지로 도움을 주기도 한다. 마찰이 없으면 우리가 걸어갈 수도 없으며, 경주용 자동차는 급속히 속력을 높이지 못한다. 단단한 두 물체가 접촉해 서로에 대해 움직일 때는 두 가지 유형의 마찰이 생긴다. 두 물

체의 표면이 서로에 대해 움직이지는 않고 접촉만 해 있으면 정지마찰static friction이 존재한다. 이에 비해 두 물체가 서로에 대해 미끄러지며 움직일 때는 운동마찰kinetic friction이 생긴다. 걷는 경우에는 발이 바닥 위에서 미끄러지지 않는 한 정지마찰이 작용한다. 하몬이 눈 위에서 킥을 했다면 운동마찰에 주의를 해야만 했을 것이다. 클릿cleat신발을 신으면 신발의 일부가 눈이나 흙 속에 박히게 되어 운동마찰을 줄이는 데 도움이 된다.

마찰에 대해 이해하기 위해 몇 가지 모델들을 동원하지만 아직도 마찰은 완전히 이해된 현상이 아니다. 눈으로 볼 때는 표면이 매끈하게 생각될지라도 현미경으로는 거친 표면이 관찰될 수 있다. 원자와 분자들이 물체의 표면을 들쑥날쑥하게 만든다. 두 표면이 서로 근접하면 이웃한 분자들 사이에 결합이 형성된다. 그리고 두 물체가 서로에 대해 미끄러지면 이러한 결합이 깨어지고 또 계속해서 만들어진다. 미끄러지는 동안에 형성되는 결합은, 서로에 대해 정지해 있는 표면에서 형성되는 결합에 비해 '단단하지' 않은데, 대부분의 경우 정지마찰이 운동마찰에 비해 더 큰 이유를 이렇게 설명할 수도 있다.

따라서 하몬은 마찰의 도움을 받아 풋볼공에 다가갈 수 있었고, 풋볼공에 접근해서는 발로 킥을 했다. 그러나 정확하게 무엇이 풋볼공이 튀어나가게 했을까? 풋볼공을 날린 것은 발이지만 만약 풋볼공이 발의 속도로 날아갔다면 경기가 크게 달라졌을 수도 있을 것이다. 실제로는 풋볼공이, 키커의 발이 풋볼공에 부딪히는 순간의 발의 속력보다 훨씬 더 빠른 속력으로 튀어나갔다. 발이 풋볼공에 부딪힐 때, 풋볼공 속의 고무주머니와 가죽이 늘어나며 안쪽으로 밀려들어갔다. 어릴 적 트램펄린 위에서 뛰어본 경험이 있는 사람은 늘어난 물질은 다시 줄어들려는 경향이 있는 것을 알고 있다. 하지만 여기에는 더 많은 원리가 관계된다. 풋볼공 안에 있는 공기분자들의 처음(킥을 하기 전) 압력은 13psi pound per square inch였다.[11] 누르면 압력이 커진다. 그리고 풋볼공의 표면과 내부 공기는 스프링처럼 다시 원 상태로 '튕겨' 나가려 한다. 사실, 풋볼공이 킥한 선수의 발을 떠날 때에는 거의 원래 모습으로 돌아간다. 〈그림 2.3〉은 풋볼공이 선수의 발에 밀착된 이후 떨어지기 전까지의 모양이다. 뉴턴의 제3법칙에 의하면 풋볼공이 발로부터 힘을 받을 뿐만 아니라, 발도 풋볼공으로부터 힘(크기는 같지만 방향은 반대다)을 받는다.

하몬이 풋볼공에 접근하여 킥을 했다. 앞에서 말했듯이 스탠퍼드

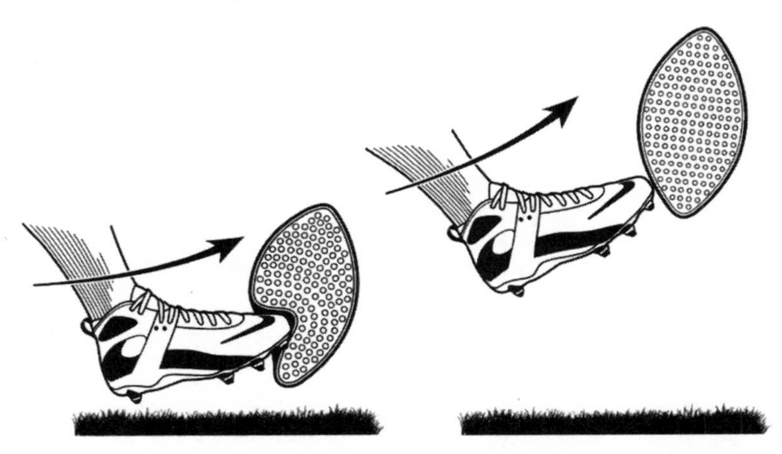

■ **그림 2.3** | 킥한 발에 부딪힌 공(왼쪽)과 공이 선수의 발을 떠나는 순간(오른쪽)의 모양 스케치. 공이 거의 원래 모양으로 되돌아감에 주의하라.

의 전략은 풋볼공을 캘리포니아 진영으로 스퀴브 킥하는 것이었다. 모언이 킥오프된 풋볼공을 잡았고 캘리포니아의 귀중한 4초가 흘러가기 시작했다.

평균 속력과 순간 속력

'더 플레이'를 수십 차례 다시 본 다음에는 그 장면이 더 이상 놀랍지 않았고, 나의 강의 시간에 물리학 개념을 설명하는 데 도움을 줄 수 있을 것으로 생각되었다. 그리고 내가 대학에 다닐 때 조금 무안했던 순간도 기억났다. 나는 수업 시간에 조금 늦었고 도로에 진입하면서 바로 뒤에 경찰이 있는 것을 몰랐다. 정지신호가 끝나자마자 달리면서 속도를 높였는데, 금방 경찰에게 단속되어 차를 세워야만 했다. 그 경찰은 내가 2분 전에 진입하는 것을 보았고 시속 80킬로미터 속력으로 달렸다고 했다. 제한속력이 시속 60킬로미터인 구간이었다. 나는 최근에 배운 몇 가지 물리학 지식에서 자신을 얻어 말했다. "내가 2분 전에 도로에 진입한 것은 맞습니다. 그렇지만 겨우 2킬로미터를 달렸을 뿐이지 않습니까?" 경찰은 내 말에 동의했고, 내 머리에는 〈식 1.1〉이 떠올랐다. 숫자는 내 편이었다. "보세요. 2킬로미터를 2분에 달렸으니 내 속도는 1분에 1킬로미터 그러니까 시속 60킬로미터 아니에요?" 경찰은 그와 같은 계산에 동의하며, 뭔가 실수가 있었던 것이 틀림없다고 대답했다. 그래서 나는 딱지를 떼이지 않았다.[12]

그때 나는 '평균 속력'을 구했기 때문에 속력위반 딱지를 떼이지 않을 수 있었다. 사실 경찰은 나의 '순간 속력'을 정확하게 측정했다. 그러나 그 두 가지 개념은 곰(베어스, 캘리포니아대학 버클리 풋볼팀 마스코트 — 옮긴이)과 방울새(카디널스, 스탠퍼드대학 풋볼팀 마스코트 — 옮긴이)만큼이나 다르다. 직선 경로를 달린다고 생각해 보자. 한 지점(A)을 통과한 후 시각을 기록하고(그 시각이 t_A), 그 후 다른 지점(B)을 통과(t_B 시각에)했다. 〈그림 2.4〉에 이러한 이동을 경로1로 나타냈다. 그림에는 변위 벡터 $\Delta\vec{r}$도 제시되었는데, 여기서 Δ는 그리스어 대문자 델타delta로서 '변화량'을 의미한다. $\vec{r}$은 위치 벡터를 나타내는 수학기호다.

이제 A지점에서 B지점까지 자동차로 달리는 대신에 구불구불한 비포장길을 자전거로 간다. 그 예를 〈그림 2.4〉의 경로2로 나타냈다. 그리고 자전거를 꽤 빠르게 탈 수 있어, A지점에서 B지점까지 가는 데 자동차로 경로1을 갈 때와 같은 시간, 즉 $\Delta t = t_B - t_A$만큼 걸린다고

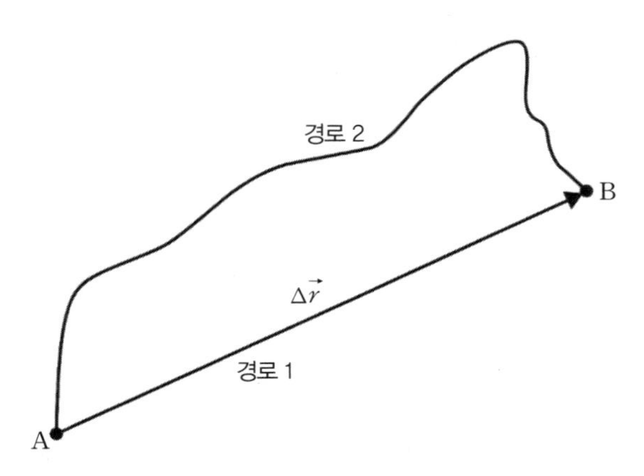

■ **그림 2.4** | 경로1을 따라 A지점에서 B지점까지 자동차로 달린다. 변위 벡터 $\Delta\vec{r}$은 경로1과 평행한 방향이다. 경로2를 따르면 A지점에서 B지점까지 자전거를 타고 구불구불한 길을 간다.

가정하자. 이럴 경우, 스피드건으로 측정하면 자전거의 속력이 자동차의 속력보다 더 빠르게 나타날 것이다. 하지만 경로1과 경로2를 이용하는 이동의 평균 속도average velocity는 동일하다. 물리학적으로는 평균 속도를 다음과 같이 정의한다.

$$\vec{v}_{\text{ave}} = \frac{\Delta\vec{r}}{\Delta t} \qquad \text{(식 2.1)}$$

평균 속도는 벡터량이다. $\vec{v}_{\text{ave}}$ 벡터에는 크기뿐만 아니라 방향이 있다는 뜻이다. 〈그림 2.4〉의 벡터 $\Delta\vec{r}$이 거리 10킬로미터, 방향은 북동쪽을 가리키고 $\Delta t = 10$분이라면, 〈식 2.1〉에 적용하여 속도 $\vec{v}_{\text{ave}}$는 60km/h 크기에 북동방향으로 계산된다. 벡터를 정의할 때는 크기와 방향 모두가 주어져야 한다.

물리학에서는 속도와 속력을 구분한다.[13] 속도는 벡터량이기 때문에 크기와 방향 모두를 가지는 반면, 속력은 방향이 없는 스칼라량이다. 속도 벡터의 크기를 나타낼 때 '속력speed'이라는 용어를 사용한다. 속력계에 나타나는 수치가 속력에 해당한다고 생각하면 쉽다. 속력계에는 60km/h와 같은 식으로 표시될 뿐이며, 달리는 방향은 창밖을 보아야만 알 수 있다. 요즈음에는 창밖을 보면서 동시에 여러 가지 생각을 하지 않아도 되도록 GPS(Global Positioning System: 위성항법장치)를 장착한 자동차가 생산되어 방향 정보를 동시에 제공하므로 속도를 알 수 있다.

〈그림 2.4〉에 제시된 두 가지 경로는 같은 시간 간격 동안의 위치

변화(변위)가 같기 때문에 평균 속도가 동일하다. 즉, 두 경로 모두 A에서 출발해서 같은 시간 간격 후에 B에 도착했다. 경로1을 가는 동안 자동차의 속력이 일정했다면 자동차의 속력계에는 전체 시간 동안 평균 속력이 표시될 것이다. 그러나 자전거는 자동차보다 훨씬 멀리 돌아가는 길을 달려서 주행거리는 자전거가 자동차보다 더 길기 때문에 자전거의 속력계에 표시되는 속력은 자동차의 평균 속력보다 훨씬 빠를 것이다.

곧게 뻗은 직선 길 대신에 빙 둘러가는 원형 길을 생각해 보는 것도 평균 속도를 이해하는 한 방법이다. 말하자면, 평균 속력으로 경로1을 따라 달리는 대신에 경로2를 달리는 것이다. 〈그림 2.5〉에 '더 플레이' 전개 과정을 다시 한 번 나타냈다. 모언이 풋볼공을 필드한 다음에 실제로 진행된 복잡한 경로를 화살표로 그렸으며, 변위 벡터도 함께 제시했다. 나의 추정으로는 모언이 풋볼공을 잡은 위치에서부터 풋볼공은 약 60야드 옮겨졌다. 〈그림 2.5〉에는 또한 변위 벡터의 직각방향 성분들도 표시되어 있다. 풋볼공이 골라인까지 도달하는 과정에 사이드라인에 수직으로 23야드, 수평하게 55야드 이동했다. 변위 벡터의 두 성분 사이의 관계 및 변위 벡터의 크기는 다음과 같이 피타고라스 정리로 깔끔하게 표현될 수 있다. 중고등학교 기하학 수업시간에 누구나 배우는 이론이다.

$$\sqrt{(23\text{야드})^2+(55\text{야드})^2} \simeq 60\text{야드} \qquad (\text{식 } 2.2)$$

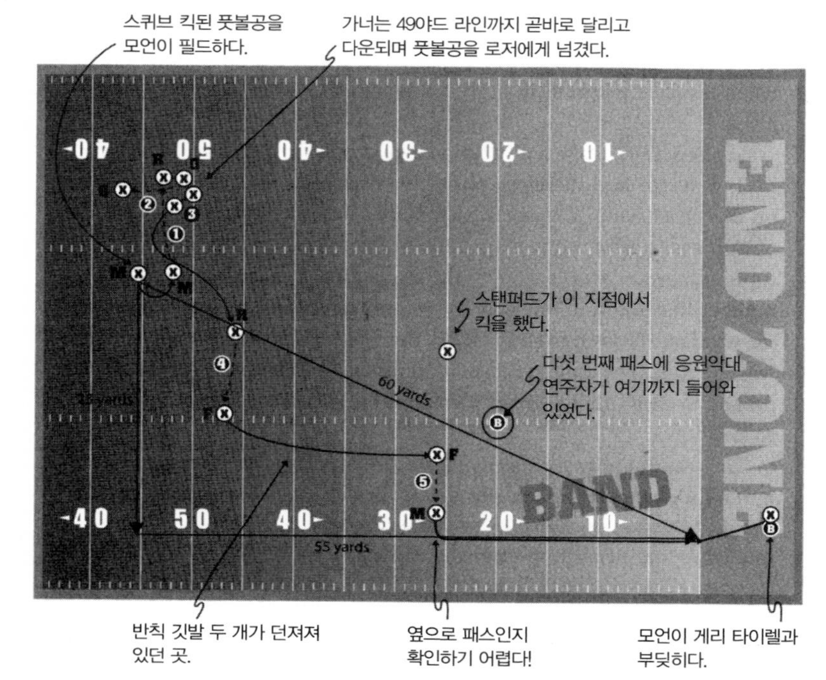

■ **그림 2.5** | 변위 벡터(60야드라 적힌 사선)를 함께 표시한 '더 플레이'. 벡터에서 사이드라인에 수직 및 수평 성분들도 표시되어 있다.

모언이 캘리포니아 45야드 라인에서 공을 필드한 다음 모언(또 모언이다!)이 승리의 터치다운에 성공하기까지 19초가 소요되었다. 이를 〈식 2.1〉에 대입하면 공의 평균 속력을 얻을 수 있다.

$$v_{\text{ave}} \simeq \frac{60\text{야드}}{19\text{s}} \simeq 9.5\frac{\text{ft}}{\text{s}} \simeq 6.5\text{mph} \simeq 2.9\frac{\text{m}}{\text{s}} \qquad (\text{식 } 2.3)$$

여기서 속력은 여러 단위로 나타낼 수 있다. 평균 속도라는 개념은 모언이 공을 필드한 지점에서부터 골라인을 넘은 지점까지 직선경로를 걸어갈 수 있었을 때다. 즉, 필드 지점에서부터 선수가 이와 같은 직선경로를 19초에 걸어가면서 상대선수의 태클도 피한다면 골라인을 넘는 모언과 부딪히게 된다.

평균 속도 벡터의 성분들은 정확하게 같은 방식으로 함께 작용한다. 선수가 캘리포니아 45야드 라인에서 출발해서 사이드라인을 따라 걷는다고 생각하자. 그 선수는 19초에 55야드를 걸어야만 모언이 골라인을 넘는 순간과 동시에 골라인에 도달한다. 즉, 평균 속도 벡터 성분들 중 사이드라인에 수평한 성분을 식으로 표시하면 다음과 같다.

$$v_{\text{ave}} \simeq \frac{55\text{야드}}{19\text{s}} \simeq 8.7\frac{\text{ft}}{\text{s}} \simeq 5.9\text{mph} \simeq 2.6\frac{\text{m}}{\text{s}} \qquad (\text{식 } 2.4)$$

같은 방식으로 평균 속도 벡터에서 사이드라인에 수직인 성분을 구하면 2.5mph가 된다. 우리 각자가 피타고라스학파의 일원이 되어, 이 두 성분을 피타고라스의 정리에 대입하여 〈식 2.3〉에서 얻는 값이 도출되는지 확인해 보자.[14]

라테랄

풋볼경기에서 라테랄이 행해질 때는 언제나 흥분되는 순간이다. '더 플레이'에서는 다섯 차례의 라테랄이 있었고, 그때마다 흥분은 고조되었다. 풋볼경기 규칙에서 라테랄은 풋볼공을 앞쪽 방향으로 보내지 않을 때만 인정된다. 앞으로 던질 때는 '포워드 패스'라 부르는데, 포워드 패스를 여러 번에 걸쳐 던지거나 스크리미지scrimmage 라인 앞에서 던지면 안 된다. 벡터를 이용하면 라테랄을 이해하는 데 도움이 된다. 여기서 벡터의 도움을 받아 이해하는 핵심적인 개념은 라테랄된 풋볼공이 '운동장에서 정지해 있는 관찰자(즉, 스탠드 위의 관중)'가 볼 때 앞쪽 방향으로 날아가서는 안 된다는 것이다. '더 플레이'의 네 번째 라테랄에 대해 생각해 보자. 리처드 로저스는 달려가면서 풋볼공을 메리엇 포드에게 라테랄했다. 스탠퍼드 45야드 라인을 넘으면서 로저스의 던지는 동작이 있었다. 그리고 포드는 스탠퍼드 47야드 라인에서 그 풋볼공을 잡았다. 만약 포드가 45야드 라인의 스탠퍼드 골라인 측면에서 풋볼공을 잡았다면, 로저스의 라테랄이 포워드 패스가 되었을 것이다. 선수가 달려가면서 풋볼공을 실제로 '자기 자신에 대해 뒤쪽 방향으로 던지더라도 풋볼공은 운동장에 대해 여전히 앞쪽 방향으로' 나아갈 수 있기 때문에 라테랄을 잘 성공시키기가 어렵다. 어떻게 해서 이런 일이 가능할까?

그 상황을 이해하기 위해 벡터 몇 개를 이용하자. 〈그림 2.6〉은 우리의 이해를 돕는 속도 벡터들을 보여준다. 그림에서 선수는 왼쪽에서 오른쪽으로 달리고 있으며, 운동장에 대한('~에 대한'을 'wrtwith respect to'라는 약자로 표시했다) 그의 속도는 $\vec{v}_{선수wrt운동장}$이다. 그리고 그는 풋볼공을 $\vec{v}_{공wrt선수}$의 속도로 던졌는데, 이것은 그 선수가 자신의 좌표계 내에서 보는 기준이다. 하지만 선수에게는 안 된 일이지만, 문제는 정지해 있는 운동장이라는 좌표계가 기준이 되어야 한다는 것이다. 심판이나 관중에게는 $\vec{v}_{공wrt운동장}$ 속도로 진행하는 풋볼공이 관찰될 것이

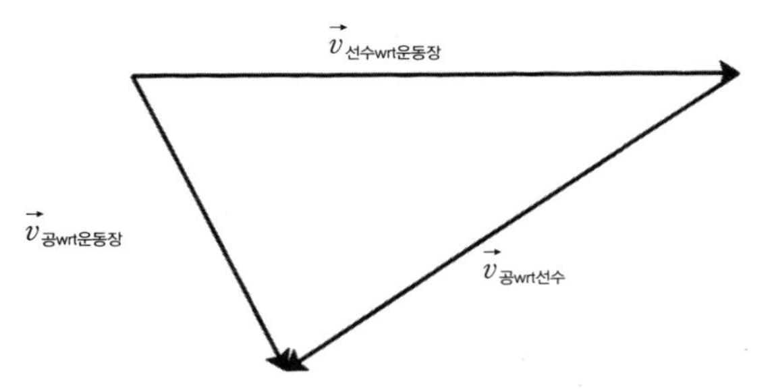

■ **그림 2.6** | 라테랄을 이해하는 데 필요한 벡터들. 벡터 방정식으로부터, $\vec{v}_{선수wrt운동장}+\vec{v}_{공wrt선수}=\vec{v}_{공wrt운동장}$

다. 즉, 풋볼공의 속도 벡터에 앞쪽 방향으로 나아가는 성분이 있었다는 의미다. 말하자면, 풋볼공이 던져진 동안에 앞쪽 방향으로 나아갔기 때문에 그 라테랄은 포워드 패스로 간주될 수 있다. '더 플레이'에서 로저스가 네 번째 라테랄을 성공적으로 연결시키기 위해서는 풋볼공의 속도 벡터가 운동장에 대해서 뒤쪽 방향의 성분을 갖게 해야 했다.

앞에서 언급했듯이, 나는 '더 플레이'의 다섯 번째 라테랄이 라테랄의 요건을 갖추었는지 의문이 든다. 일이 너무 빠르게 일어났다. 그리고 심판은 자신이 선수들과 같이 달리면서 라테랄에 대한 판정을 내렸다. 심판의 눈에 보인 풋볼공의 속도는 그들 자신의 달리는 좌표계 내에서 관찰한 것이다. 심판의 시선은 풋볼공을 던지는 지점과 받는 지점 모두를 정지된 운동장에 대해서 관찰해야 한다. 운동장에 그와 같은 두 지점을 지목해서 보는 것이 달려가면서 마음속으로 벡터를 그리는 것보다 쉽다. 시속 60킬로미터 속력으로 달리는 밴 자동차를 상상해 보자. 밴의 뒷문은 열려 있다. 나는 밴의 뒤 칸에 서서 풋볼공을 자동차 바깥으로 던지는 데 나 자신의 좌표계를 기준으로 한 시속 60킬로미터의 속력으로 던진다. 그리고 내가 풋볼공을 바깥으로 던지는 바로 그때 당신은 밴이 지나는 길가에 서 있다. 나는 내가 던진 풋볼공의 속도가 '뒤쪽 방향'이라 생각하지만, 당신이 볼 때는 풋볼공이 밴의 뒤 칸에서 나와서 땅으로 곧장 떨어진다(하지만 공기저항으로 인해 이와 같이 허술한 실험에는 많은 변화가 있을 것이다). 나와 당신의 주장은 모두 정확하다. 우리 각자가 관찰할 때의 기준 좌표계가 서로 달랐기 때문이다. 이와 같이 벡터는 여러 다른 좌표계에서도 일관성을 유지하기 위해 물리학자들이 이용하는 중요한 도구다.

이제 우리는 2년을 건너가서 벡터를 또 한 번 이용할 것인데, 풋볼공 팔매질로 다윗이 거인 골리앗을 쓰러뜨리던 기적이 일어난 마이애미의 밤이다.

03 중력과 포물선운동

휴대전화가 없어서 스포츠 결과를 곧바로 알 수 없고, 가을 주말에 열리는 대학풋볼 연맹전을 한두 경기만 TV로 시청해야 하는 세계를 생각해 보자. 아주 먼 옛날도 아니라 1984년만 해도 그랬다. 그해 11월에는 로널드 레이건이 압도적 표차로 미국대통령으로 당선되었으며, 여름에는 로스앤젤레스에서 옛 소련권 국가들이 불참한 가운데 올림픽이 열렸다. 디트로이트 타이거스는 월드시리즈에서 우승하여 야구의 정상에 올랐다. 그리고 필라델피아 바깥의 한 작은 대학은 스포츠계를 충격에 빠트리게 될 농구 시즌을 시작했으며, 마이클 조던이라는 캐롤라이나 토박이는 자신의 첫 번째 미국농구협회NBA 시즌에 참가했다. 현재는 이렇게 많은 스포츠 행사가 동시에 벌어져도 TV나 스마트폰 그리고 인터넷을 이용해 시청하거나 스코어를 거의 실시간으로 알 수 있다. 위성TV는 자기가 좋아하는 팀의 경기를 보지 않고는 견디지 못하는 광팬들의 욕구를 충족시켜준다. 그러나 1984년에는 대학풋볼 팬들이 볼 수 있는 경기의 수는 한정되어 있었다. 지역방송에서 지역 팀들의 경기를 중계해주지만 전국적인 관심이 쏠린 큰 경기들은 한정된 방송시간을 두고 경쟁을 벌여야 했다. 그래서 '금주의 주요 경기'라는 형태로 중계방송이 옮겨다녔다. 다행히 CBS에서는 1984년 11월 23일 금요일 우리 기억에 영원히 남을 경기를 중계했다. 추수감사절 다음날인 그날 풋볼 팬들은 소파에 느긋하게 기대앉아서 역사상 가장 위대한 대학풋볼 경기를 시청할 수 있었다.

1984년 11월의 그 경기가 아주 특별했던 이유는 무엇일까? 막강한 실력에 팀컬러가 분명한 두 팀인 마이애미대학과 보스턴대학이 맞붙은 경기였다. 지난 시즌 챔피언인 마이애미 허리케인스와 보스턴 이글스의 경기는 마이애미의 홈구장 오렌지볼에서 열렸다.[1] 마이애미의 쿼터백 버니 코사르Bernie Kosar는 프로팀 스카우트들이 눈독을 들이던 대학풋볼 스타였다. 190센티미터가 넘는 거대한 체구의 그는 경기장에서도 한눈에 들어왔다. 코사르의 상대가 된 보스턴 쿼터백은 이와는 대조적으로 장래에 프로로 진출하기는 어려울 것으로 보이는 더그 플루티Doug Flutie였다. 172센티미터 키의 플루티와 코사르의 대결은 다윗과 골리앗의 싸움을 연상시켰다.

출발은 보스턴이 좋았다. 플루티는 11번 연속 패스를 성공시켰다. 그러나 마이애미의 거인 코사르도 11번이나 연속하여 패스에 성공하여 대학풋볼 두 강자들은 엎치락뒤치락을 거듭했다. 그러다 3점차로 뒤지던 마이애미가 경기 종료 몇 분을 남겨두고 79야드 터치다운에 성공하여 45:41로 앞섰다. 그 경기에서 코사르의 활약은 패스 거리가 447야드에 달할 정도로 눈부셨다. 이제 플루티의 보스턴 이글스에게 남은 시간은 28초에 불과했다. 그러나 보스턴의 겁 없는 쿼터백에게는 28초가 충분히 긴 시간이었고 마이애미에게는 불행이었다. 플루티는 자기 진영 20야드 라인에서 출발하여 동료 트로이 스트라포드Troy Stradford에게 패스를 연결했고 이글스는 자기진영 39라인까지 전진했다. 그 다음 플루티는 스콧 기젤만Scott Gieselman에게 던져 13야드 더 나아갔다. 공은 마이애미 진영 48야드 라인까지 전진했지만 전광판 시계에 남은 시간은 10초에 불과했다. 그리고 플루티의 그 다음 패스마저 연결되지 않아서 이제 6초가 남았을 뿐이다. 이제 엔드존을 향해 힘껏 던지는 방법 말고는 없었다. 소위 '헤일 메리'라는 애칭으로 부르는 공격이다. 그와 같은 공격은 거의 틀림없이 골라인 근처에 그냥 떨어져 무위로 끝나버리지만, 그날 보스턴대학에게 '거의 틀림없이'라는 말은 '불가능'을 뜻하지 않았다.

플루티가 센터로부터 공을 넘겨받자 시계가 째깍거리기 시작했다. 이글스의 쿼터백은 자신의 공을 받을 공격수가 필드를 달려갈 수 있도록 충분한 시간을 벌어야 했다. 그는 곧바로 뒤로 물러났고, 덮쳐오는 마이애미의 수비수 라인맨인 제롬 브라운을 피해 오른쪽으로 몸을 틀었다. 마침내 플루티는 젖 먹던 힘까지 동원해서 보스턴 진영 37야드 라인에서 풋볼공을 던졌다. 풋볼공이 그의 손을 떠났을 때 전광판의 시계는 1초가 남았다. 풋볼공은 그날 밤의 함성을 꿰뚫고 완벽한 나선형을 그렸다. 플루티의 패스는 골라인 근처에 위치한 마이애미 수비수 3명의 머리 위로 향했다. 마이애미 수비수 3명은 자신들 뒤의 골라인 위에서 보스턴대학의 제러드 펠란Gerard Phelan이 도사리고 있다가 스포츠의 역사를 만들게 되는 것을 알지 못했다. 풋볼공은 마이애미 수비수들을 제치고 펠란의 양팔에 안겼고 보스턴은 마이애미에 47:45의 극적인 역전승을 거두었다.[2] 펠란의 이 유명한 리셉션은 그날 경기에서 자신의 11번째 리셉션이었으며, 플루티가 던진 472야드 중 226야드를 펠란이 받았다. 플루티를 비롯한 이글스 선수들은 기뻐서 날뛰기 시작한 반면, 허리케인스 선수들은 얼어붙어버렸다. 경기에서 맹활약을 했던 코사르는 고개를 푹 숙이고 경기장을 걸어나갔다. 플루티 다윗이 골리앗을 돌팔매로 거꾸러뜨린 것이다.

플루티는 대학풋볼 최초로 1만 야드 이상의 패스를 성공시킨 쿼터백으로 시즌을 마치고 매년 최고의 대학풋볼 선수에게 주는 하이즈먼 트로피 주인공이 되었다.[3] 플루티는 계속해서 프로 풋볼선수로 20년 이상을 캐나다와 미국풋볼리그NFL 여러 팀에서 활약했다. 풋볼공을 옆으로 던지는 자세로 유명한 버니 코사르는 NFL에서 13시즌 동안 뛰었는데, 주로 클리블랜드 브라운에서 두드러지게 활약했다. 플루티와 코사르는 대학풋볼의 가장 유명한 경기에 참가했기 때문에 오랫동안 함께 사람들의 입에 오르내릴 것이다.

물리학 시간

물리학 원리를 스포츠를 이용해 설명하려면 한 경기에 적용되는 물리학 개념들이 많기 때문에 그중에서 선택해야 한다. 더그 플루티의 헤일 메리 패스에도 그처럼 많은 개념들이 포함된다. 전광판에 6초가 남았을 때 플루티에게는 센터로부터 공을 받아 단 한 차례 던지는 것으로 승리를 만들어야 한다는 사실을 알았다. 그리고 그와 그의 라인맨들은 공을 받을 공격수가 달려가서 엔드라인을 넘어설 수 있도록 충분한 시간을 벌어주어야 했다. 어느 정도의 시간이 필요했을까?

육상선수가 전력을 다해 40야드(약 37m)를 달리는 데 약 4.4초가 소요된다. 당시는 전자 타이머가 이용되기 전이었다. 그러나 풋볼 팬들과 NFL 경기라면 사족을 못 쓰는 사람들은 40야드 전력질주가 4.2초 이내에 가능하다는 말을 들었다고 주장한다. 일부 선수들은 실제로 혼자 40야드를 전력질주하여 핸드 타이머로 측정한 결과를 제시하기도 한다. 그러나 출발 때 수동타이머로 측정하는 사람의 반응시간이 있어서 경과시간이 더 빠르게 나타날 수 있다. 1988년 서울올림픽에서 벤 존슨이 스테로이드 약물의 도움을 받아 수립한 100미터 기록을 토대로 할 때 40야드는 아무리 빨라도 4.38초가 걸린다.[4] 그러므로 보스턴대학의 공격수는 7킬로그램에 가까운 풋볼 장비를 착용하고 40야드를 5초 이내에 달리기는 불가능하다고 말해도 된다. 그리고 또 공격수는 시속 50킬로미터에 달하는(운동장 위에서는 그 정도로 빠른 속력이 아니었을 것이다) 맞바람 속을 달려야 했다. 여기서 풋볼선수가 40야드를 달리는 시간을 추정하려면 몇 가지 물리학 이론을 논의할 필요가 있다.

먼저 제러드 펠란은 가능한 한 짧은 시간 내에 필드를 곧장 달려갈 생각이었다고 가정하자. 그는 정지 상태에서 출발하며 센터가 공을 쿼터백에게 넘겨줌과 동시에 달리기 시작한다. 그리고 아주 짧은 시간 동안 속력을 높여서 가속운동(일정한 비율로)을 할 것이고 일정 속력에 도달한 다음 그 속력을 유지한다. 이와 같은 달리기가 일직선상에서 벌어졌다면 등가속도운동의 방정식을 이용할 수 있다. 물체가 일정한 가속도로 움직일 때 그 위치와 속도를 나타낸다는 뜻이다. 시간을 t, 물체의 위치를 x, 그리고 속도를 v라 할 때 다음 방정식은 1차원 운동을 나타낸다.

$$x = x_0 + v_0 t + \frac{1}{2} a t^2 \quad \text{(식 3.1}a\text{)}$$

$$v = v_0 + at \quad \text{(식 3.1}b\text{)}$$

$$v^2 - v_0^2 = 2a(x - x_0) \quad \text{(식 3.1}c\text{)}$$

$$x = x_0 + \frac{1}{2}(v_0 + v)t \quad \text{(식 3.1}d\text{)}$$

여기서 x_0와 v_0는 각각 초기 위치와 속도를 나타내며, a는 일정한 가속도 값이다. 이 방정식들은 고등학교와 대학의 물리학 교과서에도 실려 있는데, 다른 물리학 방정식들과 마찬가지로 간단한 출발점에서 유도되는 식이다.[5] 이제 펠란의 40야드 전력질주를 두 종류의 일정한 가속도(등가속도)운동으로 나눌 수 있다. 그는 정지 상태에서 출발하여 최대속력에 도달하여($a \neq 0$), 최대속력으로 계속 달렸다($a = 0$).

일반적인 방법으로 이 문제를 풀어보자. 이러한 접근방법은 물리학에서 매우 유용한데, 어떤 숫자를 대입하더라도 결론을 얻기 때문이다. 즉, 숫자를 다르게 할 때마다 새로운 식을 이용하는 대신 한 개의 방정식만으로 풀어갈 수 있다는 의미다. 펠란이 t시간 동안 0이 아닌 가속도를 내면서 거리 d만큼 달렸다고 하자. 출발점($x_0=0$)에서 정지($v_0=0$) 상태로부터 출발할 때 〈식 3.1a〉는 다음과 같이 표현된다.

$$d=\frac{1}{2}at^2 \qquad \text{(식 3.2)}$$

그리고 0이 아닌 가속도로 달린 구간의 끝에서 펠란이 도달한 속도는 〈식 3.1b〉로부터 다음과 같이 표현된다.

$$v=at \qquad \text{(식 3.3)}$$

마지막으로, 〈식 3.1a〉는 펠란이 달린 거리 중 가속도 0인 구간에도 사용할 수 있다.[6] 전체 달린 거리를 D라 하고 달리는 데 소요된 전체 시간을 T라 하면,

$$D-d=v(T-t) \qquad \text{(식 3.4)}$$

〈식 3.2〉, 〈식 3.3〉, 〈식 3.4〉를 미지수 3개(t, v, a)에 대해 풀어보면, 각각 다음과 같이 주어진다.

$$t = \frac{2dT}{d+D} \qquad \text{(식 3.5}a\text{)}$$

$$v = \frac{d+D}{T} \qquad \text{(식 3.5}b\text{)}$$

$$a = \frac{(d+D)^2}{2dT^2} \qquad \text{(식 3.5}c\text{)}$$

이제 수학식은 충분히 준비했다! 그러면 여기에 풋볼과 관련된 숫자를 이용하자. 펠란이 자신의 최대속력에 도달하기 위해서는 10야드가 필요한 것으로 가정하자(실제로 그가 필요로 하는 거리보다는 조금 짧을 수 있지만 숫자는 언제든 바꿀 수 있는 것이다). 그의 40야드 전력질주가 5초 안에 이루어진다면 $D=40$야드, $T=5$초, 그리고 $d=10$야드가 된다. 이 숫자들을 〈식 3.5〉에 대입하면 $t=2$s(초), $v=10$yards/s(야드/초), 그리고 $a=5$yards/s^{2}이 나온다. D와 T, 그리고 d를 〈식 3.5abc〉에 조합해서 넣는 데 익숙해졌으면 한다. 여기서 방정식을 더 유도해내지는 않는다!

수학 방정식과 자신이 영 어울리지 않는다는 사람들을 위해 좀 더 시각적으로 살펴볼 수 있다. 〈그림 3.1〉은 펠란이 40야드 전력질주를 할 때의 위치와 시간의 관계를 보여주는 그래프와 속도와 시간의 관계 그래프다. 물론 실제 세계의 데이터는 이처럼 깔끔하지 않다. 그래프는 펠란의 40야드 전력질주를 모델로 구성한 결과를 나타낸다. 우리의 모델에서는 그의 다리가 앞뒤로 움직이는 데 따른 가속도 변화나 정확히 일정한 가속도 유지를 방해하는 기타 여러 요인들은 고려하지 않았다.

이 그래프에서는 풋볼을 넘겨받은 순간부터 필드를 달려갈 때의 기본적인 개념만 보여준다. 펠란이 가속도를 낼 때 위치–시간 그래프는 곡선을 그리는데[7], 이 모양은 가속도운동 그래프의 특징이다.[8] 펠란이 최대속력에 도달하는 시간인 2초를 경계로 하여 위치–시간($x-t$) 그래프는 직선으로 된다. 〈식 3.1a〉에서 $a=0$을 대입한 결과다.

〈그림 3.1〉 하단 그래프는 속도–시간($v-t$) 관계를 보여주는 그래프이며 곡선이 수평이 아닌 부분은 가속도운동임을 나타낸다. 2초 후 펠란의 속도–시간 그래프는 수평이 되는데, 이 구간에서는 더 이상 가속도가 없다. 주어진 시간 t에서 v값은 '동일한 순간에' 위치–시간($x-t$)

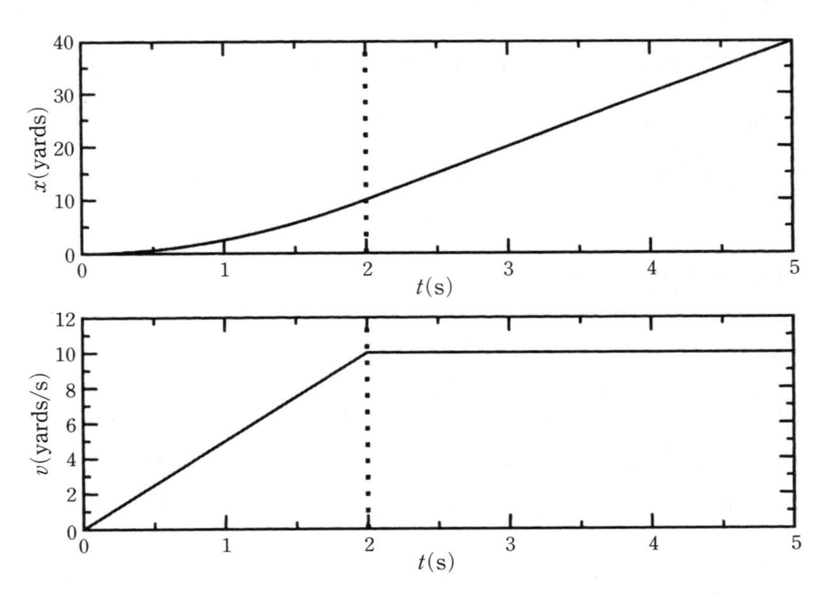

■ **그림 3.1** | 펠란의 40야드 전력질주에서 위치–시간(상단) 및 속도–시간(하단) 그래프. 펠란이 10야드를 달린 후 가속도가 0이 되는 것으로 가정했다. 수직 점선은 가속도가 0이 되는 시점을 나타낸다.

그래프의 기울기에 해당된다.[9] 그리고 그 순간의 가속도는 $v-t$ 그래프의 기울기에 해당된다.[10] 예를 들어, 2초가 될 때까지 $v-t$ 그래프의 기울기는 (10yards/s)/(2s)=5yards/s^2으로 우리가 이미 확인했던 가속도 값이다. 그 이후 나머지 3초 동안에는, $v-t$ 그래프의 기울기가 0이며 가속도가 0일 때의 그래프 모양이다. 미적분학을 알면 그래프에 대한 이해가 빨라진다.[11]

플루티가 패스한 풋볼공을 받은 공격수들은 수비수의 태클에 걸려 넘어지지 않았기에 40야드를 5초 안에 달릴 수 있었다. 그 다음 엔드존에서 위치를 확보하기 위해 속력을 늦추어야 했다. 전광판에 남았던 6초로는 실제로 한 차례의 공격만 가능했다. 그래서 플루티는 시계가 완전히 멈추기 직전에 풋볼공을 날렸다. 풋볼공은 3초 정도 공중에 떠 있었고, 그동안 풋볼공을 받을 공격수는 엔드존까지 달려갈 수 있었다. 그리고 날아오는 풋볼공을 낚아채고 터치다운. 승리!

골리앗이 무너지다

플루티의 풋볼공을 받을 공격수들의 역할이 컸다. 그들은 최대속력까지 가속한 후 엔드존으로 뛰어들었다. 그리고 기적을 연출할 위치를 확보했다. 플루티는 맞바람 속으로 풋볼공을 던져 62야드나 되는 거리를 날려보내야 했다. 나는 그와 같은 악조건 속에서 플루티가 풋볼공을 그렇게 멀리 던질 수 있었다는 것이 아직도 믿어지지 않는다. 그러나 사람들이 힘을 내면 거인도 쓰러뜨릴 수 있다.

플루티가 던져서 잊히지 않을 기억으로 남은 풋볼공이 공중을 날아가는 동안 어떤 일이 있었는지 이해하기 위해서는 포물선운동에 대해 알아볼 필요가 있다. 플루티의 유명한 패스 동영상을 보면 여러 가지 흥미 있는 숫자를 측정할 수 있다. 예를 들어, 패스의 수평 거리가 약 62야드에 달한다. 여러 각도에서 잡은 패스 영상들을 보며 시간을 쟀을 때 풋볼공은 공중에 약 3초 정도 머물렀던 것으로 추정된다. 그러나 내가 알고자 하지만 이처럼 명확히 측정할 수 없는 다른 숫자들도 많이 있다. 그 경기 동영상을 보면서 내 머릿속에는 다음과 같은 질문들이 떠올랐다. 플루티가 던진 패스의 초기 속력은? 공이 올라간 최대 높이는? 공이 플루티의 손에서 떠날 때 얼마나 많은 에너지를 가지고 있었나? 공이 필요한 속력을 내도록 던지려면 플루티가 얼마나 큰 일률을 주어야 했나? 등(아직 더 많은 질문이 있다). 물리학의 도움을 받으면 이와 같은 질문에 대답할 수 있다.

먼저, 주위에 공기가 없다고 할 때 날아가는 풋볼공에 무슨 일이 일어나는지부터 생각해 보자. 물론 플루티의 패스는 이와 같은 상황이 아니었다. 공기와 바람, 비, 그리고 다른 많은 요인들이 풋볼공이 날아가는 데 영향을 주었다. 그러므로 우리는 각각의 상황별로 이해한 다음 이를 종합하여 풋볼공에 일어난 일을 파악할 필요가 있다. 각각의 새로운 상황들을 더해 가면 실제로 일어났던 상황이 점점 더 정교하게 설명될 수 있다. 그래서 일단 오렌지볼 구장의 모든 공기를 빼버리고 선수들에게는 산소통과 마스크를 지급하자.

진공 속에서는, 풋볼공이 플루티의 손을 떠난 다음 펠란의 팔에 안

기기 전까지 공에 작용하는 힘은 지구의 중력뿐이다. 뉴턴의 제1법칙에 따르면 일정한 속도(속도가 0인 경우도 포함하여)로 움직이는 물체는 외부에서 힘이 작용하지 않는 한 계속해서 그 속도를 유지한다. 이것은 플루티가 풋볼공을 던졌을 때 중력이 없었다고 가정하면 풋볼공은 직선으로 계속 날아가기만 하고 절대로 떨어지지 않는다는 의미가 된다. 물론 경기장의 선수들도 중력을 느끼지 않기 때문에 '우주정거장 미식축구' 혹은 무중력 미식축구가 되어 매우 이상하게 보일 것이다. 풋볼공을 수직 아래로 잡아당기는 중력이 작용하면 풋볼공은 수직 아래 방향으로 가속도가 생긴다. 물체의 질량과 그 가속도의 곱은 그 물체에 작용하는 알짜 외부 힘과 같다는 것이 뉴턴의 제2법칙이다. 뉴턴의 제2법칙은 조금 복잡하지만 벡터 방정식으로 표현할 수도 있다. 벡터 기호를 이용하여 뉴턴의 제2법칙을 다음과 같이 다시 표현할 수 있다.

$$m\vec{a} = \vec{F}^{net} \qquad \text{(식 3.6)}$$

여기서 m은 물체의 질량이고, $\vec{a}$는 가속도(벡터), 그리고 $\vec{F}^{net}$(벡터)는 물체에 작용하는 알짜 외부 힘을 의미한다. 우리가 처음에 가정했던 것처럼 풋볼공에 작용하는 힘이 중력뿐이라면 가속도 벡터는 수직 아래를 향하며, 그 크기는 g로 표시되는 값으로 이는 물리학에서 자주 등장하는 기호다. 이 기호를 이용하면 방정식을 간단하게 표현할 수 있기 때문이다. 중력가속도 g의 값은 약 9.8m/s^2이다. 이것에 대해 잠시 생각해 보자. 〈식 3.2〉를 이용해 계산하면, 풋볼공을 4.9미터 높이에서 떨어뜨린다면 땅에 떨어지기까지 약 1초가 소요된다. 그리고 정지 상태에서 떨어지는 공은 약 초속 9.8미터의 속력으로 땅에 부딪히게 된다. 땅에 부딪히는 순간 풋볼공은 스쿨존school zone에서의 자동차 제한 속력과 비슷해지는 것이다!

그러므로 우리가 설정한 모델처럼 공기가 없는 상태에서 풋볼공이 날아갈 때 〈식 3.6〉의 $\vec{a}$의 크기는 g값을 가진다. 풋볼공에 작용하는 힘의 크기를 구하기 위해서는 질량 m을 알아야 한다. 풋볼 규정에 의하면 풋볼공의 무게는 14~15온스(400~430그램)다. 그러나 이것은 질량이 아닌 무게에 대한 규정이다. 무게는 힘이기 때문에 방향을 가지는 데 비해 질량은 스칼라량이다. 학술적으로 말하자면, 풋볼공의 무게는 풋볼공에 작용하는 중력의 크기이며 방향은 지구의 중심을 향한다. '14~15온스'라는 규정이 실제로는 무게 벡터의 크기를 규정하는 것이다(물리학자들에게 풋볼 규칙을 만들게 했다면 매우 복잡하고 이해하기 어려운 규칙이 되었을 것이다). 물체의 무게는 중력에 의해 발생하는 가속도를 질량에 곱한 값이다. 그래서 만약 내가 텅 빈 우주 공간으로 간다면, 무게는 0이 되지만 질량은 변하지 않는다. 질량은 물체에 내재된 특성이기 때문에 지구가 있건 없건 관계없이 존재하는 것이다. 무게는 우리가 지구로부터 받는 힘으로 그 크기는 mg(질량×중력가속도)다. 그러므로 m=14~15온스에 해당된다. 국제단위SI로는 3.9~4.2뉴턴이다. 질량은 무게를 중력가속도, 즉 g로 나누면 구해진다. 이렇게 구하면 풋볼공의 질량은 400~430그램(gm)이다. 〈식 3.6〉으로부터 풋볼공에 작용하는 알짜 외부 힘이 mg라 하고 이를 방정식의 오른쪽에 두고 양쪽에서 질량을 소거하면 $a=g$가 된다. 앞에서 질량과 무게의 차이에 대해 복잡하게 설명했음에도 불구하고 질량이 소거되어 없어져버린다! 여기서 강조하는 사항은 진공 속에서는 모든 물체가 질량에 관계없이 같은 속도로 떨어진다는 것이다. 그러나 모든 물체의 떨어지는 속도가 동일하지만 가속도는 엄밀하게 일정하지는 않다. 풋볼공에 작용하는 중력은 풋볼공이 지구 표면에서 멀어질수록 작아진다. 그러나 풋볼공이 해수면 높이에서부터 1마일(1.6km) 높이까지 올라가더라도 중력가속도는 0.005퍼센트 정도만 감소할 뿐이다. 그러므로 이와 같은 환경에서 중력가속도는 일정하다고 말해도 무방하다.

중력가속도를 일정한 것으로 보면 〈식 3.1〉을 이용할 수 있다. 하지만 "그 방정식들이 1차원 운동에만 적용된다고 해도 가능한가? 우리의 풋볼공은 2차원에서 움직이는데."라는 의문이 들 수 있다. 발사된 우리의 풋볼공은 2차원 평면에서 움직인다는 지적은 맞다.[12] 다행히 앞에서 이미 논의했던 벡터 이론을 적용하면 〈식 3.6〉을 여러 성분들로 나눌 수 있다. 실제 세계의 경험에서 우리는 중력으로 가속도가 아래쪽을 향하는 것을 알고 있다. 실제 세계는 나처럼 멍청한 물리학자가 좌표 체계를 어떻게 설정하든 변함이 없다. 그래서 나는 실제 세계를 모델로 구성하면서 한 축은 수직을 향하고, 다른 한 축은 수평을 향하도록 선택했다. 흔히 수직축은 y로, 수평축은 x로 이름 붙인다.[13] 좌표축 하나를 수직으로 설정하면 모든 가속도가 그 축의 방향이 된다. 그러므로 수평 방향의 운동은 쉬워지는데, 그 방향으로는 가속도 성분이 없기 때문이다. x방향 운동은 〈식 3.1a〉에서 가속도 a를 0으로 설정하여 다음과 같이 간단히 나타낼 수 있다.

$$x = x_0 + v_{0x}t \quad \text{(식 3.7)}$$

여기서 v_{0x}는 초기 속도 벡터의 x방향 성분이다. 가속도에 x방향 성분이 없기 때문에 속도의 x방향 성분은 변하지 않는다. y방향에 대해서는 〈식 3.1〉을 다음과 같이 다시 표현할 수 있다.

$$y = y_0 + v_{0y}t - \frac{1}{2}gt^2 \quad \text{(식 3.8}a\text{)}$$

$$v_y = v_{0y} - gt \quad \text{(식 3.8}b\text{)}$$

$$v_y^2 - v_{0y}^2 = -2g(y - y_0) \quad \text{(식 3.8}c\text{)}$$

$$y = y_0 + \frac{1}{2}(v_{0y} + v_y)t \quad \text{(식 3.8}d\text{)}$$

여기서 v_{0y}는 초기 속도 벡터의 y방향 성분이며 수직 방향의 가속도는 $-g$, 즉 음이다. 내가 y가 증가하는 방향을 위 방향으로 설정했기 때문이다.

너무 많은 방정식이 나열된 것처럼 보인다. 하지만 이들은 모두 $\vec{a}$가 일정하다고 가정한 데서 나왔다. 플루티가 우리가 설정한 좌표계의 원점에서 풋볼공을 던졌다고 가정하자. 즉, $x_0 = y_0 = 0$이다. 그리고 펠란이 플루티가 풋볼공을 던질 때와 정확하게 같은 높이에서 풋볼공을 받았다고도 가정한다. 경기 비디오를 보면 이와 같은 가정이 비교적 합리적인 것으로 생각할 수 있다. 이제 초기 속도 벡터를 x와 y

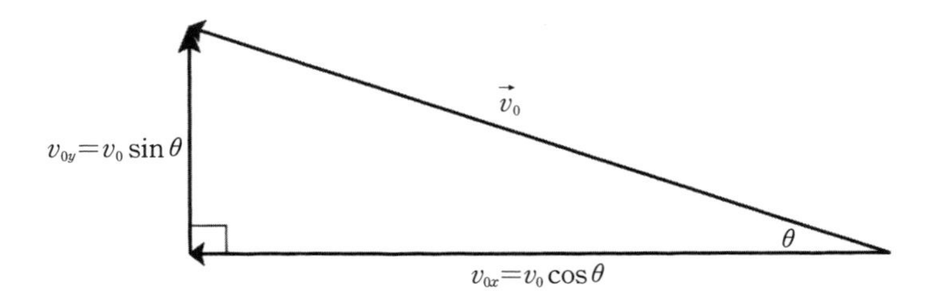

■ **그림 3.2** | 초기 속도 벡터 $\vec{v}_0$는 x와 y성분으로 분해된다. $v_{0x}=v_0\cos\theta$ 그리고 $v_{0y}=v_0\sin\theta$. 여기서 θ는 플루티가 헤일 메리 패스를 던지는 순간의 공의 출발 각도다.

성분으로 분해하기만 하면 실제 계산에 들어갈 수 있다. 〈그림 3.2〉는 간단한 삼각법을 이용하여 이와 같은 벡터 분해를 보여준다. 풋볼공의 출발 각도는 그리스 문자 θ('쎄타'라고 읽는다)로 적었다(물리학자들이 각도를 나타낼 때는 주로 그리스 문자를 이용한다). 초기 속도 벡터를 성분들로 분해한 다음에는 각각의 방향에서 따로 계산한다. 우리의 모델에서 이 두 방향을 연결시켜주는 것은 '시간'이다.

이제 우리는 플루티의 패스에 관해 여러 가지 값들을 구할 수 있게 되었다. 지금까지 제시했던 방정식들을 이용해 독자들이 직접 계산해서 구할 수 있으니 자세한 계산 과정은 생략하고 계산 결과만을 다음에 제시한다. 플루티가 패스한 공이 날아가는 시간을 T, 수평 거리는 R, 그리고 최고 높이는 H로 표시했다.[14]

$$T=\frac{2v_0\sin\theta}{g} \quad \text{(식 3.9)}$$

$$R=\frac{{v_0}^2\sin 2\theta}{g} \quad \text{(식 3.10)}$$

$$H = \frac{v_0^2 \sin^2\theta}{2g} \qquad (식\ 3.11)$$

앞에서 언급했듯이, T는 약 3초, 그리고 R은 약 62야드(56.7m)로 추정하였다. 〈식 3.9〉와 〈식 3.10〉에 T, R값을 대입하여 v_0와 θ에 대해 풀면 $v_0 \simeq 78$피트/초(24m/s) 및 $\theta \simeq 38°$가 된다.[15] 이 값을 〈식 3.11〉에 대입하여 구하면 $H = 36$피트(11m)를 얻는다.[16]

여기에 방정식 하나를 추가한다. 포물선 방정식에서 시간을 소거하면 다음과 같은 식이 얻어진다.

$$y = x \tan\theta - \frac{gx^2}{2v_0^2 \cos^2\theta} \qquad (식\ 3.12)$$

이 방정식이 $x-y$ 평면상에서 추적한 풋볼공의 실제 포물선운동 모델이다. 다른 말로 하면, 우리가 경기장 스탠드에 앉아서(그리고 주위에 공기도 없다!) 플루티가 던진 그 유명한 패스를 볼 때의 상황이다. 지금까지 계산했던 숫자를 〈그림 3.3〉의 발사체, 즉 포물선운동에 나타냈다.

여기서 한 가지 의문이 제기된다. '이러한 결과값들이 얼마나 타당성을 가지고 있을까?' 공기저항을 무시한 것은 우리의 계산에서 근삿값을 구하기 위해 가장 심하게 생략됐다고 생각할 수 있다. 그러나 풋볼공의 경우는 매우 공기역학적인 타원형이기 때문에 공기저항이 있어도 우리의 모델로 계산한 결과가 크게 변하지 않는다. 하지만 야구

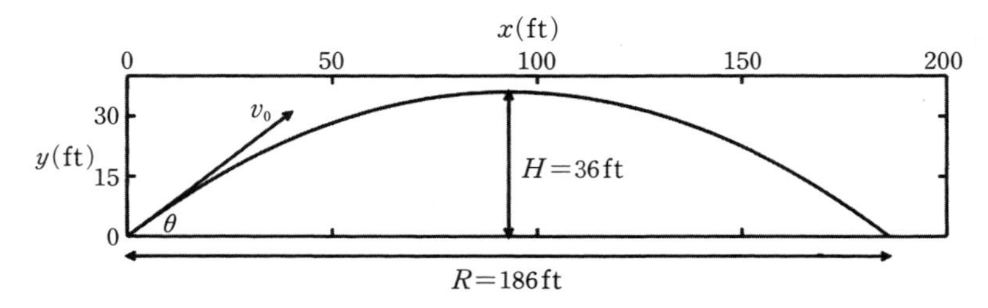

■ **그림 3.3** | 진공 모델이 예측한 플루티의 패스. 공의 출발 각도 $\theta \simeq 38°$ 초기 속도 $v_0 \simeq 78$ 피트/초(24m/s), 최고 높이 $H=36$피트(11m). 그림에서 가로-세로 축소비율은 1이다. x축의 거리 값을 위에 표시하여 쉽게 확인할 수 있게 하였다.

공의 경우는 공기저항의 영향을 크게 받는다. 야구공은 거의 구(球) 모양이므로 타원형인 풋볼공에 비해 공기역학이 훨씬 떨어진다. 공기 속에서의 홈런은 진공 속이라면 2배나 더 멀리 날아갈 수 있을 것이다. 스테로이드 약물도 필요 없다. 야구장의 공기를 다 빨아내버리면 된다![17] 플루티가 나선형을 따라 강하게 던지지 않고 불안정하게 아무렇게나 던졌다면 공기저항은 더 큰 문제가 되었을 것이다. 나선형으로 빠르게 나는 풋볼공은 실제로 매우 공기역학적이다. 풋볼공에 가해지는 초기 공기항력은 풋볼공 무게의 4분의 1 정도라는 사실에도 불구하고 우리 모델의 결과는 크게 바뀌지 않을 것이다.

공기저항을 포함시키면 수기로는 풀 수 없는 방정식이 만들어지기 때문에 컴퓨터를 이용해야 한다. 이제 나는 오렌지볼 경기장에 공기를 다시 넣어주고 플루티가 우리의 진공 모델에서와 같은 각도($\theta \simeq 38°$)로 패스하게 만들었다. 그리고 풋볼공이 같은 수평거리만큼 날아가게 하려면 어느 정도의 출발속도가 필요할지 계산했다. 〈그림 3.4〉에 그 계

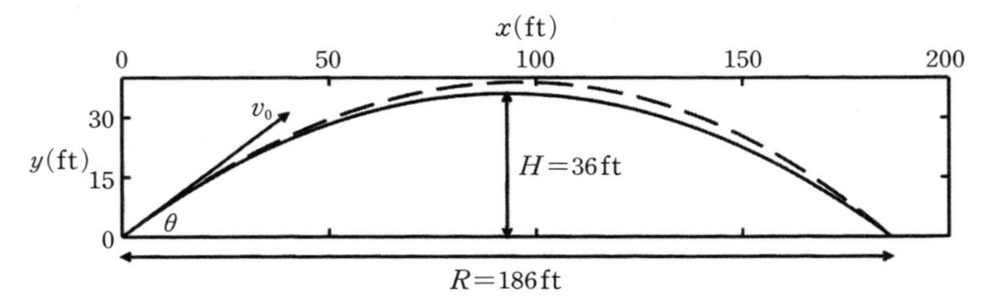

■ **그림 3.4** | 〈그림 3.3〉을 다시 나타냈는데, 이번에는 우리의 모델에 공기저항을 포함시켰을 때의 비행경로가 점선으로 제시되었다. 출발속력은 약 85피트/초(26m/s), 최고 높이는 약 39피트(12m)로 진공일 경우보다 약간의 차이가 있을 뿐이다.

산 결과를 나타냈다.[18] 공기저항을 고려한 비행 곡선을 만들면 더 이상 포물선이 아닌 곡선이 되고(하지만 포물선과 거의 비슷하다), 플루티가 던지는 초기속력은 58mph(약 26m/s)가 된다. 그러므로 공기저항을 포함시켜도 진공모델에서 계산했을 때보다 초기속력만 아주 조금 더 커질 뿐이다. 새로 계산된 최고 높이 또한 1미터 정도만 차이난다.

이제 플루티의 패스에 대한 운동역학적 분석을 마무리하기 위해 맞바람의 영향이 얼마나 컸을지 살펴보자. 내가 컴퓨터로 계산할 때는 공기에 대한 풋볼공의 '상대속도'만 고려했다. 플루티가 수평으로 불어오는 5mph 속력의 맞바람에 부딪혔다고 가정하자. 그러면 풋볼공이 같은 위치에 도달하기 위해 약 59mph의 초기속력으로 던져야 했다. 그리고 만약 맞바람의 속력이 10mph이었다면 60mph의 초기속력으로 공을 던져야 한다. 맞바람이 약하게 불어도 플루티가 던져야 할 초기속력에 영향을 주지만 우리 모델의 예측 결과는 크게 변하지 않는 것으로 보인다.

그래서 플루티가 던진 영원히 기억될 그 패스의 초기속력은 약 60mph이었다고 생각할 수 있다. 플루티의 패스를 촬영한 카메라 각도로는 초기속력이나 각도를 정확히 측정할 수 없다. 그러나 우리 모델로 계산했을 때 풋볼공 초기속도의 수평방향 성분은 약 47mph가 된다.[19] 공기저항이 없을 때 3초 동안 진행할 수 있는 수평방향 거리는 약 69야드(63m)다. 공기저항은 플루티의 패스가 날아가는 전체 경로에서 공의 속도를 느리게 만들기 때문에 패스가 실제로는 3초 동안 62야드 진행한 것으로 설정한 우리의 계산은 합리적이라 할 수 있다.

지금까지 우리가 한 작업을 되돌아보면, 먼저 진공 속에서 풋볼공이 던져졌다고 생각하면서 플루티 패스의 초기속력을 추정했다. 그리고 우리 모델에 공기저항을 추가하자 초기속력이 조금 더 필요하게 되었으며, 맞바람을 극복하기 위해서는 초기속력을 아주 조금만 더 높이면 되었다. 공기저항에 대해서는 다음에 보게 될 위대한 스포츠 행사에서 좀 더 깊이 있게 다룰 것이다. 이제 대학 운동장을 떠나 아름다운 프랑스의 자연으로 떠난다.

04 모형으로 우승시간을 예측하다

2004년 7월 3일 토요일, 벨기에의 유서 깊은 도시 리에쥬에서는 21일 후 파리의 샹젤리제에서 우승자를 가리는 사이클 경주의 시작과 함께 랜스 암스트롱Lance Armstrong이 힘차게 페달을 밟으며 달려 나갔다. 그는 투르 드 프랑스 대회 최초로 6연속 우승이라는 대기록을 달성하며 사이클 세계의 최고임을 나타내는 노란셔츠, 즉 '옐로저지yellow jersey'를 입는 것을 목표로 했다.[1]

경기 도중에 암스트롱에게 전환점이 있었다면 고르지 않은 지형으로 이어진 약 3400킬로미터의 제16구간이었을 것이다. 7월 20일 빌라드랑이라는 프랑스 마을에서 제15구간을 끝낸 선수들 앞에는 다음날 시간과 싸우는 부르드와장에서의 제16구간이 기다리고 있었다(다른 선수들의 영향을 받지 않고 혼자 달리며 걸린 시간으로 승부를 겨룬다). 선수들은 피레네산맥을 배경으로 달렸으며 암스트롱은 2위인 이탈리아 선수 이반 바소보다 85초 빠르게 구간을 마쳤다. 그래도 아직 험한 5개의 구간이 더 남아 있었으며 암스트롱이 2003 투르 드 프랑스에서 우승할 때는 61초 차이에 불과했다. 남은 5일 동안 많은 일이 일어날 수 있었다.

제16구간을 자세히 살펴보면 특별하다는 것을 알 수 있다. 제16구간은 알프뒤에즈의 스키장에서 끝나는데, 부르드와장에서 그곳까지의 거리는 15.5킬로미터에 불과하다. 가벼운 마음으로 달리는 하이킹 코스처럼 보일 수도 있지만 그 15.5킬로미터는 프랑스령 알프스의 심장부에 위치한다. 스테이지의 시작과 끝나는 지점의 높이 차이는 1.13킬로미터에 달한다. 선수들은 가파른 오르막뿐만 아니라 21곳의 급커브 길도 달려야 한다.

이와 같이 험한 코스를 암스트롱은 개인기록 39분 41초로 마쳤으며 그날의 강력한 라이벌이었던 독일의 얀 울리히Jan Ullrich보다 1분 이상 빨랐다.[2] 암스트롱은 2위와의 격차를 3분 48초로 늘렸고 옐로저지를 입는 주인공이 될 것이 확실해졌다. 사실상 경기는 끝났다. 우승자로서 환호에 답하는 세레머니는 다음날 최종 25미터를 달리면서 연출했지만 이미 제16구간에서 그는 아무도 대항할 수 없는 산악의 제왕임을 보여주었다.

구간 소요시간 예상하기

이제 물리학을 적용하여 암스트롱이 2004년 투르 드 프랑스 제16구간을 주파하는 데 걸릴 시간을 예측해 보자. 이와 같은 예측은 앞 장의 다른 스포츠 경기에서 살펴보았던 물리학 연습과는 다르다. 어떤 일이 일어나고 난 다음 그에 대해 분석하는 것이 목표가 아니다. 예측은 모형을 만든다는 의미가 된다. 여기서는 과학자들이 아주 간단한 데서부터 시작하여 그와 같은 모형을 어떻게 만들어 가는지를 설명한다.

가장 먼저 떠올릴 모형은 우리가 학교에서 배웠던 다음과 같은 방정식이다.

거리＝속력×시간 (식 4.1)

그리고 앞에서 나온 〈식 1.1〉도 함께 보자. 우리가 차를 타고 시속 60킬로미터로 10시간 동안 달린다면 600킬로미터를 가게 된다. 그러나 이것은 우리가 '일정한' 속력으로 달리거나 아니면 제2장에서 설명한 것처럼 '속력'이 '평균 속력'을 나타내는 경우에만 성립된다. 그러나 〈식 4.1〉을 이용해서 암스트롱이 제16구간에서 얼마나 빨리 달렸는지 어떻게 예측할 수 있을까? 우리는 거리를 알지만 시간은 모른다. 즉, 속력을 알 수 없다. 사실 〈식 4.1〉은 암스트롱이 걸린 시간을 예측하는 데 있어 그리 좋은 모형이 아니다. 암스트롱이 일정한 속력으로 자전거를 달릴 수는 없었을 것이다. 구간 내내 암스트롱을 따라가면서 속력측정용 레이더건을 쏘지 못하는 한, 이와 같은 평균 속력을 결정하기 위해서는 시간을 예측할 수 있으면 좋을 것이다.

첫 번째 시도

과학자들은 실제 세계의 문제를 '어림잡아' 추정할 때가 많은데, 그렇게 함으로 어느 정도 숫자에 대한 감각을 갖게 되기 때문이다. 그리고 실제 세계의 문제에 대해 복잡한 모형을 만들었을 때 그 모형을 이용해 얻는 수치가 큰 오차를 나타내지 않아야 한다. 나는 앞에서 암스트롱이 15.5킬로미터 구간을 39분 41초 만에 주파했다고 말했는데, 이는 그의 평균 속력이 약 시속 23.4킬로미터라는 의미가 된다. 물론 전과 후를 바꿔서 할 생각은 없다. 하지만 물리학 모형을 만드는 데는 이미 일어난 일들을 활용할 수 있다.

예를 들어, 내가 투르 드 프랑스 구간 우승시간을 예측하는 데 이용할 수 있는 어떤 모형을 제시하고 그 모형이 한 구간의 우승시간을 17시간으로 예측한다면 아무도 그 모형을 믿지 않을 것이다. 혹은 내가 암스트롱이 시간당 200킬로미터 속력으로 자전거를 달릴 수 있다고 예측하는 모형을 제시했다고 하자. 우리는 개인적 경험을 토대로 그 속력이 분명하게 지나치게 빠르다고 생각하는데, 이런 식으로 초기 추정을 하게 된다. 수치가 어떤 범위에 속할 것이라는 짐작은 모형이 신뢰성을 확보하는 데 중요하다.

그러면 2004 투르 드 프랑스 제16구간에서 사이클선수들은 얼마나 빨리 달릴 수 있을까? 거리를 알고 평균 속력을 추정할 수 있다면 구간을 주파하는 데 걸리는 시간을 구할 수 있다. 그 구간을 사람이 뛰어간다면 어떨까? 뛰어난 육상선수들은 100미터를 약 10초 만에 달릴 수 있다.[3] 초당 10미터(m/s), 시속 36킬로미터에 해당된다. 즉, 15.5킬로미터인 제16구간을 약 26분에 완주한다. 물론 세계적인 단거리 선수들은 편평한 땅 위에서 100미터를 달린다. 그리고 이와 같은 10초 동안의 빠르기를 100미터 이상 유지하는 것은 불가능하다. 그렇지만 이렇게 계산된 26분은 사이클선수의 구간 소요시간 추정에 있어 '합리적인 하한값'이 될 수 있다.

소요시간의 상한은 어떻게 설정할까? 세계적인 사이클선수들은 걷는 사람을 쉽게 추월하며 가파른 오르막 지형에서도 마찬가지다. 운동선수들과는 큰 차이가 있겠지만, 나의 경우 집에 있는 러닝머신에서 보통 시속 7킬로미터로 걷는다. 이보다 페이스를 50퍼센트 높여서 구간의 평균 속력을 시속 10킬로미터로 가정하면 가장 느린 속력으로 합리적인 수치가 될 것이다. 그러므로 15.5킬로미터 구간에서 소요된 시간의 상한은 대략 1시간 33분이 된다.

보통은 이 양 극단 사이의 값으로 추정한다. 전 구간을 단거리선수처럼 달릴 수는 없지만 빨리 걷는 사람보다는 평균 속력이 빠를 것이다. 마라톤선수에 비교하면 어떨까? 마라톤선수들은 42.195킬로미터 구간을 3시간 이내에 주파하는데, 이는 평균 속력이 최소한 시속 14킬로미터라는 의미다. 사이클선수가 평균 속력 시속 14킬로미터로 달리면 15.5킬로미터 구간에 1시간 6분이 걸린다.

이제 우리는 최고 선수들이 여러 가지 보행/달리기 경주에서 기록했던 값을 토대로 몇 가지 수치를 확보했다. 물론 걷기나 달리기에서 일률$_{\text{power}}$은 사이클경기와는 다르다. 하지만 최소한 사이클선수가 오르막을 올라갈 때 걸리는 시간이 편평한 운동장에서 달리는 단거리선수의 올림픽 기록을 이용해 예측한 시간과는 같지 않을 것이라고 예측할 수는 있다. 그러므로 15.5킬로미터 구간에서 시속 36킬로미터는 너무 빠르다. 그리고 또한 걷는 사람의 평균 속력으로 추정한 시간은 너무 느리다. 하지만 이것은 어림짐작인 추정일 뿐이다. 2004년 투르 드 프랑스의 제16구간에서 겨루는 선수들이 달려야 하는 길은 거의 전체가 가파른 오르막임을 기억해야 한다. 우리가 구상한 모형에서 단거리선수의 평균 속력은 너무 빠르고, 걷는 사람의 속력은 또한 너무 느리지만, 마라톤선수의 속력으로 추정하면 그 정도로 크게 어긋나지는 않을 것이다.

우리가 했던 작업을 생각해 보자. 2004 투르 드 프랑스 제16구간에 대해 출발지점에서 도착지점까지의 거리 외에 더 이상의 정보가 없는 상태에서 구간 소요시간의 범위를 예측하였다. 이 시점에서 우리의 예측은 사이클선수가 이 구간을 30분에서 1시간 30분 사이에 주파할 수 있다는 것이다. 이제 주먹구구식에서 벗어나 좀 더 정교한 모형을 만들어 시간을 예측하려면 스스로 몇 가지 질문을 던질 필요가 있다. 우리가 물리학을 정확하게 적용하고 있나? 모든 필수 요소들을 우리의 모형 안에 포함시켰나? 그리고 어림짐작 예측을 하는 데 무언가 큰 오류를 범하지는 않았나? 같은 질문들이다. 복잡한 모형을 구성하기 전에 먼저 예측을 하는 중요한 이유는 예측되는 숫자로 크기에 대한 감을 잡을 뿐만 아니라 복잡한 모형이 실제 세계를 비교적 잘 설명해준다는 확신을 얻기 위한 데 있다.

좀 더 복잡한 모형

좀 더 복잡한 모형을 구성하기 위한 출발점은 제16구간의 대체적 지형을 파악하는 것이다. 여러 방법이 있는데, 예를 들어 도서관에 있는 입체지도나 인공위성이 우주에서 찍은 사진, 그리고 구간 길을 실제로 찍은 사진을 볼 수 있다. 그러나 사진에 질려버리기 전에, 물리학자들은 연구하고 있는 대상 시스템을 가능한 한 가장 간단한 요소로 축소시킨다는 것을 기억하자. 이렇게 만든 간단한 모형들이 실패했을 경우에만 좀 더 복잡한 것을 찾는다. 투르 드 프랑스 웹사이트www.letour.fr에서 얻은 〈그림 4.1〉을 보자.

굴곡이 아주 심한 길로 구성된 제16구간의 실제에 비해 〈그림 4.1〉

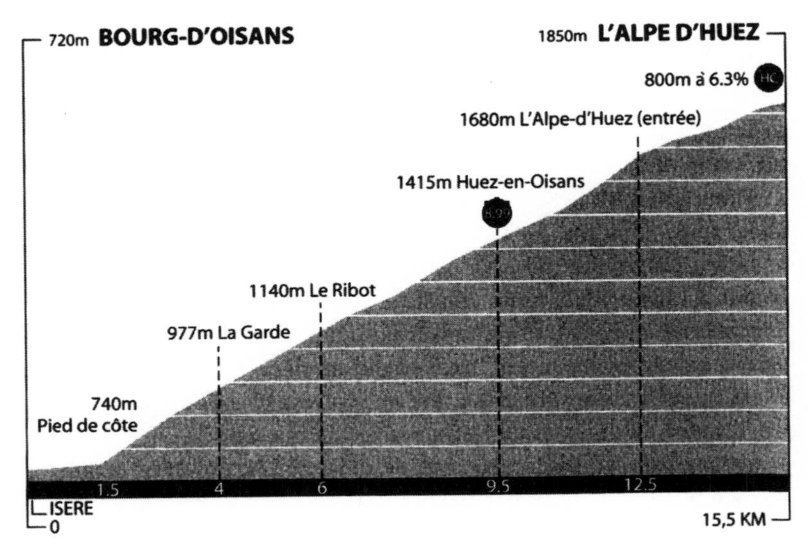

■ 그림 4.1 | 2004 투르 드 프랑스 제16구간의 역학적 특성

은 실제 지형을 크게 단순화시켰다. 그러나 우리가 할 수 있는 범위에서 생각하자. 암스트롱이 실제로 산을 달려 올라간 시간에 가깝게 추정하자면 이와 같은 그림을 이용하는 것이 비교적 합리적이다.

제16구간의 역학적 특성을 파악하기 위해 가장 먼저 알아야 할 것은 여러 지점들까지의 거리다. 오르막을 따라 미터(m)로 표시된 숫자는 해수면에서부터 그 지점의 높이이며, 그림 하단에 킬로미터(km)로 표시된 숫자는 구간 출발점에서 그 지점까지 자전거로 달리는 거리다. 즉, 구간 내 여러 지점들까지 자전거로 달리는 거리와 높이가 주어져 있다. 각 지점들 사이의 지형에 관해 다른 정보는 없기 때문에 알고 있는 지점들을 직선으로 연결해 보자. 〈그림 4.2〉는 이렇게 만든 우리의 지형 모형이 어떻게 생겼는지 보여주지만 물리학에서 데이터를 다룰

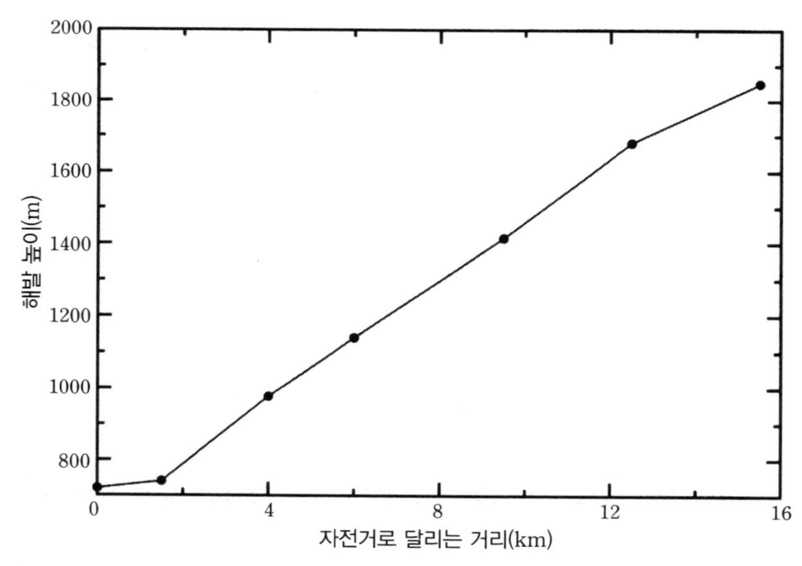

■ **그림 4.2** | 2004 투르 드 프랑스 제16구간의 모형

때는 아주 조심할 필요가 있다는 점을 다시 한 번 강조한다. 대회웹사이트에도 게시된 〈그림 4.1〉처럼 〈그림 4.2〉의 가로축에 자전거로 달리는 거리를 표시했지만, 그 거리는 수평 방향 관통 거리와는 다르다. 우리가 만들려고 하는 모형과 관련해서는 〈그림 4.3〉에서 더 많은 정보를 얻을 수 있다. 이 그림에서는 제16구간 마지막 두 지점의 데이터가 제시되는 데 주의해야 한다.

〈그림 4.3〉은 우리가 고등학교 수학 기하 시간에 자주 보았던 직각삼각형이다. 아마 대부분의 독자들이 기억할 것이다. 직각삼각형의 빗변은 '자전거로 달린 거리'이며, 직각을 낀 두 변 중 하나가 '높이'다. 이처럼 웹사이트에 게시된 구간정보를 이용하여 모든 지점에서 연속되는 직각삼각형들을 만든다는 것이 기본적 개념이다. 〈그림 4.4〉를 보자. 이 그림은 〈그림 4.1〉 및 〈그림 4.2〉와는 약간 다르다. 웹사이트의 정보에는 자전거로 달리는 거리가 가로축에 제시되지만 실제로는 그 거리가 직각삼각형에서 빗변의 길이에 해당한다.

이제 지형을 요약한 그림을 그렸으며, 알고 있는 거리를 이용하여

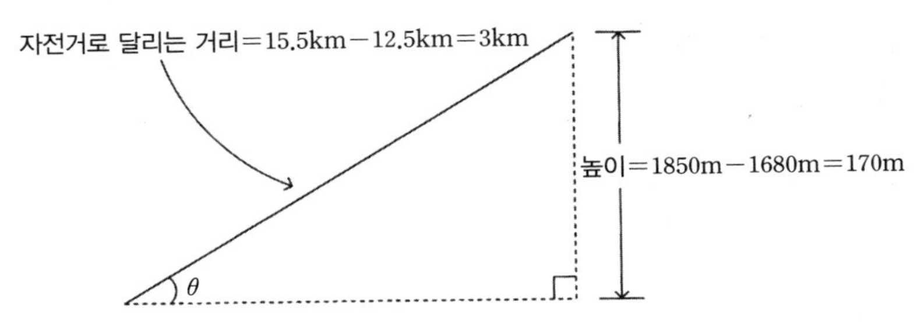

■ **그림 4.3** | 2004 투르 드 프랑스 제16구간의 마지막 코스(실제 크기 비율로 축소한 것이 아니다). 경사각은 θ로 표시했다.

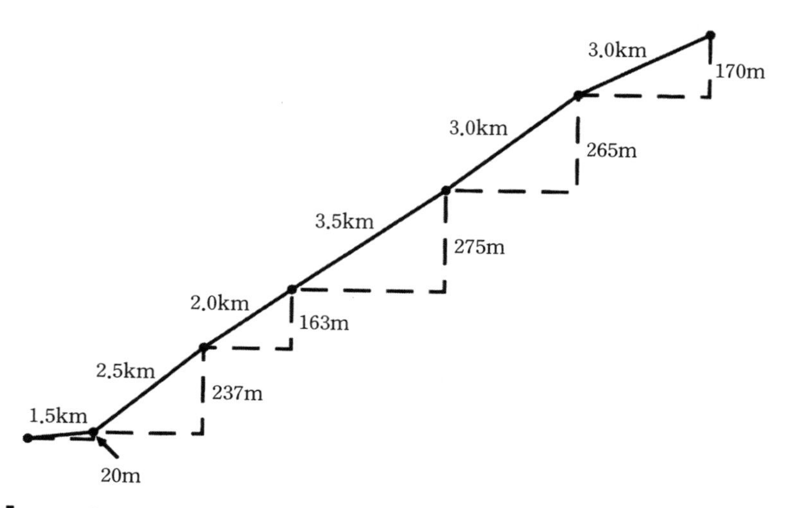

■ **그림 4.4** | 2004 투르 드 프랑스 제16구간 모형에 이용된 연속적 직각삼각형들. '자전거로 달리는 거리'는 빗변이고, '높이'는 각각의 직각삼각형에서 직각을 낀 수직 변이다. 그림은 실제 크기 비율로 축소한 것이 아니다.

직각삼각형들을 만들었다. 그러므로 〈그림 4.4〉는 우리의 지형 모형을 좀 더 효과적으로 보여준다. 나는 투르 드 프랑스 구간의 복잡한 지형을 물리학자들에게 익숙한 형태로 만들어 보았다.[4] 경사면에 대해서는 고등학교나 대학교의 물리학 거의 첫 부분에서 배운다. '단일' 경사면에 대한 물리학 문제를 푸는 방법을 알게 되면 여러 개의 경사면이 함께 나오는 문제도 같은 방법을 반복해서 적용하여 풀 수 있다. 즉, 앞에서 언급한 투르 드 프랑스 웹사이트에 게시된 21개 전 구간('프롤로그' 구간 포함)의 데이터를 이용해 이런 식으로 계산하여 모든 경사면들을 구해 이어붙일 수 있는데, 모두 498개가 생긴다. 여기서 내가 강조하는 바는, 한 경사면에 관한 물리학 문제를 푸는 방법을 알게 된다면 투르 드 프랑스 '전체'의 모형을 만들 수 있다는 것이다. 데이터 지점의 수가 많을수록 우리의 이러한 지형 모형이 더 정확할 것이지만 여기서는 이용 가능한 데이터만을 활용해서 풀어간다.

물리학 시간

자전거가 경사면에서 어떻게 움직이는지 이해하기 위해 자전거와 탑승자(선수)의 모형을 구성할 필요가 있다. 가장 간단한 방법은 자전거와 선수를 한데 뭉쳐서 어떤 고정된 질량을 갖는 물체로 가정하는 것이다. 팔과 다리, 바퀴살, 체인, 헬멧, 물병 등과 같이 선수와 자전거의 일부를 이루는 모든 다른 것들은 무시한다. 자전거와 선수의 질량을 합하고 이들을 하나의 물체로 간주한다. 우리는 이미 2차원적 지형 모형을 확보하고 있다. 우리가 가정한 자전거 - 선수 묶음을 〈그림 4.4〉의 첫 번째 경사면 끝에 위치시키고, 속력을 0으로 두자. 자전거가 선수를 구간의 끝으로 싣고 가는 데 걸린 시간을 구하는 것이 여기서 우리의 과제다.

정지 상태의 자전거를 움직이게 하기 위해 선수가 페달을 밟으면 자전거가 앞으로 나아간다. 이때 자전거와 선수를 앞으로 밀어주는 것이 실제로 무엇인지 알아보자. 그 전에 이해를 돕기 위해 자전거가 얼음판 위에서 출발한다면 무슨 일이 벌어질지 생각해 보자. 선수가 자전거를 앞으로 움직이기는 쉽지 않을 것이다. 선수가 페달을 밟으면 바퀴의 회전으로 이어진다. 자전거가 얼음판 위가 아닌 땅 위에 있고 또 미끄러짐도 없으면 자전거가 앞으로 움직인다. 바퀴는 땅을 '뒤로' 밀고 땅은 바퀴를 '앞으로' 민다. 이것은 제2장에서 풋볼 선수가 어떻게 달려가서 킥을 하는지 설명할 때도 이용한 원리인 뉴턴의 제3법칙으로 설명된다. 물리학이 생소한 독자라면 이제 물리학 법칙들이 가지는 진정한 힘을 보기를 바란다. 약 100년 전, 아인슈타인은 자신의 특수상대성이론의 토대를 이루는 2가지 가설 중 첫 번째 가설을 제시했다. 물리법칙은 어느 '관성좌표계'에서나 동일하다는 개념이다(지구 표면도 하나의 '관성좌표계'로 볼 수 있다). 발로 풋볼공을 찰 때 풋볼공이 튀어오르게 하거나 자전거를 앞으로 나아가게 하는 것과 같은 원리가 다리를 건설하고 인공위성을 우주로 쏘아올릴 수 있게 하는 것이다. 다시 자전거로 돌아가 모든 힘에는 크기가 동일하고 방향이 반대인 힘이 있다는 것을 기억하자. 즉, 여기서 자전거에 앞쪽을 향하는 힘을 주는 것은 땅이다. 그러나 뉴턴의 제3법칙이 말해주듯이 땅으로부터 받는 힘은 그 자체만으로는 존재하지 않는다. 선수가 페달을 밟아서 바퀴가 땅을 밀며 돌아가게 해야 한다. 세상에 공짜란 없다.

자전거 – 선수 묶음에는 다른 힘도 작용한다. 선수가 가파른 오르막길에서 페달밟기를 멈춘다면 어떻게 될지 잘 알 것이다. 자전거는 멈추게 되고 그때부터 뒤로 굴러 내려가기 시작한다. 반대로 선수가 가파른 내리막길을 내려간다면 페달밟기를 멈추어도 자전거는 계속해서 빠르게 달려갈 것이다. 분명히 자전거 – 선수 묶음에 힘이 작용하고 있다. 자전거 – 선수 묶음을 지구 중심을 향한 수직 아래로 항상 당기고 있는 중력이 그 힘이다.[5] 선수가 자전거를 타고 오르막을 가거나 내리막 혹은 평지를 달리든 아니면 경기를 마치고 멋진 프랑스식 숙소에서 앉아 있든 지구는 중력을 이용해 항상 선수를(그리고 자전거를) 수직 아래로 당기고 있다. 제3장에서 보았듯이, 질량이 m인 물체는 mg의 무게를 가진다. 자전거-선수 묶음의 질량을 77킬로그램이라 가정하고(투르 드 프랑스 웹사이트에 게시된 선수들의 체중을 토대로 한 것으로, 꽤 합리적인 추정이다), 무게 힘을 계산하면 약 755뉴턴이다.

이제 땅이 앞으로 밀어주는 힘과 중력 힘을 확보했으니 다른 힘을 생각해 보자. 선수가 자전거에 앉아 평지에서 멈춘 채 있다고 가정하자. 페달을 밟지 않아서 땅이 앞으로 밀어주는 힘은 없다. 이때 선수가 지구 중심을 향해 추락하지 않게 막아주는 것이 무엇일까? 중력이 자전거-선수 묶음을 계속해서 수직으로 끌어당기고 있는 데도 자전거가 땅 위에 멈춰 있으려면 땅이 자전거에 다른 힘을 가하고 있어야 한다. 우리가 손으로 벽을 밀 때를 상상해 보면 이와 같은 힘에 대해 이해하기 쉽다. 체구가 아주 거대한 사람이 아니라면 벽을 관통하면서 밀지는 못한다. 내가 벽을 밀면 벽은 반대방향으로 나를 밀어야 한다. 자전거-선수 묶음이 땅을 밀면 땅이 자전거-선수 묶음을 위로 밀어야 한다. 이 힘을 수직항력normal force이라 부르는데, 땅에 대해 수직방향으로 작용하는 힘이라는 의미다.

자전거가 수평인 땅 위에 서 있을 때는 땅에 대해 수직으로 작용하는 힘을 이해하기 쉽다. 땅이 수평이 아닐 때도 힘이 땅에 대해 수직으로 작용해야 하는 이유를 이해하기 위해, 선수가 경사면에 정지해 있는데, 그 경사면이 갑자기 밀려 올라가면서 경사가 점점 더 가파르게 될 때를 상상해 보자. 수직항력은 경사면이 완전히 수직으로 될 때까지 점차 작아져서 마침내 자전거와 선수는 추락한다. 이와 같이 극한적 경우에는 경사면, 즉 땅이 더 이상 도움이 되지 못한다. 경사면이 가파르게 될수록 수직항력이 작아지는 것을 기억해 두어야 한다. 수직항력을 F_N이라 표시하자.

이제 내가 자전거를 타고 내리막길을 달려 내려간다고 생각하자. 거센 바람이 얼굴에 부딪힌다. 이때 내가 받는 자전거 – 선수 묶음에서 생각해야 할 또 다른 힘이 있다. 자전거가 달려가는 방향과 반대쪽으로 작용하는 힘이 나에게 작용한다. 바람은 자전거의 움직임을 억제하는 공기저항이다. 자전거를 타고 가는 동안 바람을 뚫고 달려간다는 느낌이 들 수 있지만 공기저항으로 작용하는 힘은 자전거의 속력을 느리게 만든다. 자동차에서는 이러한 공기저항이 문제가 된다(화물차의 경우는 문제가 더 크다). 고속도로를 빠른 속력으로 달릴 때는 많은 양의 연료가 공기저항을 극복하는 데 소모된다. 연소되는 휘발유의 약 35~40퍼센트 정도가 엔진의 피스톤을 움직이게 하는데(이 비율을 '열효율'이라 부른다), 그중에서 최소한 4분의 1은 공기저항을 극복하는 데 이용된다. 물리학자들이 이러한 공기저항을 계산하는 모형을 구성하였는데, 다음과 같은 방정식으로 요약될 수 있다.

$$F_D = \frac{1}{2} C_D \rho A v^2 \qquad \text{(식 4.2)}$$

여기서 F_D는 공기로부터 받는 힘, 즉 항력으로, D는 항력drag force의 영문 첫 글자에서 따왔다. 공기밀도는 그리스어 소문자 ρ로 표시했는데 '로'라고 읽는다. 밀도는 중요한 역할을 하는데, 물속을 통과하기가 공기 속을 통과하는 것보다 더 힘든 것과 같으며, F_D가 밀도에 비례하는 이유다(수학식으로 $F_D \propto \rho$로 표시한다). 공기밀도는 해수면 및 상온에서 약 1.2kg/m^{3}이다.[6]

〈식 4.2〉에서 A는 자전거-선수 묶음의 단면적이다. 고속도로를 달리는 차 안에서 팔을 창밖으로 내밀었을 때를 생각하면 $F_D \propto A$(공기항력이 단면적에 비례한다)를 이해하기 쉽다. 팔과 손을 '비행기' 자세로 내밀면 바람을 맞는 면적이 작아서 공기로부터 오는 저항을 약하게 느낄 수 있다. 그러나 손과 팔을 90도로 하여 바람이 손바닥에 부딪히도록 하면 공기저항이 아주 크게 느껴진다. 여기서 요점은 단면적이 클수록 더 넓은 부위를 공기에 부딪힌다는 것이다. 그래서 $F_D \propto A$가 된다. 〈식 4.2〉의 v^2(자전거의 속력)은 더 큰 영향을 주게 된다. 팔을 창밖으로 내밀고 달리면서 자동차의 속력을 2배로 높이면 팔에 느껴지는 공기저항력이 4배로 커진다. 이것은 자동차를 타고 직접 시험해 볼 수 있다(그러나 속력을 2배로 높여서 시속 100킬로미터를 넘기면 속력위반 딱지를 뗄 수 있다). 〈식 4.2〉의 2분 1이라는 숫자는 이유가 있어 붙었지만 여기서 다룰 정도로 중요하지 않기 때문에 그냥 넘어가자.

마지막으로 C_D는 항력계수로, 단위를 갖지 않는 어떤 수를 나타낸다. C_D는 '퍼지fudge 요인(오차범위)'으로 생각해 볼 수 있는데, A와 ρ, v를 알아서 $\frac{1}{2}\rho A v^2$을 구했을 때, 그 결과가 실제로 측정한 F_D와 많이 다르다면 C_D를 적용해서 간단하게 이를 해소한다. 많은 경우에 C_D

는 v에 따라 달라진다. 이렇게 하는 것이 어리석거나 무리한 방법처럼 생각될 수도 있지만 실제로 C_D는 자전거–선수 묶음에 대해 크게 변하지 않는다. 공기저항은 이해하기 매우 어려운 현상인데, 공기가 선수와 자전거에 부딪히는 양상이 다양하고, 때로는 뒤에서 복잡한 형태의 소용돌이가 형성될 때도 있기 때문이다. 공이나 원통과 같이 단순한 모양의 물체들의 경우 단면적이 동일하더라도 C_D값이 다르다. 학자들은 C_D와 A의 곱을 구하기 위해 항력계를 이용해 항력을 측정한 다음 ρ와 v도 측정하여 〈식 4.2〉를 풀어 C_DA 곱을 구한다. 자전거–선수 묶음이 가지는 C_DA 값은 보통 0.25~0.35m^2의 범위로, 가장 낮은 값은 선수가 자전거에 납작 엎드린 상태로 달릴 때에 해당된다. 우리가 만드는 모형에 공기저항을 포함시킬 때 〈식 4.2〉는 그 첫 단계로 유용하다. 항력이 어느 정도의 크기인지 대체적 감을 잡아보기 위해 2004 투르 드 프랑스 제16구간에서 암스트롱이 달린 평균 속력인 23.4km/hr(6.5m/s)를 예로 들어보자. 지금까지 제시한 수치를 〈식 4.2〉에 대입하면 다음과 같은 식이 된다.

$$F_D \simeq \frac{1}{2}(0.30\text{m}^2)(1.2\text{kg/m}^3)(6.5\text{m/s})^2 \qquad \text{(식 4.3)}$$

이를 계산하면 $F_D \simeq 7.6$뉴턴(1.7파운드)을 얻는다. 이 값은 그렇게 큰 힘으로 생각되지 않을 것이다. 그러나 제16구간은 오르막길만 계속되는 것을 기억하자. 만약 내리막을 내려간다면 이 수치가 어떻게 변할까? 가파른 내리막길에서는 위의 방정식에 이용된 속력이 3배로 빨라질 수 있다. 즉, 항력이 위의 값보다 9배로 커져서 68뉴턴(15파운드)에 달하게 된다. 이것이 얼마나 큰 힘일까? 자전거를 타고 언덕을 내려가는 데 볼링공만한 무게가 자신을 뒤로 당긴다고 상상하면 된다. 이제 그 힘의 크기가 다르게 생각될 것이다. 그리고 만약 진공 속에서 내려간다면 또 얼마나 빨라질지도 생각해 보자.

관련된 모든 힘들을 확보했다고 생각될 때도 고려해야 할 것이 있다. 편평한 길에서 굴러가는 자전거 바퀴를 상상해 보자. 바퀴는 결국 멈추거나 아니면 계속해서 굴러갈 것이다. 주위에 공기가 없다고 하더라도 마찰로 인해 바퀴는 언젠가 멈추게 된다. 자전거 바퀴가 땅에 닿으면 바퀴와 땅 모두에 약간의 변형이 생긴다.[7] 이러한 변형 덕분에 바퀴는 계속해서 굴러갈 수 있다. 타이어에 공기를 채우는 이유도 여기에 있다(자전거뿐만 아니라 자동차의 경우도 마찬가지다). 바퀴가 굴러가면서 변형이 적게 일어날수록 받게 되는 회전마찰력rolling friction force도 적어진다. 두 표면이 서로를 강하게 밀수록 변형이 커지고 따라서 회전마찰력도 커지게 된다. 그러므로 회전마찰력(F_r)은 앞에서 논의한 바 있는 수직항력에 비례한다고 볼 수 있다. 이를 방정식으로 표현하면 다음과 같다.

$$F_r = \mu_r F_N \qquad \text{(식 4.4)}$$

여기서 μ_r(μ는 그리스어로 '뮤'라 읽으며 r은 '회전'을 뜻하는 rolling의 첫 글자다)은 차원을 갖지 않는 비례상수로 이용된다. 도로 위를 달리는 자전거의 경우 μ_r은 보통 0.003(단위가 없다) 정도의 값이다.

지금까지 우리의 자전거 – 선수 묶음에서 생각해야 할 모든 힘들에 대해 설명했다. 여기서 내가 언급한 첫 번째 힘에 대한 방정식 한 가지를 제시하는데, 선수가 페달을 밟으면 바퀴가 도로를 뒤로 밀어서 생기는 힘이다. 즉, 앞으로 나아가는 힘(F_b)을 나타내는 방정식으로, 페달을 밟아서 생기는 힘은 다음과 같은 식으로 표현된다.

$$F_b = P_b / v \qquad \text{(식 4.5)}$$

여기서 P_b는 선수가 투입하는 일률로 그 크기는 보통 와트Watt 단위로 측정한다. 〈식 4.5〉를 보고 속력이 낮을 때는 어떻게 될지 궁금해 하는 독자도 있을 것이다. 방정식을 적용하면 땅으로부터 받는 힘이 '엄청나게 커지는' 것으로 해석된다. 그래서 〈식 4.5〉는 어느 정도로 낮은 속력까지만 의미를 가진다. 그래서 속력 v가 작을 때 F_b가 폭발적으로 커져버리지 않게 하기 위해(즉, v가 작으면 F_b가 커진다) $v < \tilde{v}$일 때는 $F_b = P_b / \tilde{v}$를, $v \geq \tilde{v}$면 〈식 4.5〉를 이용한다.[8] 즉, 선수가 자전거를 천천히 움직이면 페달을 일정한 힘으로만 밟을 수 있거나 운전이 어렵고 비틀거린다. 일단 자전거가 $\tilde{v}$보다 더 빠르게 달리기 시작하면 들어가는 힘의 크기가 줄어들게 된다. 자전거로 가파른 오르막을 올라가는 상황을 생각하자. 페달을 매우 힘들게 밟고도 느린 속도로 나아갈 수 있다. 반대로, 내리막길을 갈 때는 페달에 거의 아무런 힘을 주지 않아도 빠르게 달리게 된다. 우리가 만든 투르 드 프랑스 모형에서

는 $\tilde{v}$=6m/s=21.6km/hr로 설정하면 비교적 잘 들어맞았다.

선수가 투입하는 일률 P_b에 대해 생각해 보자. 일률은 시간에 대하여 에너지가 이용되는 비율을 말하며, 간단한 식으로 표현하면 다음과 같다.

$$일률=\frac{에너지}{시간} \qquad \text{(식 4.6)}$$

자전거로 제16구간을 달려갈 때 선수들은 에너지를 이용하며 이를 위해 먹어야 한다. 지금 나는 제16구간을 주파하는 데 얼마나 많은 일률이 필요한지 추정해 보고자 한다. 예를 들어 1시간에 구간을 주파한다고 가정할 때 얼마나 많은 에너지가 필요할지 계산한다. 에너지에는 여러 형태(운동에너지, 열에너지, 전기에너지, 자기에너지, 화학에너지, 핵에너지 등)가 있다. 제16구간에서는 해발 높이 720미터에서 출발하여 1850미터 높이에서 끝난다. 내가 책이나 돌멩이 같은 어떤 물건을 들어 올린다고 상상하자. 이때 나는 물체가 지구 중심에서 더 멀어지도록 올리며 에너지를 준다.[9] 허리 높이까지 들어 올린 후 물체를 손에서 놓아 땅에 떨어지는 모양을 관찰한다. 다음에는 머리 높이에서 떨어뜨려 본다. 더 높은 데서 떨어질수록 땅에 더 세게 부딪힐 것이다. 물체를 더 높이 올릴수록 내가 그 물체에 해주는 에너지는 크다. 우리가 지구 표면에서 상대적으로 가까운 곳에 위치해 있다면 우리가 물체에 준 중력에너지는 물체의 질량과 중력가속도, 그리고 Δh를 이용해 표현할 수 있다. 제2장에서 Δ가 변화량을 의미하며, Δh는 '높이의 변화'를 의미한다고 설명한 바 있다. 출발지점의 높이가 해발 720미터고 도착지점은 1850미터라면 $\Delta h = 1850\text{m} - 720\text{m} = 1130\text{m}$가 된다. 이렇게 높이 올라가서 늘어난 에너지는 $mg\Delta h$로 표현된다. 질량 m은 kg, 중력가속도 g는 m/s^2, 그리고 높이 변화 Δh는 미터(m) 단위를 사용할 때 이 3가지 수치를 곱하여 얻는 에너지는 줄$_{\text{joules, J}}$ 단위로 표현된다.[10] 여기서 우리가 모형으로 하는 자전거-선수 묶음의 질량이 77킬로그램이라면,

$$\text{에너지} = mg\Delta h = (77\text{kg})(9.8\text{m/s}^2)(1{,}130\text{m}) = 852{,}698\text{J} \quad (\text{식 } 4.7)$$

이 결과값은 자릿수가 너무 크기 때문에 간단히 해보자. 이제 〈식 4.6〉을 이용해서 제16구간을 1시간(3600초) 내에 올라가기 위해 필요한 일률을 추정한다.

$$\text{일률} = 852{,}698\text{J}/3{,}600\text{sec} \simeq 237\text{watt} \quad (\text{식 } 4.8)$$

실제로 암스트롱은 제16구간을 39분 41초에 주파했다. 그래서 〈식 4.8〉의 3600초$_{\text{sec}}$ 대신에 2381초를 대입하면 358와트를 얻는다. 물론 이것은 〈식 4.7〉의 자전거-선수 묶음의 질량이 정확한 값이라 가정했을 때다.

물리학자들은 이처럼 간단히 계산한 다음, 그 결과가 합리적인지 판단해 볼 필요가 있다. 우리의 모형을 이용한 계산에서는 100와트 전등

세 개 반 정도에 해당된다는 결과가 나왔다.[11] 그러나 이렇게 하는 것은 뭔가 순서가 바뀐 것이다. 물리학적으로 소요시간을 예측하려면 암스트롱의 우승시간을 이용해서 필요한 일률을 구해서는 안 된다. 우리는 시합이 실제로 열리기 전에 선수들이 구간을 달리는 데 필요한 일률을 예측하고자 한다. 지금 우리가 해야 할 일은 과학 문헌들을 검색하여 우수한 사이클선수들이 투입하는 일률을 측정한 학자들의 연구결과를 찾아보는 것이다.[12] 우수한 사이클선수라면 최소한 1시간 이내의 시간 동안 일시적으로 암스트롱의 358와트보다 더 큰 일률을 낼 수 있다. 암스트롱 역시 제16구간을 달리는 동안 일시적으로 358와트 이상의 일률을 낼 수 있다.

우리가 추정하는 일률이 358와트를 넘는다면 암스트롱이 제16구간을 39분 41초보다 더 빠르게 달릴 수 있었을까? 그가 이 오르막 구간에서 극복해야 할 힘이 중력뿐이었다면 그럴 수 있었을 것이다. 그러나 암스트롱이 자전거로 달리며 산을 올라가자면 다른 일반 자동차들처럼 공기저항과 회전마찰이 방해를 한다. 중력 극복을 위해서 에너지를 투입해야 할 뿐만 아니라 마찰력을 극복하기 위해서도 에너지를 추가로 사용해야 한다. 암스트롱은 제16구간을 달리는 동안 475와트 이상도 어렵지 않게 투입할 수 있었다.

이제 정상적인 순서로 돌아와서 기존의 연구 결과들로부터 좀 더 정확하게 일률을 추정해 보자. 그리고 가능하면 다른 변수들의 값도 찾아볼 필요가 있다. 실험을 할 수 있을 정도로 충분히 긴 공간이 확보된다면 그 변수들 중 일부의 값을 직접 측정해 볼 수도 있다.

모형을 적용한 결과

필요한 변수들의 값을 구하면 컴퓨터를 이용하는 수학적 계산의 준비가 된 것이다. 그러나 이 책이 물리학 교과서는 아니기 때문에 상세한 과정은 생략한다. 뉴턴의 제2법칙에 의하면 모든 힘들의 벡터 합은 물체의 질량×가속도다. 우리의 모형을 계산하는 데 필요한 모든 힘들에 대해서는 앞에서 설명했으며, 이제는 이들의 벡터를 모두 합하고 이 값이 질량과 가속도의 곱과 같다는 방정식을 세운다. 컴퓨터의 도움을 얻어 이 방정식을 풀면 투르 드 프랑스 각 구간별로 출발점에서 결승점까지 달리는 데 걸리는 시간을 구하게 된다.

2004 투르 드 프랑스 제16구간에 대해 계산하면 37분 09초가 나오는데, 이는 실제보다 빨라서 2분 32초 차이가 난다. 그렇지만 실제 값보다 약 6퍼센트 정도만 빗나갔을 뿐이다. 투르 드 프랑스 대회에서는 온갖 일들이 일어날 수 있고 또 고르지 않은 오르막길을 올라가는 자전거-선수처럼 복잡한 물체에 적용되는 모형을 만드는 어려움 등을 고려할 때 이 정도의 오차라면 비교적 정확한 예측이라 할 수 있다. 내가 계산한 예측 값은 처음에 했던 주먹구구식으로 한 예측보다는 훨씬 정확하다. 나의 학생이었던 벤자민 하나와 나는 투르 드 프랑스 전체의 모형을 만들어 21개 구간 중 20개 구간의 소요시간을 예측했는데, 실제 시간과의 오차 크기가 10퍼센트 이내로 정확했다.

그 정확성을 확인해 보자. 우리가 만든 2004 투르 드 프랑스 전체의 모형에서 선택한 변수들과 그 계산 결과들을 제시할 것인데, 다음에 선택된 변수값을 요약하였다.

$$m = 77\text{kg} \text{ (자전거-선수 질량)} \quad \text{(식 4.9)}$$

$$\rho = 1.2\text{kg/m}^3 \text{ (공기밀도)} \quad \text{(식 4.10)}$$

$$\mu_r = 0.003 \text{ (회전마찰 계수)} \quad \text{(식 4.11)}$$

$$C_D A = \begin{cases} 0.25\text{m}^2, \ \theta \leq 0^\circ \text{ (내리막길)} \\ 0.35\text{m}^2, \ \theta > 0^\circ \text{ (오르막길)} \end{cases} \quad \text{(식 4.12)}$$

위에서 마지막 변수, C_DA는 항력계수와 단면적의 곱으로 〈식 4.2〉에서는 한 개의 변수로 다루었다. 앞에서 언급했듯이, 사이클선수에 작용하는 항력을 측정할 때는 이와 같이 C_DA 곱의 값을 이용하는 경우가 많다. C_DA에 두 가지 다른 값을 사용한 이유는 자전거로 내리막을 달려가는 사람은 상체를 굽혀 바람에 노출되는 면적을 줄이려 하는 경향이 있기 때문이다. 그리고 자전거를 탄 경험에서 누구나 알고 있듯이 힘들게 페달을 밟으며 오르막길을 올라갈 때는 상체를 약간 세우게 된다. 여기서 θ는 길의 경사도를 각으로 나타낸 값이다(〈그림 4.3〉).

마지막으로 선택된 변수는 투입되는 일률이다. 투르 드 프랑스 출전 선수처럼 세계적인 선수들은 엄청난 일률을 낼 수 있으며, 그러한 일률을 유지하며 비교적 긴 거리를 달릴 수도 있다. 앞에서 언급했듯이 이와 같은 세계적인 선수들이 낼 수 있는 일률의 크기에 대해 연구한 논문들도 많이 발표되었다. 이러한 연구 결과와 투르 드 프랑스 각 구간별 지형을 참고하면 사이클선수들이 내는 일률을 추정할 수 있다.

선수들은 내리막길에서 바람을 맞으며 달릴 때보다 오르막을 올라가는 동안 더 많은 일률을 필요로 하는 경향이 있다. 우리는 공식 웹사이트www.letour.fr에서 2004 투르 드 프랑스 코스 지형의 각도 498개 모두를 확인하여 우리 모형의 사이클선수가 내는 일률 추정값을 구하였는데, 다음과 같이 추정하여 선택했다.

$$P_b = \begin{cases} 200\text{W}, & \theta \leq -3.15^\circ \\ 325\text{W}, & -3.15^\circ \leq \theta < 3.55^\circ \\ 425\text{W}, & 3.55^\circ \leq \theta < 5.16^\circ \\ 500\text{W}, & 5.16^\circ \leq \theta. \end{cases} \qquad \text{(식 4.13)}$$

이와 같이 나누는 기준 각도를 정한 것이 조금 이상하게 생각될 수도 있지만 498개 각도를 고려할 때 위와 같은 방식은 합리적이었다.

투르 드 프랑스 모형 구성과 관련해 언급할 것이 하나 더 있다. 대회의 21개 구간을 자세히 살펴보면 그중 4개는 길이가 짧다. 2004년 대회에서 제0, 4, 16, 그리고 19구간은 시간으로 승부를 겨루는 '타임트라이얼time trial'이다. 제0구간은 '프롤로그prolog'로 10분 내에 주파할 수 있다. 제16구간은 이미 살펴보았고, 제4구간과 제19구간 주파에는 각각 1시간 조금 더 소요된다. 이와 같은 타임트라이얼에서는 선수들이 좀 더 공기역학적인 헬멧과 옷을 입는다. 자전거도 항력을 적게 받도록 개조한다. 팀 구성원들은 뒤에 바짝 붙어서 달리며 바람 저항을 줄이는 방법으로 서로 돕는다.[13] 이런 방법은 자동차운전이나 자동차

경주에서도 이용된다. 그렇다고 내가 이런 방식으로 바싹 붙여서 운전하길 권하는 것은 아니다. 이러한 타임트라이얼 경기 중에는 선수들 자신도 좀 더 공기역학적으로 되기 때문에[14] 제0, 4, 19구간에서는 C_DA를 20퍼센트 줄여서 계산했다. 그리고 이 구간들은 거리가 짧아 시간이 많이 걸리지 않기 때문에 일률을 더 많이 필요로 할 수 있다는 점도 반영했다. 이러한 여러 가지를 종합하여 제0, 4, 16, 그리고 19구간에서 선수들이 필요로 하는 일률의 값을 다음과 같이 추정했다.

$$P_b = \begin{cases} 200\text{W}, & \theta \le -3.15^\circ \\ 475\text{W}, & -3.15^\circ \le \theta < 5.16^\circ \\ 500\text{W}, & 5.16^\circ \le \theta. \end{cases} \qquad \text{(식 4.14)}$$

정확한 모형

지금까지 투르 드 프랑스를 모형으로 구성하는 데 필요한 모든 것을 설명하며 여러 정보와 방정식 그리고 변수들을 제시했다. 그러나 문제가 그렇게 단순하지 않다고 항의하는 독자도 있을 것이다. 맞는 말이다. 자전거와 운동선수에 관한 연구 결과를 더 많이 검색해볼 필요가 있다. 투르 드 프랑스의 지형을 더 관찰하고 물리학적 지식을 더 많이 이용할 필요도 있다. 아직 우리가 다루지 않은 것들에 대해 잠시 생각해 보자. 바람이 옆으로 불 수도 있지만 우리의 모형에서는 이러한 가능성을 고려하지 않았다. 2005년의 투르 드 프랑스 초반 3분의 1 동안은 선수들이 강한 뒷바람을 맞으며(풍속이 약 시속 16킬로미터에 달했으며 시속 29킬로미터의 돌풍도 동반되었다) 달려서 구간 주파시간이 크게 단축되었다. 선수들이 서로 부딪히거나 넘어질 수도 있지만 우리의 모형에는 이와 같이 '넘어지는 상황'의 방정식이 이용되지 않았다. 대회 구간에 각도가 498개나 있어 많은 것처럼 생각될 수도 있지만 실제 지형을 표현하기에는 부족하다. 참가 선수들은 경주 도중에 음식을 먹으며 '화장실'도 이용한다. 이러한 행동 역시 우리의 모형에서는 고려되지 않은 사항이다. 여기에서 내가 말하고자 하는 바는 독자 중에는 내가 너무 복잡하게 많은 사항들을 설명했다고 생각하겠지만 완벽한 모형이 되기에는 아직 많이 부족하다는 것이다.

벤자민 하나와 나는 이 장에서 설명한 모든 것들을 컴퓨터에 입력하여 그 결과를 〈표 4.1〉로 만들었다. 표는 암스트롱 같은 개별 선수의 주파시간이 아니라 각 구간에서의 실제 우승시간을 나타낸다. 물론 암스트롱이 우승한 구간에서는(예를 들어 제16구간) 표에 실린 시간이 그의 주파시간이다. 우리는 각 구간별로 가장 정확한 모형을 구성하기 위해 노력했다. 말하자면 우승시간을 예측하려고 했다. 우리 모형은 한 구간만 제외하고 모든 구간에서 10퍼센트 이내의 오차로 목표를 달성했다(제17구간에서는 아쉽게도 거의 12퍼센트 정도 빠르게 예측했다). 제16구간을 마치고 암스트롱은 우승을 거의 확정지은 상태에서 여유 있게 달릴 뿐만 아니라, 제16구간 마지막과 제17구간의 초반 사이에 휴식을 취하지 못한 선수들이 피로를 크게 느끼는 것을 예상하지 못했던 것이다.

■ 표 4.1 | 2004 투르 드 프랑스의 경기 결과

구간	실제 우승시간	예상시간	오차	오차율(%)
0	0h 06′ 50″	0h 06′ 51″	00′ 01″	0.24
1	4h 40′ 29″	4h 47′ 26″	06′ 57″	2.48
2	4h 18′ 39″	4h 38′ 33″	19′ 54″	7.69
3	4h 36′ 45″	4h 50′ 57″	14′ 12″	5.13
4	1h 12′ 03″	1h 14′ 49″	02′ 46″	3.84
5	5h 05′ 58″	4h 46′ 22″	−19′ 36″	−6.41
6	4h 33′ 41″	4h 29′ 23″	−04′ 18″	−1.57
7	4h 31′ 34″	4h 49′ 25″	17′ 51″	6.57
8	3h 54′ 22″	3h 56′ 28″	02′ 06″	0.90
9	3h 32′ 55″	3h 49′ 54″	16′ 59″	7.98
10	6h 00′ 24″	6h 00′ 01″	−00′ 23″	−0.11
11	3h 54′ 58″	3h 54′ 59″	00′ 01″	0.01
12	5h 03′ 58″	5h 29′ 24″	25′ 26″	8.37
13	6h 04′ 38″	5h 34′ 18″	−30′ 20″	−8.32
14	4h 18′ 32″	4h 29′ 54″	11′ 22″	4.40
15	4h 40′ 30″	4h 47′ 17″	06′ 47″	2.42
16	0h 39′ 41″	0h 37′ 09″	−02′ 32″	−6.38
17	6h 11′ 52″	5h 28′ 27″	−43′ 25″	−11.68
18	4h 04′ 03″	4h 04′ 25″	00′ 22″	0.15
19	1h 06′ 49″	1h 04′ 27″	−02′ 22″	−3.54
20	4h 08′ 26″	3h 44′ 09″	−24′ 17″	−9.77
합계	82h 47′07″	82h 44′ 38″	−02′ 29″	−0.05

주의 : 4열에 제시된 오차는 3열과 2열의 차이를 플러스 혹은 마이너스로 나타냈다. 5열의 오차율은 [(3열−2열)/2열]×100%로 계산했다. 실제 우승시간은 www.letour.fr에서 얻었다.

내가 실제 경기 결과와 일치하는 결과가 나올 때까지 변수들을 골라서 선택했을 것이라 말하는 독자도 있을지 모른다. 나는 가장 합당하다고 생각되는 변수들을 선택하기 위해 5~6개의 변수들을 이렇게 저

렇게 비교해 보았다. 그래서 그와 같은 지적이 (부분적으로는) 맞는 말이다. 그러나 우리가 선택한 변수들이 적절하다는 강력한 증거들이 있다.[15] 21개 구간 중 20개 구간의 우승시간을 정확히 예측하기는 생각보다 훨씬 어렵다. 예를 들어, 우리가 너무 늦게 예측한 한 구간의 일률을 높여서 오차를 줄이면 너무 빠르게 예측한 다른 구간에서 문제가 생기게 된다. 사실 우리는 변수를 골라내는 꼼수를 부리기보다는 문헌에 실린 변수를 실제로 이용하는 데 더 관심이 있었다.

그래도 여전히 회의적 시각에서 과학이라면 모형을 하나 이상의 '실험'에 적용해야 한다고 주장할 독자도 있을 것이다. 아주 뛰어난 비판이다. 그래서 벤자민과 나는 우리가 2004년 대회를 위해 만든 모형을 2003년 대회에도 적용해 보았다. 2003년 대회는 제0, 4, 12, 그리고 19구간이 짧은 타임트라이얼로 진행된 것을 제외하고는 모든 것이 동일하다. 나는 www.letour.fr에서 필요한 각도 데이터를 얻어 컴퓨터에 입력하여 계산했다. 〈표 4.2〉가 그 결과다. 표에서 보듯이, 세 구간에서 오차가 10퍼센트를 넘었다. 그리고 모든 구간 우승시간의 전체 합이 1시간 반 정도의 차이가 났지만 오차율은 2퍼센트 이하에 불과했다. 이 정도면 꽤 정확한 것이다. 우리의 2004년 모형을 2번의 투르 드 프랑스에 적용했을 때, 합계 42개 구간 중 38개 구간에서 오차 크기 10퍼센트 이내의 정확도로 예측했다.

우리는 이 모형을 2005 투르 드 프랑스 등의 다른 대회에도 적용해 보았다. 여기에서 설명한 모형을 2005년 대회에 적용하기 위해 우리는 강력한 뒷바람의 효과를 모형으로 만들어야 했다. 이를 위해 일률을

■ 표 4.2 | 2004년 모형을 2003 투르 드 프랑스에 적용한 결과

구간	실제 우승시간	예상시간	오차	오차율(%)
0	0h 07′ 26″	0h 07′ 42″	0h 00′ 16″	3.59
1	3h 44′ 33″	3h 55′ 39″	0h 11′ 06″	4.94
2	5h 06′ 33″	4h 50′ 28″	−0h 16′ 05″	−5.25
3	3h 27′ 39″	3h 58′ 57″	0h 31′ 18″	15.07
4	1h 18′ 27″	1h 16′ 43″	−0h 01′ 44″	−2.21
5	4h 09′ 47″	4h 44′ 07″	0h 34′ 20″	13.75
6	5h 08′ 35″	5h 20′ 51″	0h 12′ 16″	3.98
7	6h 06′ 03″	6h 00′ 58″	−0h 05′ 05″	−1.39
8	5h 57′ 30″	5h 49′ 13″	−0h 08′ 17″	−2.32
9	5h 02′ 00″	4h 47′ 44″	−0h 14′ 16″	−4.72
10	5h 09′ 33″	4h 55′ 39″	−0h 13′ 54″	−4.49
11	3h 29′ 33″	3h 45′ 07″	0h 15′ 34″	7.43
12	0h 58′ 32″	0h 56′ 34″	−0h 01′ 58″	−3.36
13	5h 16′ 08″	5h 15′ 37″	−0h 00′ 31″	−0.16
14	5h 31′ 52″	5h 24′ 51″	−0h 07′ 01″	−2.11
15	4h 29′ 26″	4h 27′ 43″	−0h 01′ 43″	−0.64
16	4h 59′ 41″	5h 01′ 35″	0h 01′ 54″	0.63
17	3h 54′ 23″	4h 12′ 08″	0h 17′ 45″	7.57
18	4h 03′ 18″	4h 49′ 56″	0h 46′ 38″	19.17
19	0h 54′ 05″	0h 55′ 04″	0h 00′ 59″	−1.82
20	3h 38′ 49″	3h 24′ 58″	−0h 13′ 51″	−6.33
합계	82*h* 33′ 53″	84h 01′ 34″	1h 27′ 41″	1.77

주의 : 4열에 제시된 오차는 3열과 2열의 차이를 플러스 혹은 마이너스로 나타냈다. 5열의 오차율은 [(3열−2열)/2열]×100%로 계산했다. 실제 우승시간은 www.letour.fr에서 얻었다.

높여서 선수와 뒷바람에서 오는 효과를 포함하는 '더 효과적인' 일률로 대체했다. 그 결과 두 구간에서만 예측의 오차가 10퍼센트를 넘었다.

이 장에서 내가 강조하는 바는 복잡한 현상을 가능한 한 단순하게

만들 때는 필연적으로 문제를 수반한다는 것이다. 우리가 만든 모형이 지나치게 단순화된 것으로 보이면 다시 조금 더 복잡하게 만든다. 이렇게 모형을 단순하게 만드는 것과 정확하게 만드는 사이의 균형을 이루는 문제는 물리학자들이 항상 직면하는 과제다.

이제 알프스산맥을 넘어 인류 역사에서 가장 멀리 도약한 순간으로 가보자.

05 더 큰 추진력과 각운동량

비머네스크 운동량

1953년 5월 29일, 에드먼드 힐러리Edmund Hillary와 텐징 노르가이Tenzing Norgay가 에베레스트산 등정에 성공하여 인류 역사에서 누구도 밟아본 일이 없었던 세계의 정상에 섰다.[1] 1969년 7월 20일에는 닐 암스트롱Neil Armstrong이 인류 최초로 달 표면에 첫 발을 내딛는 기념비적 장면을 연출했다. 인류의 역사 곳곳에 이와 같은 순간들이 위치하고 있다.

그 이전까지 인류 누구도 하지 못한 일을 성취하는 '최초'의 배후에는 과학도 함께 해 왔다. 독자들도 지금까지 이와 같은 이야기를 듣거나 읽어보았을 것이다. 나는 1970년대 초반 데이비드 리, 더글러스 오셔로프, 그리고 로버트 리처드슨 세 사람이 초유동체超流動體 헬륨3을 발견한 이야기를 들려주기 좋아한다. 이들은 양자 효과를 밝힌 연구업적으로 1996년에 노벨물리학상을 공동수상했다. 20세기가 끝나갈 무렵, 300년 이상 수학의 난제로 남아 있던 페르마의 마지막 정리를 증명한 앤드류 와일즈Andrew Wiles의 이야기도 유명하다.

많은 '최초'들은 사람들이 어떤 일을 하는 '최초'가 되려고 노력했기 때문에 성취되었다. 힐러리와 텐징은 자신들이 에베레스트 정상에 최초로 발을 딛는 사람이 된다는 것을 알았다. 그리고 닐 암스트롱도 자신이 인류 최초로 달 표면에 발자국을 남길 것을 알았다. 그러나 자신이 어디로 향하고 있는지 알지 못해서 최초라는 이름을 남기지 못하는 사람들도 있으며, 자신들이 커다란 업적을 달성했다는 것을 인식하지 못하는 경우도 있다. 앞에서 언급한 세 명의 노벨상 공동수상자들도 처음에는 자신들의 발견이 고체 헬륨3의 새로운 형태라는 사실을 알지 못했다. 그리고 와일즈는 8년의 시간을 페르마의 정리를 증명하는 데만 파묻혀 지내면서도 300년 넘게 누구도 성공하지 못했던 일을 자신이 이룰 것이라 생각하지 않았다.

밥 비먼Bob Beamon이 1968년 멕시코올림픽 멀리뛰기에서 거둔 성적은 그 이전의 누구도 이루지 못했던 인류의 업적이 되었다. 그의 경쟁자들을 월등히 따돌린 거리였다. 1964년 도쿄올림픽에서 멀리뛰기 금메달을 자신의 조국 웨일즈로 가져갔던 린 데이비스Lynn Davies는 비먼에게 "당신은 멀리뛰기를 발칵 뒤집어 놓았습니다."라고 말했다. 비먼의 멀리뛰기는 그만큼 놀라웠기 때문에 누구도 감히 상상할 수 없는 위대한 업적을 이루었다는 뜻으로 '비머네스크Beamonesque'라는 단어가 만들어져 사용되고 있을 정도다.

비먼의 유명한 점프가 있기 전 멀리뛰기 세계기록은 8.35미터로 미국의 랠프 보스턴Ralph Boston과 러시아의 이고르 테르-오바네시안Igor Ter-Ovanesyan이 공동으로 가지고 있었다. 그 전까지 비먼의 개인 최고 기록은 8.33미터였는데, 8.90미터나 점프했다. 당시 비먼이 점프한 거리는 거의 날았다고 생각되는 거리였다. 프로농구 3점슛 라인(NBA 규격은 7.24미터 —옮긴이) 앞에서 점프했다면 골대 뒤쪽에서도 훨씬 떨어진 곳에 착지한 것이다! 여기에 대해 잠시 생각해 보자. 올림픽 멀리뛰기에 출전하는 선수들은 누구나 엄청난 양의 훈련을 거치고 경기에 임해서는 자신의 능력을 최대한 발휘한다. 그렇기 때문에 비먼의 점프 이전에 8.5미터 이상 점프했던 사람이 있을 것이라고는 생각되지 않는다. 실제로 누군가는 좀 더 멀리 점프했을 수도 있다거나 원시인들은 점프를 잘 했을 것이라 생각할 수도 있다(하지만 그들의 신체구조를 감안하면 가능할 것 같지 않다). 비먼이 세계기록을 갱신한 것은 흔히 있는 '조금 더 멀리' 정도가 아니다. 0.55미터나 더 멀리 점프했다. 그 이전까지 인간의 최고 점프 기록보다 6.6퍼센트나 더 멀고, 비먼 자신의 최고기록보다도 6.9퍼센트 멀다. 비먼은 8.6미터와 8.8미터 표시를 공중에 뜬 상태로 통과했다. 당시 비먼의 점프 거리는 강철 줄자로 측정해야만 했다. 당시에 이용된 광학측정기(〈그림 5.1〉)는 비먼이 착지한 지점 앞에서 궤도가 끊겼기 때문이었다. 비먼의 점프를 두고 테르-오바네시안은 "이 점프에 비하면 우리는 아직 어린애다."고 말했다.

■ **그림 5.1** | 멀리뛰기 거리 측정에 이용되는 광학측정기. 착지 지점을 표시하는 막대가 모래에 박혀 있다. 왼쪽 위의 검은 색 작은 공이 막대의 상단이다.

물리학 시간

비먼의 경이로운 점프를 모형으로 만들기 위해 더그 플루티의 헤일 메리 패스에 대해 했던 작업을 다시 해보자. 〈식 3.10〉은 포물선운동을 하는 발사체의 이동거리를 계산하는 식이다. 〈식 3.10〉을 다시 적어 보면 다음과 같다.

$$R=\frac{v_0^2 \sin 2\theta}{g} \qquad (식\ 5.1)$$

여기서 v_0는 출발속력, θ는 출발각도, 그리고 g는 중력가속도를 나타낸다. 출발속력의 경우, 밥 비먼 같은 톱클래스 선수들이 점프 출발지점에서 달리는 속력이 초속 10미터라고 가정하자. 비먼이 100미터를 10초 안에 달릴 수 없더라도 점프 출발지점에서 순간 속력은 초속 10미터 정도 되었을 것이다. 그리고 또 비먼은 거리를 최대로 하는 출발각도, 즉 $\theta=45°$로 점프했을 것으로 가정한다. 그러나 〈식 5.1〉에 이러한 숫자와 중력가속도 $g=9.8\text{m/s}^2$을 대입하면, $R\simeq10.2\text{m}$로 계산된다. 대략 계산한 값이지만 15퍼센트나 긴 거리다. 이보다 훨씬 더 근접한 값이 나와야 한다.

비먼의 실제 점프 거리 8.90미터를 〈식 5.1〉에 대입하여 출발각도를 구해보면 $\theta\simeq30.4°$를 얻는데, 이것은 45도와 크게 차이난다. 그렇다면 비먼이 〈식 5.1〉의 R을 최대로 하기 위해 45도로 뛰었을까? 아니면 조금 전 계산해서 얻은 30.4도처럼 더 작은 각도로 뛰어서 점프한 거리가 짧아졌을까? 그렇지 않고 우리가 설정한 모형에 문제가 있는 것은 아닐까?

이와 같은 질문에 답하기 위해서는 비먼의 점프에 대한 정보가 더 많이 있어야 한다. 나는 그 점프 장면을 수십 번 반복해서 보고 그가 공중에 떠 있은 시간이 약 1.0초인 것을 확인했다. 나의 스톱워치를 이용해 가능한 최대의 정확도로 측정한 값이다. 플루티의 헤일 메리 패스에서처럼 우리는 비먼의 점프 거리 R, 그리고 비행시간 T를 알고 있으므로 다음과 같은 식을 이용할 것이다.[2]

$$\tan\theta = \frac{gT^2}{2R} \qquad \text{(식 5.2)}$$

$$v_0 = \sqrt{\left(\frac{gT}{2}\right)^2 + \left(\frac{R}{T}\right)^2} \qquad \text{(식 5.3)}$$

$R = 8.90$m와 $T = 1.0$초를 이 방정식에 대입하면 $\theta \simeq 28.8°$ 및 $v_0 \simeq 10.2$m/s로 계산된다. 이 각도는 우리가 처음에 추정한 45도와 큰 차이가 있다. 하지만 출발속력은 우리가 추정한 초속 10미터와 비슷하다.

우리는 지금 이 방정식들에 몇 가지 숫자를 대입하여 몇 가지 다른 각도, 초기속력, 그리고 거리를 구했다. 그러면 우리가 계산한 값이 정확한지 의문이 생겨야 한다. 비먼의 점프 거리 8.90미터를 알고 있으며, 스톱워치를 이용해서 그가 날아간 시간을 측정한 결과는 약 1.0초였다. 그 나머지 우리가 계산한 값들은 추정치이지만 상당히 합리적인 값이다. 제3장의 '주 14'에 나는 이 책에서 이용하는 방정식들은 어떤 '가정'에 토대를 두고 만들어졌기 때문에 신중히 생각할 필요가 있다고 지적한 바 있다. 책의 아무 곳이나 펼쳐서 우리가 알고 있는 변수(예를 들어 R과 T 같은)나 원하는 변수(예를 들어, v_0)가 포함되는 방정식을 무작정 끄집어낼 수는 없다. 우리는 비먼이 공중에 떠 있는 동안 일정한 가속도로 날았다는 가정 외에도(비교적 합리적이라 생각된다) 공기저항도 무시했다. 그리고 여기서 이용한 모든 방정식들이 비먼의 출발 및 도착 높이가 동일하다고 가정한 것은 더 큰 문제다. 비디오 화면을 자세히 보면 비먼이 점프한 순간과 비교하면 착지할 때는 더 낮아졌음을 알 수 있다. 앞의 제3장에서 나는 아주 자세하게 가정하기 위해서는 방정식들을 각각의 점입자의 움직임에 대해 적용해야 한다고 설명했다. 풋볼공의 경우는 움직이는 도중에 형태가 변하지 않는다고 가정해도 무방하다. 그러나 비먼의 신체는 다른 멀리뛰기 선수들과 마찬가지로 공중에 떠 있는 동안 그 형태가 아주 다양하게 변한다. 그러므로 비먼의 멀리뛰기에 대해 비교적 정확한 모형을 구성하기 위해서는 지금까지 언급한 모든 효과들을 고려할 필요가 있다.

점에 대해

아주 당연한 말이지만, 비먼은 절대로 점입자가 될 수 없다. 그렇다면 우리가 제3장에서 논의했던 모든 것들이 모두 소용없는 일이었을까? 다행히도 그렇지 않다. 비먼에게는 점프할 때 점입자를 효과적으로 이동시키는 어떤 기술이 있었기 때문이다. 몸의 질량중심의 위치와 관련된 기술이다. 물체가 위치를 이동하는 병진운동을 할 때 질량중심center of mass이란 그 물체의 모든 질량이 집중되어 있는 가상의 지점을 의미한다. 즉, 외부 힘이 작용하여 병진운동이 일어날 때는 물체의 질량중심에 변화가 생긴다. 〈식 3.6〉 $m\vec{a}=\vec{F}^{net}$으로 표현되는 뉴턴의 제2법칙을 이용하면 물체의 질량중심의 경로를 구할 수 있다. 공중에 뜬 상태에서 비먼이 했던 팔다리의 격렬한 움직임들을 회전운동이라는 맥락에서 살펴볼 것이지만 그의 팔다리 운동들은 질량중심의 움직임에는 영향을 주지 않았다. 비먼이 지구 표면에서 뛰어오르는 순간 그의 질량중심은 중력과 공기저항, 그리고 바람의 영향을 받으며 움직이는 하나의 점입자처럼 간주될 수 있다. 좀 더 엄밀하게 말하면, 중력은 이른바 무게중심에 대해 효과적으로 작용한다. 어떤 물체 내부의 질량입자들에 작용하는 지구로부터의 중력의 크기는 그 입자와 지구의 질량중심 사이의 거리의 제곱에 반비례하기 때문에, 비먼의 발 속에 있는 하나의 양성자는 그의 머릿속 양성자보다 아주 약간이지만 실제로 중력을 덜 받는다고 할 수 있다. 그러므로 비먼의 무게중심은 질량중심보다 약간 낮은 위치에 있다. 비먼의 무게중심은 그의 질량중심에서 사람 머리카락 굵기의 약 400분의 1 아래에 있는 것으로 확인되었다. 따라서 무게중심과 질량중심의 차이는 잊어버려도 좋다!

질량중심은 물체 내에 실제로 존재하는 질량입자가 아니다. 물체의

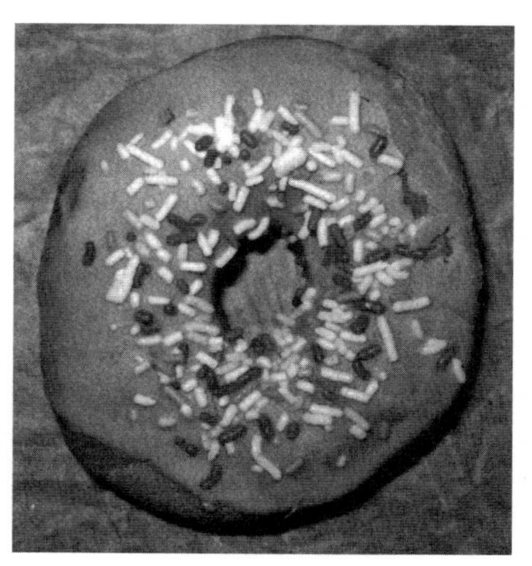

■ **그림 5.2** | "엄마, 엄마… 도넛주세요!"

모든 질량 지점들의 평균적 위치로 간주되는 상상 속의 지점이다. 물체의 질량중심이 그 물체의 내부에 위치할 필요는 없다. 〈그림 5.2〉를 보자. 도넛의 질량중심은 어디에 있을까? 도넛 구멍의 가운데 있다고 생각했다면 정답이다.

발레리나 같은 무용수들은 무대에서 어떤 열정적인 동작을 창조하기 위해 질량중심의 개념을 이용한다. 그랑주떼grand jete(큰 도약)를 시도할 때 발레리나는 무대에서 도약하는 즉시 팔과 다리를 위로 들어올린다. 그러면 질량중심이 약간 위로 이동하게 되는데, 발레리나의 머리는 팔과 다리를 들어올린 높이만큼 올라가지 않는다는 의미다. 따라서 발레리나가 공중에 떠 있는 동안 머리는 많이 움직이지 않아서, 공중에 '매달려' 있는 것처럼 생각될 수 있다.

육상선수들도 질량중심의 개념을 이용한다. 〈그림 5.3〉은 높이뛰기

그림 5.3 | 린치버그대학 높이뛰기 선수 애슐리 팰머(Ashley Palmer)가 배면뛰기를 시도하고 있다.

선수가 '포스베리Fosbury 뛰기'라고도 부르는 배면뛰기를 시도하는 모습이다. 이 방법은 1968년 멕시코올림픽 높이뛰기에서 뛰어난 성적으로 우승한 딕 포스베리Dick Fosbury의 이름을 딴 기술이다. 선수의 질량중심은 가로막대 아래를 지나면서 몸은 막대 위로 넘어간다는 개념이다. 높이뛰기 선수가 땅에서 뛰어오른 다음에는 에너지보존법칙에 의해 질량중심의 최대높이가 제한되기 때문에, 가로막대 주위로 몸을 돌리면 막대의 높이를 최대로 할 수 있다.

멀리뛰기의 비먼도 점프하면서 팔과 다리를 움직여서 착지 지점에서의 질량중심이 출발지점보다 낮아지게 했다. 제3장에서는 발사체, 즉 포물선운동을 다루면서 시작 및 끝 높이가 동일한 운동을 중심으로 살펴보았다. 그러나 비먼의 점프는 이와 달랐다. 공기가 없다는 가정 아래 비먼의 질량중심이 이동한 경로를 생각해 보자. 〈식 3.12〉에서 $x=0$일 때 $y=0$이라면 수직 위치는 수평 위치의 함수가 된다. 〈그림 5.4〉는 비먼이 그 유명한 점프를 했을 때 질량중심이 거쳤을 경로를 추정한 그래프다. 거리 8.90미터, 공중에 머문 시간을 1초로 하여 그래프를 만들었다. 그리고 비먼이 점프했을 때는 질량중심이 땅에서 1미터 높이였고 착지했을 때는 0.5미터 높이였다고 계산했는데, 이것은 〈식 3.12〉에서 채택한 가정이 적용되지 않는 상황이다.[3] 〈식 3.7〉과 〈식 3.8a〉를 v_0와 θ에 대해서 풀면,[4] $v_0 \simeq 0.93\text{m/s}$ 및 $\theta \simeq 26.3°$를 얻는다. 출발속력은 우리가 처음에 추정했던 값과 비슷하다. 그러나 출발각도는 우리가 계산했던 최솟값이다. 즉, 출발각도를 45도로 생각한 우리의 추정이 크게 틀렸다는 의미다.

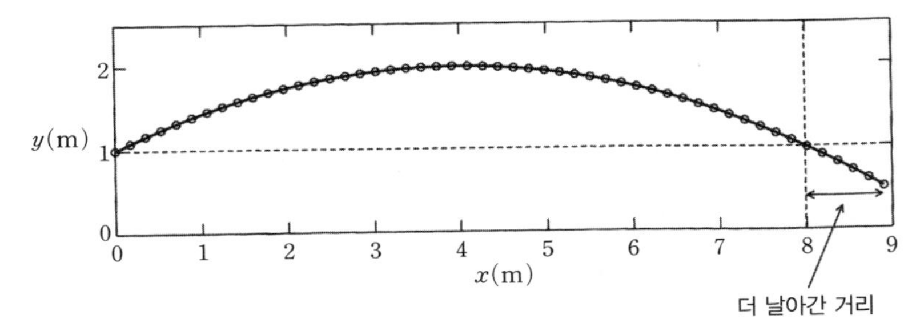

■ **그림 5.4** | 공기가 없다고 가정할 때 비먼의 점프가 움직이는 경로. 작은 원은 0.02초 간격으로 표시한 비먼의 질량중심이다. 수직 점선은 비먼이 공중에서 몸 형태를 변화시키지 않았다면 착지했을 지점을 보여준다.

〈그림 5.4〉를 다시 보자. 비먼의 질량중심이 움직이는 경로에서 최고점은 땅에서 거의 2미터 높이다. 그러나 착지할 때의 질량중심은 출발 지점의 높이(수평 점선)보다 거의 0.5미터나 낮아져 있다. 그가 자신의 몸 형태를 변화시켜서 착지 때의 질량중심이 출발 때보다 낮아지게 만들지 않았다면 수직 점선의 위치인 8.0미터 근처에 착지하게 되었을 것이다. 그의 기록적인 점프에 비해 0.9미터나 짧은 거리다. 그리고 세계기록보다 0.35미터 짧았다. 착지 때의 질량중심의 높이를 출발 때보다 낮게 하여 큰 이득을 얻은 것이다. 그렇다면 비먼이 어떤 방법으로 이렇게 할 수 있었을까?

각운동량보존의 미학

우주의 물리학 법칙들은 그 법칙들로 인해 물체가 할 수 있는 것이 제한되기 때문에 아름다울 수 있다. 높이뛰기 선수가 공중으로 뛰어오르면 에너지보존법칙이 그의 질량중심이 올라갈 수 있는 높이를 제한한다. 높이뛰기 선수의 운동에너지 소실이 중력위치에너지 증가를 넘어설 수는 없다. 에너지보존이라는 용어를 들어본 적이 없는 독자도 그 의미에는 익숙할 것이다. 공을 공중으로 던질 때(날아가는 파리를 잡기 위해) 높게 올리려면 더 강하게 던져야 한다는 사실을 알고 있다. 즉, 더 높이 던지려면 공에 더 많은 에너지를 주어야 하는 것이다.

선형운동량보존(이에 대해서는 다음에 좀 더 설명할 것이다!)은 자동차 사고를 재구성하는 데 도움을 준다. 풋볼 태클 때 무슨 일이 벌어지는지 이해하는 단서가 될 수도 있다. 우리가 이용하는 모든 전기기구 내에서 전류 흐름을 파악하는 데는 전하량보존이 동원된다. 그리고 밥 비먼이 자기 몸의 질량중심을 출발지점에서의 높이보다 낮출 수 있었던 것은 각운동량보존으로 설명할 수 있다.

보존법칙들에 의해 물체에 일어날 수 있는 일들이 제한되기 때문에 우리는 예측을 할 수 있다. 무엇보다도, 에너지가 보존되지 않는다면 공을 하늘높이 던져서 달까지 보낼 수도 있을 것이다. 자연에서 보존법칙들에 의해 제한되는 대부분의 일들은 우리가 이미 익숙해 있기 때문에, 던져 올린 공이 까마득히 날아올라 시야에서 사라져버리면 "어머나, 어떻게 저런 일이!"라고 말하며 놀랄 것이 분명하다. 물리학 지식이 거의 없는 사람들도 주위에서 움직이는 물체들이 어떻게 될 것인지 짐작한다.

비먼이 착지지점에서의 질량중심을 출발지점에서보다 더 낮게 했던 방법은 우리에게 그리 익숙하지 않다. 일단 비먼이 출발지점에서 지구 표면을 떠난 다음부터는 그의 질량중심이 중력과 공기저항, 그리고 바람에 의해 정해진다. 비먼이 자신의 질량중심 움직임을 변화시킬 수 있는 유일한 방법은 단면적을 바꾸어서 자기 몸에 가해지는 항력을 변화시키는 것이다(제4장의 〈식 4.2〉를 참조). 그가 지구 중력이 끌어당기는 힘을 조절할 수는 없다. 그리고 지금은 공기의 영향을 무시하고, 비먼이 어떻게 점프하였기에 질량중심이 〈그림 5.4〉에 제시된 경로를 갈 수 있었는지 생각하자. 비먼은 공중에 떠 있을 때 자신이 나아가는 경로의 포물선 형태를 변화시키기 위해서는 할 수 있는 것이 없었지만, 자기 몸의 형태를 바꾸어 질량중심에 변화를 줄 수는 있었다. 어떻게 그것이 가능했는지 이해하기 위해서는 '회전운동rotational motion'에 대해 생각해볼 필요가 있다.

물체의 질량중심은 〈식 3.6〉으로 표현되는 뉴턴의 제2법칙에 따라 움직인다. 그리고 뉴턴의 제2법칙을 회전운동에 적용하면 다음과 같은 방정식으로 나타낼 수 있다.

$$I\vec{\alpha}=\vec{\tau}^{\text{net}} \qquad \text{(식 5.4)}$$

여기서 I는 물체의 관성모멘트이고, $\vec{\alpha}$(그리스어 소문자로 '알파'로 읽는다)는 각가속도(벡터), $\vec{\tau}^{\text{net}}$(그리스어 소문자로 '타우'로 읽는다)는 물체에 작용하는 알짜 외부 토크(역시 벡터다)이다. 이 방정식에서 세 가지 양(I, $\vec{\alpha}$, $\vec{\tau}^{\text{net}}$)은 각각 병진운동을 대상으로 한 뉴턴의 제2법칙에서의 세 가지 양에 해당된다(m, $\vec{a}$, $\vec{F}^{\text{net}}$). 하지만 우리가 이용하는 부분에서만 그렇다. 두 방정식에 포함된 기호들은 서로 다르고 그 단위도 같지 않다.

물체의 관성모멘트는 기본적으로는 어떤 회전축에 대해 물체의 질량이 어떻게 분포되는지를 나타내는 것이라 볼 수 있다. 관성모멘트 I는 다음과 같은 방정식으로 표현된다.

$$I = \sum_i m_i r_i^2 \quad \text{(식 5.5)}$$

여기서 m_i는 물체 속 i번째 입자의 질량이고, r_i는 i번째 질량입자로부터 회전축까지 수직거리(가장 짧은 거리)다.[5] $\sum$는 합을 나타내는 수학기호로, 그리스어 대문자로 '시그마'라 읽는다. 회전하는 지구가 대표적 예가 될 수 있다. 회전축은 북극과 남극을 지나는 선이며, 지구는 이 축을 중심으로 하여 회전한다. 이러한 축에 대한 지구의 I를 계산하기 위해서는,[6] 지구 내부의 입자들 각각의 질량을 구하고 회전축에서 그 입자들까지의 수직거리를 측정해야 한다. 그 다음, 〈식 5.5〉에 제시된 것처럼 입자들 각각의 질량에 거리의 제곱을 곱한 값들을 모두 합한다.

지구 내부에는 얼마나 많은 입자들이 있을까? 그리고 여기서 말하는 '입자'는 무엇을 의미할까? 바위덩어리? 낱알 혹은 먼지가루 크기? 아니면 원자가 여기에 해당되는 것일까? 그보다 더 작은 양성자나 중성자? 또 더 작은 쿼크quark나 글루온gluon? 지구의 중심에서부터 표면지각까지 존재하는 물질들의 밀도와 화학적 조성은 매우 다양하다.

그렇기 때문에 원자의 수를 추정하기는 매우 어렵다. 지구 질량은 약 6×10^{24}kg이다. 그리고 양성자와 중성자의 질량은 1.67×10^{-27}kg이기 때문에 지구는 약 4×10^{51}개의 양성자로 구성된다고 할 수 있다. 이것은 상상할 수 없을 정도로 큰 수다. 그리고 〈식 5.5〉에 그렇게 많은 항을 대입하여 계산할 능력도, 생각도 없다. 설령 지구 입자가 질량 1킬로그램 돌덩이들이라 해도, 6×10^{24}개나 되는 항들을 모두 합해야 하기 때문에 계산이 가능하지 않다.

그러므로 I의 계산이 무척 어려운 과제가 될 때가 많다. 하지만 다행히도 몇 가지 가정을 하고 미적분학[7]을 이용하면 여러 물체들의 I값을 추정할 수 있다. 예를 들어, 중심을 통과하는 선 주위를 회전하면서 밀도가 균일한 구에 대해 미적분학을 이용하여 계산하면, $I=2MR^2/5$를 얻는다. 여기서 M은 구의 질량이고, R은 반지름이다. 지구는 균일한 밀도의 구가 아니지만 이 결과를 이용하여 지구의 I의 크기를 추정할 수 있다. 지구의 반지름 약 6.4×10^6m를 대입하면 $I\simeq10^{38}\text{kg}\cdot\text{m}^2$을 얻는다. 이것이 지구의 정확한 I값은 아니지만 그 크기의 단위는 알 수 있다. 그리고 이렇게 계산하는 것이 6조를 1조 번 곱해서 더하는 것보다 훨씬 쉽다.

지구에 대한 이야기는 I가 무엇이고 이를 어떻게 계산하는지 맛보기로 보여준 사례에 불과하니 여기서 그만한다. 내가 강조하는 바는 어떤 물체를 회전축으로부터 멀어지게 옮기면 관성모멘트의 크기가 증가한다는 것이다. 마찬가지로 물체를 회전축 가까이로 옮기면 I의 크기가 감소한다. 차려자세로 선 상태에서 두 다리 사이와 머리를 관통

하는 수직선을 상상해 보자. 이제 양팔이 땅에 평행한 모습이 되도록 들어올린다(몸통에는 수직인 형태다). 그러면 수직축에 대한 몸의 관성 모멘트를 증가시킨 것이다.[8]

아직 〈식 5.4〉에서 몇 가지를 더 알아야 한다. 선형 가속도에 해당하는 것은 각가속도 $\vec{\alpha}$다. 각가속도는 직선운동에서의 가속도와 마찬가지로 시간에 대한 속도의 변화율을 의미한다. 여기서의 속도는 각속도를 말한다. 물리학에서는 그리스어를 이용해서 각과 관련된 사항들을 표현하는 경우가 많은데, 각속도는 그리스어 소문자 $\vec{\omega}$로 흔히 표시한다. 이것은 벡터량이며 '오메가'라고 읽는다. 평균 각속력, 즉 평균 각속도 벡터의 크기는 다음과 같은 방정식으로 적을 수 있다.

$$\omega_{\text{ave}}=\frac{\Delta\theta}{\Delta t} \tag{식 5.6}$$

여기서 선형변위(직선 이동거리)에 해당하는 값은 각변위, 즉 $\Delta\theta$다. 그리고 θ는 국제단위SI의 라디안radian으로 측정된 값이다.[9] 〈식 5.6〉과 〈식 2.1〉을 비교하고 여기서는 벡터 표시를 이용하지 않았다는 데 주의한다.[10] 평균 각가속도는 다음과 같다.

$$\alpha_{\text{ave}}=\frac{\Delta\omega}{\Delta t} \tag{식 5.7}$$

여기서 α는 rad/s^2 단위로 측정한다.

순간값 θ, ω, α 역시 잘 정의된다.[11] ω와 α의 방향은 잘 정의될 수

있지만 $\vec{v}$와 $\vec{a}$ 같은 직선운동의 항목들처럼 뚜렷하지는 않다. 야구방망이나 골프채를 휘두른다고 상상하자. 이때는 야구방망이와 골프채의 질량중심을 이동시킬 뿐만 아니라 회전도 시켜야 한다. 회전을 위해서는 최소한 2차원 평면이 있어야 하며 회전이 일어나는 평면은 한 개가 아니라 훨씬 복잡하다. 회전하는 DVD처럼 단순한 예에서도 회전이 일어나기 위해서는 두 개의 차원이 있어야 한다. 이와 같이 DVD 회전에 관계하는 2차원 평면에서 어느 한 방향만 선택하여 회전의 유일한 방향이라고 말하기는 어렵다.

그 대신 우리는 오른손이라는 매우 원시적인 도구를 이용할 수 있다. 네 손가락을 회전방향으로 감으면 엄지손가락이 가리키는 방향이 $\vec{\omega}$의 방향이 된다. 따라서 $\vec{\omega}$는 회전 평면에 수직인 방향이다. 〈그림 5.5〉는 회전하는 자전거 바퀴의 $\vec{\omega}$를 구하는 방법을 예로 들었다. 회전운동을 설명하기 위해서는 차원이 추가되어야 하기 때문에 직선운동보다 더 복잡하다.

〈식 5.4〉에서 생각해야 할 마지막 항은 알짜 외부 토크, $\vec{\tau}^{\text{net}}$다. 토크는 직선운동의 힘에 해당한다. 여닫이문을 연다고 생각해 보자. 문을 당기거나 밀 때는 여러 방법이 있다. 그렇다면 문의 어느 지점에 손을 대고 힘을 가하는 것이 가장 좋을까? 힘의 방향은 어디를 향해야 할까? 손잡이가 문의 가장자리 가까이에 있는 이유는 무엇일까? 이러한 질문들에 답을 하기 위해서는 토크를 이해해야 한다.

토크는 기본적으로 지렛대 팔 길이와 힘의 곱으로 정의된다. 그리고 지렛대 팔 길이는 어떤 축으로부터 힘이 가해지는 지점까지의 수직

■ **그림 5.5** | 반시계방향으로 회전하는 자전거 바퀴. 나의 오른쪽 손가락을 바퀴의 회전방향으로 구부렸다. 이때 엄지가 가리키는 방향이 $\vec{\omega}$의 방향이다.

거리를 의미한다. 관성모멘트처럼 토크도 특정 축에 대해 정의되기 때문에 '회전축에 대한 토크'로 말한다. 축을 달리하면 토크도 달라진다. 예를 들어, 〈그림 5.5〉에서 자전거 바퀴의 중심을 지나면서 엄지손가락에 평행한 선이 가장 자연적으로 선택된 회전축이다.[12]

토크를 지렛대 팔로 정의하는 의미는 큰 토크를 만들 때 특히 중요하다. 〈그림 5.5〉의 자전거 바퀴를 회전시킬 때 손의 힘이 바퀴에 인접할 때 더 큰 토크를 얻을 수 있다. 이 경우에는, 지렛대 팔의 길이는 바퀴의 반지름이다. 그러나 바퀴의 같은 지점에 손힘을 주지만 바퀴의 중심을 지나는 선을 따라서 밀면 토크를 만들어내지 못한다. 그 경우에는 손으로부터 가해진 힘의 작용선과 회전축 사이의 수직거리가 0이다. 문을 열고 닫을 때는 문에 수직인 방향으로 힘을 주는 이유가 여기에 있다. 힘의 작용선이 문의 기둥을 통과하는 방향으로 당기면 문을 회전시킬 수 없다.

손잡이를 문의 정중앙에 달면 멋있지 않을까라고 생각해본 독자도 있을 것이다. 그러나 그 손잡이를 잡고 문을 열어보면 멋이 금방 없어져버릴 것이다. 문의 중앙을 당겨서 가장자리를 당길 때와 같은 양의 토크를 얻으려면 힘을 두 배로 주어야 한다. 중앙을 당길 때는 지렛대 팔의 길이가 가장자리를 당길 때의 절반으로 짧기 때문이다. 몽키 스패너의 손잡이가 긴 이유도 여기에 있다. 지렛대 팔의 길이를 길게 하기 위해서다. 스패너의 끝을 당길 때는 손으로 직접 나사를 돌릴 때 필요한 힘의 5퍼센트 정도로 충분하다.

나는 2페이지에 걸쳐 회전운동에 대해 가능한 한 자세히 설명했다. 앞에서도 언급했듯이 회전운동은 직선운동처럼 우리에게 익숙한 개념이 아니기 때문이다. 이제 회전운동의 항목을 한 가지만 더 논의하고 비먼의 점프로 다시 돌아가자. 물체에 가해지는 알짜 외부 토크는 물체의 각운동량(여기서는 $\vec{L}$로 표시)이라 부르는 양의 시간에 따른 변화율에 관계된다.[13] 즉, 여기서도 보존법칙을 사용할 수 있다. 물체에 가해지는 알짜 외부 토크가 0이라면 물체의 각운동량은 시간에 따라 변하지 않는다. 이 말은 우리가 특정 시간에 물체의 각운동량을 안다면 다른 시간의 각운동량도 안다는 의미가 된다.

'각운동량의 시간변화율'이라는 복잡한 개념은 어떻게 접근해야 할까? 다행히도 각운동량은 다음과 같이 다른 형태로 표현할 수도 있다.

$$\vec{L} = I\vec{\omega} \qquad \text{(식 5.8)}$$

여기서 $\vec{L}$은 벡터량으로서 $\vec{\omega}$와 같은 방향을 가리키는 데 주의한다. 〈그림 5.5〉에서, $\vec{L}$은 엄지손가락 방향이다. 알짜 외부 토크가 0이라면 $\vec{L}$의 크기와 방향은 변하지 않는다. 그러나 이것은 I와 $\vec{\omega}$가 고정된다는 의미가 아니다. 간단한 개념이지만 이것은 스포츠 세계에서 보게 되는 많은 현상들을 설명해준다.

비먼에게 다시 돌아가기 전에, 조금 길었던 이 설명을 사례 한 가지로 마무리한다. 〈그림 5.6〉은 회전이 가능한 판 위에 서 있는 내 모습이다. 나는 양 손에 1킬로그램 물체를 하나씩 들고 있다. 내 아내가 나를 회전시키는데, 나에게 외부 토크를 가한다는 뜻이다. 〈그림 5.7〉에서 나는 양 손을 몸통 중심, 즉 회전축 가까이로 끌어당겼다. 흐려진 사진을 보고 내가 빠르게 회전하는 것을 알 수 있을 것이다(사실 많이 어지러웠다!). 나에게 가해지는 알짜 외부 토크는 발판과 기둥 사이의 마찰력 때문에 정확하게 0은 아니지만, 짧은 시간 간격(팔을 몸 쪽으로 당기는 데 걸린 시간) 동안은 각운동량보존이라는 개념을 이용할 수 있다. 관성모멘트를 계산한다는 생각이 너무 어려운 과제처럼 보일 수 있지만, 팔을 안으로 끌어당길 때 회전이 빨라지는 이유를 여기에서 찾을 수 있다. 무거운 물체를 든 팔을 가슴 가까이로 당길 때 관성모멘트에는 어떤 변화가 나타날까? 〈식 5.5〉에서 내가 옮긴 질량입자들은 이제 회전축으로부터의 거리가 짧아졌다. 즉, I가 감소한다는 뜻이다. 관성모멘트와 각속도의 곱이 고정된 값을 가진다면 각속도가 증가해야 한다. 아주 간단한 원리다.

■ **그림 5.6** | 회전판 위에서 양 손에 각각 1킬로그램 물체를 들고 서 있는 내 모습. 팔을 뻗고 있다. 노출시간 0.2초.

■ **그림 5.7** | 팔을 안으로 당긴 후에 더 빠르게 회전한다. 노출 시간은 0.2초로 동일하다.

다시 비먼에게

이제 밥 비먼이 어떤 방법으로 착지 때 자신의 질량중심 위치가 출발 때의 위치보다 더 낮게 만들 수 있었는지 이해할 수 있게 되었다. 〈그림 5.8〉을 보자. 그림에서 비먼은 점프하는 순간에 몸을 똑바로 세우고 달리는 자세에 비해 크게 다른 모습을 보인다. 양다리는 앞으로 쭉 뻗은 자세에 주목하자. 그는 몸을 똑바로 세웠을 때에 비해 질량중심이 훨씬 낮아진 상태로 모래구덩이에 착지할 수 있었다. 점프 거리는 모래구덩이에 발뒤꿈치가 닿은 지점까지(엉덩이나 손이 땅에 닿지 않았을 때) 측정하기 때문에 다리를 앞으로 뻗은 것으로도 점프 거리가 조금 더 길어졌다.

비먼은 어떻게 양다리를 땅에 평행하도록 앞으로 뻗을 수 있었을까? 각운동량보존에서 그 답을 찾을 수 있다! 비먼이 공중에 떠 있는 동안은 중력이 가장 중요한 힘으로 작용한다. 〈그림 5.8〉에서 땅에 평행하게 오른쪽에서 왼쪽으로 향하는 회전축을 상상해 보자. 그 축이 비먼의 질량중심을 지난다면 중력이 그 축에 대해 토크를 일으키지 못한다. 중력은 그 축에 대해 지렛대 팔을 갖지 못하기 때문이다. 잠시 동안 공기저항의 작은 영향을 무시한다면 비먼이 공중에 떠 있는 동안 그에게 작용하는 어떤 다른 힘도 없는 상태가 된다. 즉, 비먼이 날아가는 동안 그에게는 어떤 외부 토크도 작용하지 않는다는 의미다. 그러므로 위에서 말한 회전축에 대한 비먼의 '전체 각운동량은 0이 된다.'

아마 이런 질문을 하고 싶을 것이다. "비먼의 전체 각운동량이 0이라면 아무것도 할 수 없다는 뜻 아닙니까?" 이 경우에도 보존법칙의

■ **그림 5.8** | 팔을 뒤로 뻗치고 다리는 앞으로 뻗쳐 있는 비먼의 점프 모습

아름다움을 찾을 수 있는데, 점프 시에 일어날 수 있는 일은 각운동량 보존법칙에 의해 엄격히 한정된다는 것이다. 공중에 뜬 상태의 비먼이 스스로에게 회전력을 가하여 우리가 상상한 회전축에 대해 자기 몸을 회전시킬 방법은 없다. 〈그림 5.8〉에서 비먼의 팔이 어떻게 위치해 있는지 다시 한 번 보자. 공중에 뜬 상태에서 그는 팔을 가능한 한 최대한 뒤로 뻗쳤다. 그 전의 예선경기에서는 비먼의 팔이 양 다리 사이로 뻗쳤었다. 다리를 앞으로 뻗치는 것으로 이익을 얻으면서 또 팔을 옆으로 벌리면서 최대한 몸의 뒤쪽에 위치하도록 했다. 그의 팔꿈치와 손가락들을 고정시키고 팔을 완전히 폈다. 즉, 〈식 5.5〉를 적용해 보면 팔의 관성모멘트가 최대로 된다. 비먼의 몸통은 놀라울 정도로 강력한 복근의 힘으로 앞쪽으로 회전한다. 앞에서 언급한 오른손법칙을 여기서 또 적용해 보자. 비먼의 몸통은 앞으로 가고 팔은 뒤로 가서 회전속도벡터가 만들어지고 그 방향은 〈그림 5.8〉에서 오른쪽을 향한다. 오른손 손가락들을 비먼의 팔이나 몸통의 방향으로 구부리면 엄지손가락이 오른쪽을 가리키는 것이다. 〈식 5.8〉을 적용했을 때 비먼의 몸통과 팔이 각운동량에 기여하여 오른쪽을 향하게 했다는 의미다(몸통과 팔이 움직이는 동안). 비먼이 날아가고 있는 동안의 전체 각운동량은 어느 순간에서나 0이 되어야 하기 때문에 그의 몸에서 다른 어떤 것이 회전해야 하여, 보상성으로 왼쪽을 향하는 각운동량을 만들어내어야 한다. 독자는 아마 그것이 무엇인지 짐작할 것이다! 비먼의 팔과 몸통이 회전할 때 다리는 앞으로 뻗쳤다. 오른손법칙을 또 적용해 보면, 〈그림 5.8〉에서 비먼의 다리가 앞으로 움직였기 때문에 속도 벡터는 왼쪽을 향하게 된다(역시 다리가 움직이는 동안만이다). 오른손 손가락을 비먼의 다리처럼 앞으로 구부리면 엄지손가락이 이번에는 왼쪽을 가리킨다. 여기서도 〈식 5.8〉이 적용되는데, 비먼이 다리를 앞으로 뻗쳐서 왼쪽으로 향하는 각운동량을 만들어냈다(이 역시, 비먼의 질량중심에 대해 다리가 회전하는 동안만이다)

비먼의 팔과 몸통이 질량중심에 대해 회전하기를 멈추면 다리 또한 회전을 멈춘다. 그의 전체 각운동량은 '계속해서 0이다.' 그러나 실제로 일어난 현상을 보자! 이때 비먼의 몸은 접혀져서 질량중심이 거의 땅에 닿을 정도가 되었다. 앞에서 우리는 〈그림 5.4〉에서 착지 지점에서의 질량중심을 낮출 때 점프 거리가 길어지는 것을 보았다. 여기에 더하여, 비먼은 다리를 앞으로 뻗어서 발뒤꿈치가 자신의 앞에 위치하도록 했다. 그는 날아가면서 착지 거리를 최대로 하기 위해 사람으로서 할 수 있는 모든 것을 다 했다. 그리고 그 보상을 받았다!

〈그림 5.9〉를 보자. 모래구덩이에 착지할 때 비먼의 몸은 발뒤꿈치 위치에서 수평으로 수 센티미터 이내에 질량중심과 함께 뭉쳐지다시피 했다. 착지할 때 그의 발뒤꿈치와 질량중심이 정확하게 같은 수평거리에 위치하지 않았기 때문에 〈그림 5.4〉에 내가 제시한 종착 지점은 1~2센티미터 정도 오차가 생길 수 있다. 그러나 비번의 질량중심이 낮아진 정도를 추정해야 했기 때문에 그림을 고쳐야 할 필요는 없었다.

멕시코시티가 비먼에게 도움이 되었을까

지금까지 우리는 비먼이 진공 속에서 점프한 것으로 간주하고 논의했다. 그렇다면 공기저항의 문제는 어떻게 될까? 그의 팔과 다리 그리고 몸통이 회전할 때 공기는 비먼에게 외부 토크를 가하게 된다. 원칙적으로는 공기로부터, 이른바 제동 토크가 발생해 스스로를 없애버린다(하지만 완전하지는 않다). 팔과 몸통이 움직일 때 공기가 그 동작을 억제하면서 〈그림 5.8〉의 왼쪽방향의 작은 토크를 발생시킨다. 마찬가지로, 다리가 앞쪽으로 움직일 때 그 동작을 억제하는 공기는 오른쪽

■ **그림 5.9** | 비먼이 그 이전까지 다른 인류 누구도 도달하지 못했던 지점에 착지했다. 그의 질량중심 위치는 그가 출발했을 때의 높이보다 의미 있게 낮았다.

방향의 작은 토크를 발생시킨다. 공기로부터 발생하는 알짜 토크는 작았던 것이 분명한데, 이는 비먼이 모래구덩이에 착지할 때 질량중심에 대해 크게 회전하지 않았기 때문이다.

비먼이 날아가는 동안의 공기저항은 어떠했을까? 앞에서 나는 그 힘이 중력에 비해서 작다고 지적했다. 〈식 4.2〉를 이용하면 비먼이 날아가는 동안 공기로부터 비먼에게 작용하는 항력을 알 수 있다. 그 힘은 〈그림 5.4〉에 제시된 점프 거리를 단축시킬 것인데, 이것은 비먼이 8.90미터라는 경이로운 점프 거리를 유지하려면 출발속력을 높여야 한다는 의미가 된다. 여기서 다시 내 계산에 오류가 생긴 것이다.

비먼의 체중은 점프할 당시 약 160파운드, 즉 72.6킬로그램(712뉴턴)이었다. 그리고 $A \simeq 0.5\text{m}^2$, $C_D \simeq 0.9$로 알려져 있다.[14] 멕시코시티가 위치한 고도는 약 2300미터이며 공기밀도는 해수면 높이에서 공기밀도의 약 4분의 3 정도로 확인되었다. 그래서 $\rho \simeq 0.9\text{kg/m}^3$로 계산한다. 그리고 출발속력 $v \simeq 10\text{m/s}$를 〈식 4.2〉에 대입하여 비먼에게 가해진 항력의 최댓값을 추정해 보면 다음과 같다.

$$F_D \simeq \frac{1}{2}(0.9)(0.9\text{kg/m}^3)(0.50\text{m}^2)(10\text{m/s})^2$$
$$\Rightarrow F_D \simeq 20\text{뉴턴} \simeq 4.5\text{파운드} \qquad \text{(식 5.9)}$$

4.5파운드(2.04킬로그램중)의 공기항력은 멀리뛰기에서 상당한 크기로 보인다. 그러나 비먼에게 가해진 공기항력은 자신의 중력(몸무게)의 최대 3퍼센트 정도다. 그리고 비먼이 공기를 뚫고 날아가며 몸

을 회전시킬 때의 단면적은 달리기 자세 때의 값보다 작아진다. 솔직히 나는 비먼이 복잡하게 날아가는 동안의 항력계수(공기저항계수)나 단면적을 어떻게 설정해야 할지 알지 못한다. 비먼의 점프 이후 40년이 지난 지금 내가 할 수 있는 최선은 C_DA 곱을 합리적으로 추정하는 것으로, 이것은 앞의 랜스 암스트롱과 그의 자전거를 다룬 장에서 했던 작업과 비슷하다.

〈식 5.9〉에 이용된 C_D와 A값을 비먼의 점프 경로 전체에 적용하고 〈그림 5.4〉를 만들 때와 동일한 출발속력과 각도를 이용한다면, 비먼의 질량중심이 8.76미터 거리에 착지하는 것으로 계산된다. 비먼의 발뒤꿈치가 질량중심보다 앞에 있어서 공기저항으로 인해 손해 본 14센티미터를 벌충해주었다. C_D와 A가 줄어들면 날아가는 거리가 길어질 수 있다.

내가 여기서 개발한 모델에서 비먼의 출발각도와 출발속력은 〈그림 5.4〉를 작성할 때 이용했던 값과 거의 같다. 공기저항으로 인해 줄어든 거리는 비먼의 질량중심보다 앞에 그의 발뒤꿈치가 위치하여 얻어진 추가 거리와 거의 같다. 〈그림 5.4〉는 비먼의 질량중심이 점프 과정에서 0.5미터 낮아졌다는 가정을 토대로 작성했다는 것을 기억하자. 비먼의 점프 동영상을 반복해서 본 다음에 최대한 정밀하게 추정한 가정이었다. 더 좋은 각도에서 장면을 촬영한 카메라나 점프 비디오에서의 기준 거리가 없는 상황에서 더 이상 잘 추정하기는 어려웠다.

비먼의 신기에 가까운 점프가 있은 후 비판적인 사람들은 비먼이 멀리뛰기에 유리한 환경의 덕을 보았을 것이라고 주장했다. 멕시코시티는 공기가 희박하여 해수면 높이의 지역보다 점프하기에 좋다. 또 일부에서는 비먼이 최대 허용치인 초속 2미터 속력의 바람을 등 뒤에 맞으며 점프했다고 비판한다. 비먼은 비가 내리기 직전에 점프했고, 그의 강력한 경쟁자들은 더 많은 요인들을 극복하면서 점프해야만 했다. 이러한 비판이 타당성 있는 주장일까?

먼저 멕시코시티부터 다루어 보자. 〈식 5.9〉에서와 같은 값의 C_D와 A, 그리고 〈그림 5.4〉에서와 같은 값의 출발속력 및 각도를 이용하고, 해수면 높이의 공기밀도를 적용한다면, 비먼의 질량중심이 8.72미터 지점에서 끝났을 것으로 계산된다. 따라서 멕시코시티라는 환경이 비먼의 점프에 약 18센티미터 정도 도움을 주었다. 당시 동독 선수 클라우스 비어Klaus Beer가 자신의 최고기록인 8.19미터로 은메달을 땄다는 점을 생각하면, 비먼은 지구상 어디에서 점프하든 경쟁자들을 제치고 우승할 수 있었을 것이다! 한편, 해수면 높이에서 9.80m/s²인 중력가속도 g는 멕시코시티에서 단지 0.07퍼센트 정도만 작을 뿐이다. 지구 중심에서 조금 더 멀리 있다는 사실은 비먼에게 어떤 도움도 되지 않았다.

그러면 등 뒤에서 불어온 초속 2미터 속력의 바람은 어떤 영향을 주었을까? 내가 계산을 해보니 바람은 비먼의 점프를 약 5센티미터 정도 늘려주었을 가능성이 있었다. 여기서도 그의 경쟁자들의 기록은 비먼과 이보다 훨씬 크게 차이가 나서 바람의 도움으로 비먼이 금메달을 딴 것은 아니다. 바람이 세계기록에 영향을 주긴 했지만, 비먼은 극단에 속하지만 어쨌든 허용된 환경 조건 아래에서 점프했다. 바람은 그가 달려가서 접근하는 속력에도 도움을 주었을 것이다. 하지만 여기서도 역시, 금메달과 은메달 사이의 어마어마한 격차를 만들어낼 정도로 큰 도움을 주지는 않았다.

여기서 가장 기본이 되는 것은 멕시코시티에서 점프하는 누구도 비먼의 기적 같은 점프 기록에 가까이 가지도 못했다는 사실이다. 비먼은 거의 완벽한 접근을 했고 발구름판을 단지 2센티미터만 남기고 굴러서 뛰었으며 공중에서 완벽한 기술을 구사했다. 이미 기록을 수립한 다음에 있은 두 번째 점프에서 그는 거의 성의를 보이지 않았다. 기록은 8.04미터였는데, 그 점프에서는 최선을 다했을 것 같지 않다. 비먼이 8.9미터 벽을 깨트리자 경쟁이 없어졌다. 그 이후 비먼은 다시는 8.9미터를 기록하지 못했다. 8.2미터에도 못 미쳤다. 1970년대 초반의 몇 가지 규칙상의 문제도 비먼의 의욕을 꺾는 데 한몫 했을 것이다.

비먼의 점프에 대해 많은 비판이 있었지만 그 누구도 그의 기록을 넘어서지 못하다가 1991년 8월 30일 도쿄에서 마이크 파월Mike Powell이 8.95미터로 비먼의 기록을 넘어섰다.[15] 23년이란 시간이 지난 다음이었다. 그동안 얼마나 많은 사람들이 멀리뛰기에 도전했을지 생각해 보자. 멀리뛰기 규정에 맞는 아주 다양한 기후나 고도에서 점프를 하여 그 거리를 측정하고 기록했을 것이다. 그렇지만 거의 4반세기 동안 아무도 비먼의 기록을 건드리지 못했다. 그 기간 동안 훈련방법이나 기술 장비가 얼마나 발전했을지 상상해 보자. 비먼처럼 획기적으로 기록을 향상시킨 선수는 없었다. 그래서 그의 점프는 진정한 비머네스크였다.

이제 또 다른 올림픽의 영광으로 눈을 돌려 우리가 새로 배운 각운동량의 지식을 효과적으로 이용해 보자.

06 물과 얼음에서 펼쳐지는 회전의 세계

억압으로부터의 탈출

아하! 골똘히 생각하던 어떤 문제의 실마리가 떠올랐을 때 우리는 이런 감탄사를 내뱉는다. 혈액 속의 아드레날린이 치솟고 피부에 소름이 돋는 느낌이 들기도 한다. 대학생으로 각운동량보존에 대해 배우면서 〈그림 5.6〉이나 〈그림 5.7〉과 비슷한 시범을 보았을 때 내 입에서는 바로 이런 감탄사가 터져나왔다. 우주에 관한 새로운 발견이었고 이를 적용할 수 있는 여러 상황들을 떠올리며 내 마음은 날아가고 있었다. 회전과 관련되는 자전, 공전, 스핀, 비틀림, 소용돌이, 구르기 등의 온갖 움직임이 생각났다. 각운동량보존이 이런 운동들을 이해하는 데 도움을 줄 수 있을까? 정말 그랬다. 그렇지만 물리학 법칙을 실제 현실에 적용할 때는 신중을 기해야 했다. 풋볼 경기에서 공격수가 터치다운에 성공한 직후 풋볼공은 잔디 위에서 몇 초 동안 빙그르르 회전하다가 마침내 쓰러진다. 여기에 각운동량보존을 적용해 보면 풋볼공이 춤을 추다가 결국 그와 같이 안정된 상태로 되는 것을 이해할 수 있었다. 풋볼공은 쓰러지기 시작할 때 처음 가졌던 각운동량의 일부를 잃은 것으로 보였다. 그래서 어떤 외부 토크가 풋볼공에 작용한다고 생각할 수밖에 없었다. 생각은 복잡해졌지만 현상을 더 흥미 있게 볼 수 있었기 때문에 좋았다.

독자들은 〈그림 5.6〉과 〈그림 5.7〉에서와 같은 동작을 볼 때 어떤 생각이 떠오를까? 나는 그림을 보고 회전을 하는 피겨스케이팅 선수의 모습이 가장 먼저 그려졌다. 스케이팅 선수들이 표현할 수 있는 동작도 물리학 법칙들의 적용을 받을 것이라는 생각이었다. 피겨스케이팅 선수들의 회전이 이제 더 이상 마술처럼 보이지는 않았다. 갑자기 물리학에 대한 열정과 함께 스포츠에 대한 관심도 솟구쳤다. 내게 물리학이 '쿨'한 학문이 되었다. 거대한 은하의 움직임을 설명해주는 법칙들이, 얼음판 위에서 카타리나 비트Katarina Witt의 동작이 보여주는 아름다움과 그레그 루가니스Greg Louganis가 수영장 풀 위의 공기를 가르며 내려갈 때의 장엄함도 함께 설명해주기 때문이었다.

얼음 위에서 펼쳐지는 시

수학을 우주의 언어라 부른다면 물리학은 시詩에 비유할 수 있을 것이다. 스포츠의 세계에서는 카타리나 비트에게 이런 표현을 적용할 때 가장 잘 어울린다. 그녀는 1980년대의 피겨스케이팅 세계를 지배했고 누구의 추월도 불허했다. 비트는 1983년에서 1988년까지 여섯 차례나 연속해서 유럽 챔피언에 그리고 네 번의 세계 챔피언에 올랐다(1984, 1985, 1987, 1988년 우승, 1986년에는 준우승했다). 올림픽에서도 2개의 금메달을 목에 걸었다. 1984년 사라예보 동계올림픽과 1988년 캘거리 동계올림픽에 동독 대표로 출전해서 거둔 업적이다. 그녀가 피겨스케이팅으로 보여준 모습은 완벽한 아름다움이었다. 그녀는 얼음판 위의 시인이었다.

비트의 연기 중에서도 나는 1988년 동계올림픽에서 보여준 모습을 가장 좋아한다. 당시 비트가 우승하면 두 번째로 올림픽 피겨스케이팅에서 연속 우승을 달성한 여성이 되는 것이었다. 그 이전에는 1928, 1932, 1936년의 올림픽에서 소냐 헤니Sonja Henie가 3회 연속 자신의 고국 노르웨이에 금메달을 가져갔다. 비트의 경쟁자도 우수한 기량을 갖춘 선수들로서, 특히 미국의 데브라 토마스Debra Thomas와 캐나다의 엘리자베스 맨리Elizabeth Manley가 가장 강력했다. 토마스는 1986년 세계선수권대회의 우승자로 비트가 5년 연속 우승에 실패하고 유일하게 준우승에 머문 대회였다. 롱프로그램 전에 펼쳐진 컴펄서리Compulsory 피겨와 쇼트프로그램에서 비트와 토마스의 기록은 서로 우열을 가릴 수 없었다.[1] 비트와 토마스의 대결은, 특히 두 선수 모두 배경음악으로 비제의 웅장한 오페라 〈카르멘〉의 일부를 채택했기 때문에 더욱 흥미진진했다. 카르멘들의 전투에서 우승자가 결정되는 것이었다.

비트가 먼저 스케이팅을 했기 때문에 비트가 롱프로그램을 성공적으로 마치면 토마스가 심리적 압박을 느낄 수 있는 상황이었다. 비트가 펼쳐 보인 루틴은 기술적으로 난이도가 높진 않았지만 그녀의 감정 연기는 흠잡을 데 없이 완벽했다. 이제 토마스는 극단적으로 높은 수준의 기술을 펼치지 않으면 금메달을 목에 걸 수 없음을 알았다. 토마스는 다섯 번의 트리플 점프가 포함된 고난도의 루틴을 선택했다. 모든 점프를 완벽하게 실행하는 것만이 비트를 앞설 수 있는 길이었다. 그러나 불행하게도 토마스의 초기 착지들 중 하나가 완벽하지 못했다. 루틴의 마지막에 가서도 (완벽을 유지해야 한다는 압박감이 큰 작용을 했을 것이 분명하다) 착지 하나에 실수를 하여 손으로 얼음판을 짚어 안정을 유지해야만 했다. 토마스는 금메달을 놓쳤을 뿐만 아니라 은메달도 맨리에게 양보하고 동메달에 만족해야만 했다. 맨리는 롱프로그램 점수에서 비트에 앞섰지만 컴펄서리 피겨와 쇼트프로그램에서 비트에 뒤졌다. 금메달은 비트에게 돌아갔고 그녀는 역사상 가장 위대한 피겨 스케이터들 중 한 명으로 전설적인 이름을 확고히 했다.

신비를 간직한 얼음

인류는 현재와 같은 형태의 지구에서 20만 년 동안 살아오며, 그중 대부분의 시간 동안 거주와 생존을 물에 의존하였다. 물은 수영장이나 스케이팅 링크와 같이 우리에게 즐거움을 주기도 했지만 빙판길이나 홍수, 그리고 눈사태처럼 재난을 초래할 때도 많았다. 지난 수백 년 동안 이룩된 과학의 발전으로 우리는 물에 대해 많은 지식을 확보할 수 있었다. 그러나 아직도 우리는 물이 가진 여러 특성들을 완전하게 이해하지는 못하고 있다. 우리가 앞 장에서 새롭게 알게 된 각운동량의 지식을 비트의 스케이팅에 적용하기에 앞서, 먼저 피겨스케이터들이 펼치는 여러 가지 화려한 연기들을 가능하게 해주는 얼음판에 대해 살펴보자.

우리는 보통 '물'을 액체로 생각하지만 수증기와 얼음 역시 엄연히 물이다. 수증기와 얼음도 물이지만 형태가 다를 뿐이다. 많은 사람들이 물의 분자구조가 H_2O라는 것을, 그 기호 각각의 의미를 이해하지 못하더라도 알고 있다. 물 분자 한 개는 수소 원자 2개와 산소 원자 1개로 구성되어 있다는 뜻이다. 수소 원자 하나는 양성자 한 개와 그 주위를 회전하는 전자 한 개로 구성된다.[2] 산소 원자에는 8개의 양성자와 역시 8개의 중성자로 구성된 핵과 그 주위를 회전하는 8개의 전자가 있다. 양성자와 중성자는 전자에 비해 1800배 이상 무겁기 때문에 물 분자 질량의 대부분은 물을 구성하는 3개 원자의 핵에 포함되어 있다. 실제로는 물 분자 질량의 대략 89퍼센트를 산소가 차지한다. 물 분자는 〈그림 6.1〉의 공-막대 모형에서처럼 V자 형태를 이룬다. 산소는 음전성electronegative이 강하여 인근의 전자를 끌어당긴다. 따라서 〈그림 6.1〉의 산소 원자는 약간 음전하를 가지는 것으로 생각된다. 이와 같은 음전하는 인근 물 분자 속의 수소 원자를 끌어당긴다. 그래서 인근의 물 분자들끼리 이른바 수소결합을 형성한다. 이것은 비교적 결합력이 강한 결합으로, 쌍극자-쌍극자 상호작용dipole-dipole interaction이

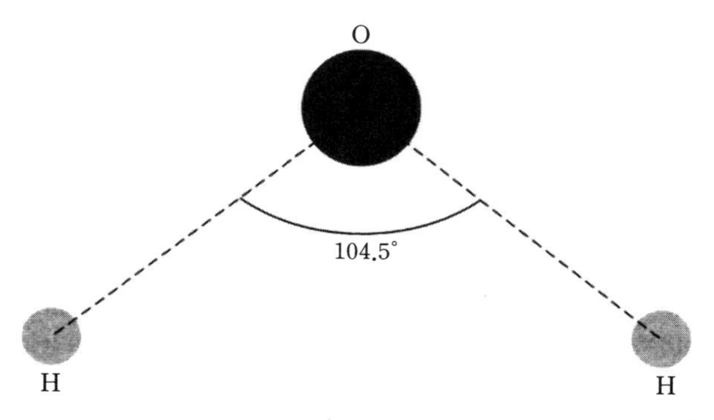

■ **그림 6.1** | 물분자의 공-막대 모형. 수소 원자와 산소 원자 사이의 거리는 1Å(10^{-10}m)에 불과하다.

■ **그림 6.2** | 쌍극자-쌍극자 상호작용. 두 개의 중성 원자들이 쌍극을 형성하여, 서로 반대극끼리 당겨진다. 전체적으로는 전하를 띠지 않는 두 원자(혹은 분자)들.

일어난다. 쌍극자란 양전하와 음전하가 분리된 상태를 말한다. 원자들은 극성을 가질 수 있기 때문에(즉, 쌍극자를 이룬다), 중성인 물체들이 전하를 띈 물체에 전기적으로 끌릴 수 있다. 〈그림 6.2〉는 이러한 현상을 장난감 모형으로 나타낸 것이다. 전기력은 중력에 비해 훨씬 강하며, 서로 반대극의 전하가 아니더라도 원자들이 전하를 가지면 강력한 결합을 형성하여 아주 가까이 뭉치게 될 수 있다. 티스푼 한 개 분량의 물속에도 1.5×10^{23}개의 물 분자가 있으며, 그 각각의 분자들은 이웃 분자와 수소결합에 의해 붙어 있다.

그렇다면 온도가 낮아져 얼음이 얼 정도가 되면 티스푼 한 개 분량의 물에 거의 200만 조 개나 되는 물 분자들에는 무슨 일이 벌어질까? 얼음은 고체 상태의 물이다. 다른 대부분의 물질들과는 달리, 물은 고체 상태일 때의 밀도가 액체 상태일 때보다 더 낮다. 유리잔 속의 얼음은 물 위에 떠 있고 빙산도 바다 위를 떠다닌다. 액체 물이 냉각되면 수소결합이 물 분자를 육각형 모양으로 만들게 된다. 눈송이 모양이 이와 같은 육각형 분자구조에서 비롯된다(온도와 공기 속의 수분 양도 눈송이 모양에 영향을 준다). 얼음결정 속에서는 액체 상태의 물에 비해 육각형 분자구조가 덜 조밀하게 배열된다. 물의 밀도는 정상 기압 및 온도 약 4도에서 가장 높다(약 1.00g/cm^3). 물이 0도에서 얼음으로 될 때 그 밀도는 0.917g/cm^3로 4도 물에 비해 약 8.3퍼센트 낮다. 겨울에 얼어붙는 호수나 연못에서도 수중생명체가 살아갈 수 있는 이유가 여기에 있다. 연못의 물이 4도로 냉각되면, 물의 밀도가 다른 온도일 때보다 더 높아지므로 물이 가라앉는다. 그러나 물의 온도가 4도보다 더 낮아지면 밀도도 낮아져서 수면 근처에 머무르게 된다. 온도가 더 낮아지면 표면의 물이 얼어붙고, 그 아래의 생명체들은 상대적으로 아늑한 4도 액체 물에서 살아간다.

물이 가지는 이와 같은 특성들이 카타리나 비트의 스케이팅과 무슨 관련이 있을까? 우리는 비트와 같은 스케이팅선수들이 얼음 위에서 그렇게 쉽게 미끄러지는 이유를 알 필요가 있다. 얼음과 스케이트 사이에는 마찰이 왜 그렇게 적을까? 앞에서 물이 냉각되어 얼음으로 될 때 일어나는 변화에 대해 개념적으로 설명했다. 압력 변화도 물의 녹는점(즉, 물이 고체 상태에서 액체 상태로 바뀌는 온도)에 영향을 줄 수 있다.

물의 밀도는 특수하기 때문에(즉, 얼음이 액체 물보다 밀도가 낮다) 외부 압력이 증가하면 물의 녹는점이 떨어진다. 그 이유를 살펴보기 위해 물체에 압력을 가했을 때 무슨 일이 일어나는지 생각해 보자. 더 많은 압력을 가할수록 물체의 부피는 줄어든다. 즉, 밀도가 높아진다. 이것을 얼음의 경우에 적용하면, 섭씨 0도에서 얼음에 외부 압력을 증가시켜서 밀도를 높이면 액체로 변할 수 있다는 의미가 된다. 많은 사람들은 단위면적당 가해지는 힘(스케이트선수가 얼음에 가하는 압력)이 얼음 표면의 아주 얇은 층을 액체 상태의 물로 변화시켜서 얼음이 미끄럽게 된다고 생각한다. 이러한 설명은 얼음과 스케이트 사이에 마찰이 매우 작은 이유도 설명해주는데, 특히 물은 외부 압력이 증가함에 따라 녹는점이 떨어지는 희귀한 특성을 가지기 때문이다. 내가 여기에서 '많은 사람들의 생각'이라고 표현한 이유는 지난 몇 년 동안 시행된 실험들에서는 이와 다른 결과가 나왔기 때문이다.[3] 스케이트를 신은 선수가 만들어내는 압력은 얼음의 층을 녹여서 마찰이 줄어 미끄러울 정도로 크지 않다는 것이 밝혀졌다.

얼음이 미끄러운 이유에 대한 대답은 다음과 같은 두 가지 중 하나 혹은 두 가지 모두가 복합적으로 작용한 결과일 가능성이 많다. 첫 번째는 스케이트 날에 의한 얼음의 마찰열로 설명한다. 두 개의 표면이 서로 문질러지면 두 표면의 분자들 사이에 계속해서 결합이 형성되었다 끊어지기를 반복한다. 그래서 움직임에 저항이 생기고 이것이 운동 마찰이다. 분자들은 결합하고 끊어질 때 정상보다 더 많이 진동한다. 이와 같이 추가로 생기는 진동은 에너지가 분자에 추가된다는 신호라 할 수 있다. 그 결과 온도 상승으로 얼음 표면이 녹을 가능성이 높아진다. '가능성'이라는 단어를 사용한 것은 얼음이 녹는점보다 훨씬 더 차가우면 마찰열로 만들어지는 액체 물 층이 너무 얇아서 매끄럽게 스케이팅할 수 있는 정도가 되지 못하기 때문이다. 로버트 로젠버그Robert Rosenberg의 논문에 의하면 "피겨스케이팅에 적절한 온도는 영하 5.5도다." 이 온도는 녹는점에 가깝기 때문에 마찰열은 얼음이 미끄러운 이유를 설명해주는 이론이 될 수 있다.

두 번째 설명은 얼음 표면의 특성과 관계된다. 물체의 표면은 그 물체의 내부 혹은 전체와 다른 특성을 나타낼 수 있다. 얼음 덩어리 내부에 있는 분자 위에 앉아 있다고 생각해 보면 이러한 특성이 나타나는 이유를 쉽게 이해할 수 있다. 왼쪽에서 보이는 것은 오른쪽에서 보이는 것과 동일하다. 위와 아래, 그리고 앞과 뒤의 경우도 마찬가지다. 다른 말로 하면, 얼음덩이 속에 '병진(평행이동) 대칭성'이 존재한다. 또 자신이 아주 작은 존재가 되어 얼음덩이 속의 한 물 분자에서 옆의 다른 물 분자로 건너뛰며 다닌다고도 상상해 보자. 주위의 모두가 동일하게 보일 것이다. 그러나 표면에서는 이와 같은 대칭성이 깨어진다. 이제는 아래를 내려다보니 얼음이 보이며, 위를 올려다보니 머리 위로 스케이트가 지나간다. 얼음표면의 물 분자는 얼음덩이 속의 물 분자와 다른 특성을 나타낸다. 표면 분자들에는 아래로부터의 결합만 작용하기 때문이다. 표면 분자는 위로부터의 결합이 없기 때문에 얼음덩이 속의 분자들처럼 단단하게 묶여 있지 않다. 그래서 표면의 분자가 덩어리 속의 분자들보다 더 많이 진동하고 따라서 반-액체 상태로 남아 있다고 생각할 수 있으며 또 이를 뒷받침하는 실험적 증거도 있다. 얼음표면에 이와 같이 액체와 비슷한 상태의 막이 있기 때문에 스케이트가 얼음 위를 잘 미끄러져 갈 수 있다.

얼음이 미끄러운 이유를 마찰열로, 혹은 반-액체 상태 막으로, 아니면 그 두 가지의 결합으로 설명하든, 스케이팅 때의 압력에 의해 얼음이 녹아서 미끄럽게 된다는 생각은 거의 폐기되었다. 그러나 얼음 위에서 펼쳐지는 카타리나 비트의 멋진 동작들을 이러한 지식들만으로 쉽게 설명할 수는 없다. 훨씬 더 많은 물리학과 화학이 동원되어야 한다!

다시 회전으로

이제 앞의 제5장에서 익힌 각운동량 지식을 좀 더 깊이 이용해 보자. 〈그림 6.3〉은 카타리나 비트가 1984년 사라예보 동계올림픽에서 공중회전하는 모습이다. 〈식 5.5〉를 생각하면서 비트의 팔과 다리 모양에 주목하자(〈그림 5.7〉에서 나도 이와 비슷하게 해보려고 조금 볼썽사나운 자세를 취했다). 몸의 질량을 가능한 한 회전축 가까이로 끌어당기면 관성모멘트가 줄어들기 때문에 회전이 빨라진다.

카타리나는 어떻게 해서 그렇게 빠르게 회전할 수 있었을까? 〈식 5.8〉에 의할 때, 각운동량보존은 짧은 시간 동안 관성모멘트와 각속도의 곱이 거의 일정함을 말해준다. 그래서 카타리나 비트는 관성모멘트를 줄여서 회전을 빠르게 할 수 있었다. 즉, 팔과 다리를 자신의 중심 쪽으로 끌어당긴 것이다. 회전이 빠르면 자신을 조절하기 어렵기

■ **그림 6.3** | 1984년 사라예보 동계올림픽에서 카타리나 비트의 공중회전 모습. 팔과 다리를 자신의 수직축 가까이로 끌어당기고 있는 데 주목하자.

때문에 선수들이 스케이팅 연기하는 내내 회전하지는 않는다. 카타리나는 느린 속도로 회전을 시작했고 관성모멘트는 컸다. 〈그림 6.4〉는 1994년 노르웨이 릴레함메르 동계올림픽에서 카타리나 비트의 연기 모습이다.[4] 다시 한 번 카타리나의 팔과 다리 자세에 주목하자. 가능한 한 많은 질량을 자신의 수직축에서 멀어지게 했다. 한쪽 다리로만 지탱해야 하기에 반대쪽 다리와 양팔은 중심에서 멀어지게 하여 관성모멘트를 키웠다. 짧은 시간 동안 관성모멘트와 각속도의 곱이 대략 일정하기 때문에 관성모멘트를 두 배로 높여서 회전속도를 반으로 줄일 수 있었다(나도 〈그림 5.6〉에서 이와 비슷하게 해보았다). 잘 돌아가는 회전의자나 회전판을 이용해 직접 시도해 볼 수 있다. 팔과 다리를 끌어당기면 각속도가 높아져서 스릴이 느껴질 것이다.

이제 우리는 카타리나가 어떤 방법으로 회전을 빠르게 했는지 설명할 수 있다. 그러면 회전속도가 빨라질 때 에너지는 어떻게 될까? 에너지보존이라는 말을 들어본 적이 있을 것이다. 닫힌계 내에서는 전체 에너지가 일정하게 유지된다는 것이 이 막강한 보존법칙의 기본적 생각이다. '닫힌계'는 물리학에서 보편적인 개념이다. 외부 환경과는 에너지가 교환될 수 없는 계를 말하며 에너지보존은 이러한 계에만 적용된다. 카타리나 비트가 빙판을 밀치고 나간 다음 미끄러지면서 다른 아무 동작도 하지 않는다면 결국은 멈추게 된다. 스케이트와 얼음 사이 및 공기와 몸체 사이의 마찰작용 때문이다. 우리가 다루는 모델 계가 카타리나 비트 한 사람으로만 구성된다면 계 바깥으로 에너지가 새어나가기 때문에 전체 에너지는 보존되지 않는다. 그러나 우리의 모델

■ **그림 6.4** | 1994년 릴레함메르 동계올림픽에서 카타리나 비트의 연기 모습. 양팔과 한쪽 다리가 몸의 수직축에서 멀리 위치한다.

계에 카타리나뿐만 아니라 그녀 주위 환경, 즉 구체적으로 얼음과 공기 등도 포함된다면 전체 에너지가 보존된다.

그러나 여기서 카타리나 비트가 빠른 회전으로 들어가는 동안 에너지는 어떻게 되는지 정성적으로 이해할 필요가 있다. 이를 위해 몇 가지 대략적 추정을 하자. 카타리나의 스케이트와 얼음 사이의 마찰은 아주 작아서 회전하는 동안에 극히 일부 에너지만 소실된다고 가정한다. 공기와의 마찰로 인한 에너지 소실 역시 무시한다. 그리고 카타리나의 질량중심이 움직이지 않기 때문에 병진운동도 없는 것으로 가정한다. 에너지가 어떻게 되는지 대체적 감을 잡기 위해 간단히 계산해 보자. 첫째, 회전과 관련된 운동에너지를 나타낼 필요가 있다. 특정한 축을 회전하는 이러한 회전운동에너지는 다음과 같이 정의된다.

$$KE^{\mathrm{rot}}=\frac{1}{2}I\omega^2 \qquad \text{(식 6.1)}$$

여기서 'rot'는 회전을 뜻하는 영어 rotational에서 따왔다.[5] 카타리나 비트는 빠르게 회전하기 위해 팔다리를 몸 쪽으로 끌어당겼는데, 자신의 관성모멘트를 절반으로 줄일 수 있었다. 여기에 각운동량보존을 적용하면 각속도가 두 배로 빨라지는 것을 알 수 있다. 이를 수학식으로 표현하면 다음과 같다.

$$I_f=\frac{1}{2}I_i \qquad \text{(식 6.2)}$$

$$\omega_f=2\omega_i \qquad \text{(식 6.3)}$$

여기서 i와 f는 처음과 최종을 나타내는 initial과 final을 각각 나타내는 영문의 머리글자다. 카타리나의 처음 회전운동에너지는

$$KE_i^{\text{rot}} = \frac{1}{2} I_i \omega_i^2 \quad \text{(식 6.4)}$$

인 반면, 최종 회전운동에너지는 다음과 같이 표현된다.

$$KE_f^{\text{rot}} = \frac{1}{2} I_f \omega_f^2 \quad \text{(식 6.5)}$$

이제 〈식 6.2〉와 〈식 6.3〉을 〈식 6.5〉에 대입하고 〈식 6.4〉를 대응시키면 다음과 같은 결과를 얻는다.

$$KE_f^{\text{rot}} = \frac{1}{2}\left(\frac{1}{2} I_i\right)(2\omega_i)^2 = 2 \cdot \frac{1}{2} I_i \omega_i^2$$
$$\Rightarrow KE_f^{\text{rot}} = 2KE_i^{\text{rot}} \quad \text{(식 6.6)}$$

여기서 잠깐만! 무엇이 달라졌나? 우리가 설정한 닫힌계 내에서는 카타리나 비트가 유일한 물체라 가정했다. 그러면 어떻게 카타리나의 회전운동에너지가 팔과 다리를 폈을 때와 몸 쪽으로 바짝 끌어당겼을 때 사이에 두 배로 증가할 수 있을까?[6] 그 에너지는 어디서 온 것일까?

카타리나는 자신의 팔과 다리에 역학적 일을 가하여 회전축 가까이로 끌어당겨야만 한다. 역학적 일은 물체에 작용하는 힘과 그 힘의 방향을 따라 움직인 거리의 곱으로 표현된다. 그리고 이와 같은 역학적

일을 할 수 있는 에너지원은 카타리나 몸속의 화학적 에너지를 역학적 에너지로 전환하여 얻어진다. 하지만 이와 같은 에너지 흐름이 항상 뚜렷하게 나타나는 것은 아니기 때문에 이러한 에너지 전환 체계의 분석은 어렵다. 우리는 화학적 에너지가 역학적 에너지로 전환되는 과정을 '눈으로 확인'할 수 없다. 그러나 그와 같은 전환의 효과가 팔과 다리의 움직임으로 나타나는 것을 볼 수 있다.

우리 몸속에서 일어나는 에너지 전환 과정에 대해서는 제9장에 좀 더 상세히 설명되어 있으므로, 지금은 회전을 빠르게 하기 위해 팔과 다리를 끌어당김으로 얼마나 많은 에너지를 얻는지 추정해 보자. 〈식 6.5〉와 〈식 6.6〉을 이용하면 회전운동에너지의 변화를 다음과 같이 나타낼 수 있다.

$$\Delta KE = KE_f^{\mathrm{rot}} - KE_i^{\mathrm{rot}} = \frac{1}{2}KE_f^{\mathrm{rot}}$$
$$\Rightarrow \ \Delta KE = \frac{1}{2}\left(\frac{1}{2}I_f\omega_f^2\right) \qquad \text{(식 6.7)}$$

카타리나가 빠르게 운동하는 동안 관성모멘트를 알 필요가 있으며, 회전속도도 알아야 한다. 여기서는 카타리나의 회전운동에너지 증가를 대략 추정할 목적이므로, 우리의 모델에서는 카타리나가 장축을 중심으로 회전하는 균일한 밀도의 원통으로 간주된다. 그녀는 분명 원통이 아니지만, 이렇게 해도 우리는 빠르게 회전하는 자세에 있는 동안 관성모멘트의 대략적 크기를 비교적 합리적으로 계산할 수 있다.

질량이 M, 반지름이 R이고 밀도가 균일한 원통의 경우 장축에 대한 관성모멘트는 $MR^2/2$로 계산된다. 카타리나의 질량은 55킬로그램이고, 빠른 회전 동안 그녀의 반지름은 대략 12센티미터 정도다. 따라서

$$I_f \sim \frac{1}{2}MR^2 \sim \frac{1}{2}(55\text{kg})(0.12\text{m})^2$$
$$= 0.396\text{kg}\cdot\text{m}^2 \sim 0.4\text{kg}\cdot\text{m}^2 \qquad \text{(식 6.8)}$$

여기서는 대략적 추정이므로 의미 있는 숫자만 적었다.

최종 회전속력과 관련해서는 카타리나 비트의 최종 회전속력을 초당 3회전 정도로 추정했다. 제5장의 '주 9'에서 언급한 것처럼 회전속력을 매초당 라디안 단위로 나타낼 필요가 있다. 따라서

$$\omega_f \sim \left(\frac{3\text{rev}}{\text{s}}\right)\left(\frac{2\pi\text{rad}}{1\text{rev}}\right) \simeq 18.8\frac{\text{rad}}{\text{s}} \sim 20\frac{\text{rad}}{\text{s}} \qquad \text{(식 6.9)}$$

여기서도 역시 의미 있는 숫자만 적었다.

이제 〈식 6.8〉과 〈식 6.9〉를 〈식 6.7〉에 대입하면 다음과 같은 식을 얻는다.

$$\Delta KE \sim \frac{1}{2}\left[\frac{1}{2}(0.4\text{kg}\cdot\text{m}^2)\left(20\frac{\text{rad}}{\text{s}}\right)^2\right]$$
$$\Rightarrow \Delta KE \sim 40\text{J} \sim 0.01\text{kcal} \qquad \text{(식 6.10)}$$

여기서 줄joule 단위 에너지를 영양칼로리(kcal 혹은 Cal)로 전환했는

데 그 방법은 제4장의 '주 10'에서 설명했다. 열역학 법칙에 의하면 어떤 엔진도 들어온 에너지를 모두 다 일로 바꿀 수는 없다. 항상 어느 정도 낭비되는 열이 있다. 그러므로 카타리나 비트는 느린 회전에서 빠른 회전으로 높이기 위해 내가 추정한 회전운동에너지 증가량보다 더 많은 양의 영양칼로리를 태워야 했다. 여기서 핵심은 카타리나 비트가 팔과 다리를 몸통 가까이로 끌어당기면서 태운 에너지량이 많아야 수백 영양칼로리에 불과하다는 것이다. 한 사람이 하루에 보통 2000영양칼로리 정도를 소비하는 데 비교하면 많은 에너지가 아니다.

물 위의 황제

카타리나 비트는 10년 동안 피겨스케이팅의 여제로 군림하며 두 번의 올림픽에서 금메달을 목에 거는 동안, 같은 해에 열린 두 번의 올림픽 다이빙에서 우승하며 신화로 등극하게 된 위대한 선수가 있었으니 그레그 루가니스다. 루가니스는 1984년 로스앤젤레스올림픽과 1988년 서울올림픽 3미터 스프링보드와 10미터 플랫폼 종목 모두에서 미국에 금메달을 안겨주었다. 다이빙 두 종목 모두에서 두 차례 연속 올림픽 금메달을 획득한 선수는 미국의 여자선수 팻 맥코믹Pat McCormick과 루가니스뿐이다.[7]

1980년 모스크바올림픽을 보이콧함으로 미국 선수들이 얼마나 큰 대가를 치러야만 했는지 우리는 알지 못한다. 나는 모스크바대회 보이콧이 없었더라면 루가니스가 1988년 서울올림픽대회까지 두 번이 아니라 세 번의 올림픽에서 계속해서 두 개씩의 금메달을 획득했을 것이라 생각한다. 내가 이렇게 믿는 데는 근거가 있다. 1976년 열여섯 살에 불과한 루가니스는 캐나다 몬트리올올림픽 다이빙 10미터 플랫폼 종목에서 은메달을 따고, 1978년 서독 베를린에서 개최된 세계선수권대회 10미터 플랫폼에서 우승했다. 1982년(에콰도르 구아야킬)과 1986년(스페인 마드리드) 세계선수권대회에서는 10미터 플랫폼과 3미터 스프링보드 모두 우승했다. 1979년 푸에르토리코 산후안에서 개최된 팬암 대회에서 10미터 플랫폼 및 3미터 스프링보드 모두 우승하고, 1983년 베네수엘라 카라카스 팬암 대회에서도 두 종목 모두 우승자가 되었다. 루가니스는 1987년 미국 인디애나폴리스 대회에까지 3연속으로 팬암 대회에서 두 개씩의 금메달을 목에 걸었다. 이렇게 1980년을 전후하여 금메달을 휩쓸었던 것으로 보아, 미국이 모스크바올림픽에 참가했다면 루가니스가 두 개 금메달의 주인공이 되었을 것이 분명하다.

나는 루가니스의 다이빙 장면 중 1988년 서울올림픽 때의 다이빙을 가장 좋아한다. 3미터 스프링보드 예선에서 루가니스는 역 두 바퀴 반을 회전하는 묘기를 선보였다. 하지만 다이빙보드의 모서리에 머리가 부딪혀 찢어지는 실수를 범했다. 그러나 루가니스는 상처를 꿰맨 다음 다시 경기에 임하여 3미터 스프링보드 금메달을 획득했다. 그리고 10미터 플랫폼의 금메달도 목에 걸어서 로스앤젤레스대회에 이어 연속으로 올림픽 다이빙 2종목 모두에서 우승자가 되었다.

이 장의 다음 부분에서는 루가니스와 스프링보드 다이빙에 대해 논의할 것이다. 플랫폼 다이빙에 대해서도 할 이야기가 많지만 스프링보드 다이빙만 다루려고 한다. 그러나 다이빙을 이해하는 데 필요한 물리학의 대부분이 포함될 것이다.

진동하는 스프링보드

이제 각운동량에 대한 논의를 진행할 것이다. 그러나 각운동량보존의 법칙을 루가니스의 공중돌기 및 비틀기에 적용하기 전에 먼저 그를 공중으로 올려보내자. 루가니스가 3미터 스프링보드 끝에서 뛰어올라 수영장 속으로 빨려 들어가는 동작이 얼마나 쉬울까? 많은 독자는 3미터 스프링보드에서 다이빙해본 적이 없지만 스포츠센터 수영장 1미터 스프링보드에서는 뛰어본 적이 있을 것이다. 선수들처럼 다이빙을 시도해본 독자들은 아마 다이빙보드의 끝으로 몇 발짝 다가간 다음 보드의 진동에 맞춰 공중으로 솟구쳐 오르기가 말처럼 쉽지는 않았을 것이다. 나도 몇 차례나 스프링보드에서 뛰어들었지만 그때마다 어렵다는 느낌이 들었다. 내가 어렸을 때 다이빙선수가 스프링보드에서 뛰어오르기 위해 어떻게 해야 하는지 이론적으로 생각해 보기 전에는, 내가 공중으로 치솟아 루가니스처럼 멋진 다이빙을 할 것이라 생각하며 보드를 성큼성큼 걸어갔다. 하지만 다이빙보드가 진동했기 때문에 곧 떨어질 것만 같은 느낌을 받았다. 그래서 보드 끝에 다다라서는 멈췄다가 볼품없이 '뛰어내릴' 수밖에 없었다. 나는 다이빙선수가 뛰어오를 지점까지 다가가는 모습을 지켜본 다음에 스프링보드 위에서 선수들이 하는 모든 동작에 어떤 의미가 있는 것일까 생각해 보았다. 그러한 동작들은 멋진 다이빙을 위해서는 매우 중요했으며 물리학으로 그 이유를 설명할 수 있다.

〈그림 6.5〉는 다이빙 스프링보드를 대략적으로 나타낸 그림이다. 미국 다이빙 규칙 101.2항에는 스프링보드의 규격을 '폭 20인치(50.8cm) 길이 16피트(4.88m)'로 규정하고 있다. 보드의 받침점은 '다이빙 사이에 쉽게 조절되는 형태'로, 고정된 끝에서 보드 길이의 대략 3분의 1 지점에 위치한다. 균형과 리듬이 있는 스텝 세 번으로 시작하는 방법이 보드의 끝으로 다가가는 가장 대표적 기술이다.[8] 세 번째 스텝의 위치는 지렛대 목을 약 1미터 지난 지점이다. 리듬감 있게 스텝을 밟아서 보드에 작은 진동을 시작시키고 세 번째 스텝에서는 보드가 위쪽으로 진동하는 힘의 도움을 받는 '발구름' 동작으로 이어진다.

허들을 시작할 때 선수는 한쪽 발로 보드를 아래로 미는데, 이와 동시에 다른 발과 두 팔은 위로 당긴다. 뉴턴의 제3법칙에 의하면 양팔과 한 다리를 들어올리는 위쪽 방향의 힘에 대한 반작용이 있어야 한다. 이와 같은 아래쪽 방향의 반작용 힘은 선수가 보드를 더 깊이 누를

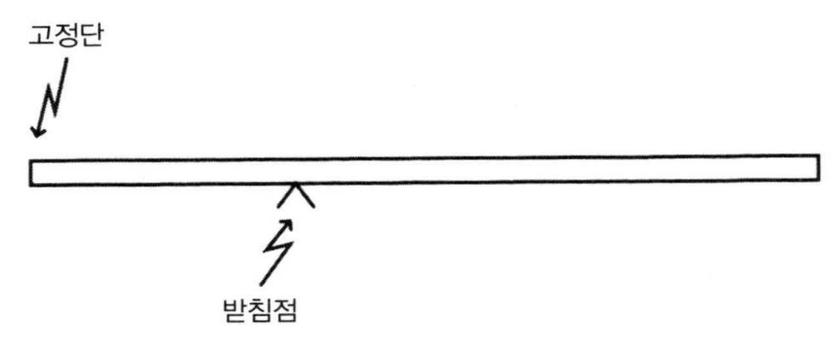

그림 6.5 | 다이빙 스프링보드의 대략적 그림. 받침점은 고정된 끝에서 보드 길이의 대략 3분의 1 되는 지점에 위치한다.

수 있게 도와준다. 눌려진 보드는 탄성위치에너지를 저장하는데, 〈그림 1.2〉에서와 같은 방법이다. 스프링보드 내의 분자결합들이 미세하게 늘어난 것은 스프링이 늘어난 것과 같은 현상이다. 우리가 잘 알고 있듯이 스프링을 늘린 다음 손을 놓으면 원래 모양으로 되돌아간다. 다이빙보드도 이와 마찬가지다. 보드의 반작용이 허들 동작 동안 선수를 위로 밀어올린다. 선수는 허들 동작을 할 때 앞쪽으로 움직이고 있기 때문에 선수가 보드의 끝에서 크게 뛰어오르기 위해 공중에 떠 있는 동안 그의 속도에는 앞쪽 방향의 성분이 존재한다. 이와 같은 앞쪽 방향의 움직임이 있기 때문에 마지막 점프를 할 때 보드의 모서리에 부딪히지 않을 수 있다.

일반적으로 선수가 스프링보드 끝에 발을 딛기 전 보드가 2.5회 진동할 때 허들을 한다. 즉, 선수는 보드가 최대 속력으로 아래쪽으로 움직이는 동안에 보드 끝에 발을 딛는다. 보드가 아래쪽으로 최대한 눌려지게 하는 것이다. 깊이 눌려지면 탄성위치에너지가 더 많이 저장된다. 그렇게 저장된 에너지의 대부분은 다시 선수에게 돌아가서 보드로부터 최대한 높이 솟아오를 수 있도록 밀어준다.

다이빙선수가 공기 속을 날아가는 데 에너지보존이 어떤 역할을 하는지 생각해 보자. 선수는 스프링보드 끝으로 접근하면서 에너지를 보드에 전달한다. 걷는 동안 전달되는 에너지가 다이빙을 힘들게 만들 때도 있지만[9] 우리의 분석에서는 허들을 하는 동안 선수에게 되돌아가서 도움을 주는 것으로 본다. 선수가 스프링보드 끝에서 뛰어오를 때 보드에 저장되었던 위치에너지가 선수에게 전달되고 따라서 선수는 진동 없는 보드에서 점프할 때보다 더 큰 속력으로 뛰어오르게 된다. 그러나 선수로부터 보드에 혹은 보드에서 선수에게로 에너지 전달은 완전하지 않다. 예를 들어, 다이빙 선수가 점프할 때 보드에서 독특한 소음이 들리는데, 이것은 우리 귀가 에너지를 음파의 형태로 흡수하는 것이다. 이 책의 제1장에서 야구방망이가 야구공을 때릴 때 이와 같은 형태로 에너지가 전달된다고 설명한 바 있다.

낙하하는 고양이와 루가니스

다이빙에서 스프링보드의 특별한 역할은 무엇일까? 선수들은 왜 3미터 스프링보드 종목에서 가능한 한 높이 솟아오르려 애쓰는 것일까? 운동역학을 생각해 보자. 루가니스가 일단 스프링보드를 떠나면 그의 질량중심의 움직임은 전적으로 그에게 가해지는 외부 힘에 의해서만 결정된다. 루가니스가 공중에 떠 있는 동안에는 공기저항도 약간 있지만 중력이 거의 유일한 힘으로 작용한다. 좀 더 간단히 하기 위해 루가니스에게 중력만 작용한다고 가정하면 제3장에서 이용했던 운동역학 방정식들로 그의 질량중심이 움직이는 경로를 그릴 수 있다.

나는 루가니스의 올림픽 3미터 스프링보드 다이빙 장면 동영상을 여러 번 반복해서 보았다. 대부분의 다이빙에서 루가니스는 스프링보드에서 뛰어오른 후 약 1.7초 후에 물에 떨어졌다. 미국올림픽위원회의 공식 웹사이트에 게시된 루가니스 개인 프로필에 따르면 그의 키가 175센티미터다. 그래서 나는 그의 질량중심이 발에서 1미터, 머리끝에서 질량중심까지 0.75미터 떨어진 지점에 위치하는 것으로 가정했다(몸통이 다리보다 무겁기 때문이다). 루가니스가 3미터 높이의 스프링보드에서 뛰어오르는 순간 그의 질량중심은 풀의 표면에서 4미터 높이에 있다. 내가 추정한 1.7초는 그의 발이 보드를 떠날 때부터 머리가 물에 도착할 때까지의 시간이다. 머리가 물에 닿을 때 손과 이마는 이미 물속에 들어가 있다. 입수 시 물방울을 적게 튕기는 자세가 점수에서 매우 큰 비중을 차지하기 때문에, 팔의 절반이 물속에 잠기는 데 소요되는 짧은 시간 동안 팔이 물로부터 받는 힘은 여기서 무시한다. 그러므로 마지막 순간 그의 질량중심은 물 위 0.75미터에 위치하게 된다. 그리고 그의 질량중심이 다시 보드와 같은 높이, 즉 3미터에 왔을 때는 보드로부터 1미터 떨어진 곳을 지났다는 추정도 했다. 즉, 포물선운동의 $x=1$m이고 $y=3$m인 지점이다.

이러한 추정들과 제3장의 운동역학 방정식을 이용하면 루가니스의 출발속력은 초속 약 6.46미터, 그리고 출발각도는 약 83.9도로 계산된다. 출발각도가 90도에 더 가까우면 수평 속도가 충분하지 못해 떨어질 때 선수가 보드에 부딪힐 위험이 있다. 나는 루가니스의 질량중심이 보드로부터 1미터 떨어졌다고 가정했는데, 그의 다른 신체 부위는 보드에 더 가까울 수 있다. 〈그림 6.6〉은 올림픽 3미터 스프링보드 다이빙에서 루가니스의 질량중심의 이동 경로를 보여준다. 그의 질량중심이 보드 높이(3m)에 도달하는 시점은 약 1.45초 후, 즉 1.7초 비행시간의 85퍼센트가 지났을 때다. 질량중심이 보드 높이를 지날 때쯤에는 루가니스가 풀의 물에 직선으로 빠져 들어갈 자세를 취한다.

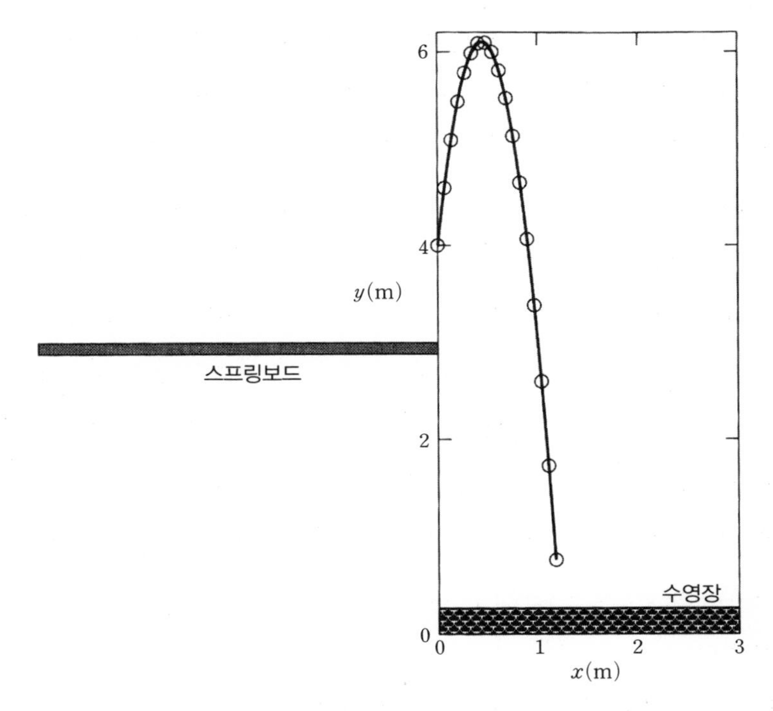

■ **그림 6.6** | 그레그 루가니스의 3미터 스프링보드 다이빙에서 질량중심의 움직임. 출발속력(v_0) $\simeq$ 6.46m/s, 출발각도(θ) $\simeq$ 83.9°. 작은 원은 루가니스의 질량중심의 위치를 0.1초 간격으로 나타낸 것이다.

그러므로 다이빙대 높이 위에서 소요된 약 1.5초 동안 그는 비틀고 회전하는 모든 동작을 해야 한다. 다이빙선수들이 출발속력을 최대한 높이려 하는 이유가 여기에 있다. 공중에 더 오래 떠 있을수록 더 난이도 높은 동작을 시도할 수 있는 것이다. 경쟁자들보다 상대적으로 더 난이도 높은 동작을 할수록 더 높은 점수를 얻기 때문이다.[10]

이제 루가니스가 1.5초를 어떻게 올림픽 금메달로 바꿀 수 있었는지 알아보자. 공중에서 두 바퀴 반에서 세 바퀴 반까지 공중제비를 돌기 위해서는 회전속력이 빨라야 한다. 공처럼 몸을 말듯이 바짝 껴안는 소위 '터크tuck' 자세를 취한다. 1.5초 안에 세 바퀴를 완전히 돈다고 생각하면 〈식 5.6〉을 이용해 평균 각속력을 구할 수 있다. 1.5초에 3회전일 때 각속력(ω) = 2rev/s ≃ 12.6rad/s이며, 이는 1분당 120회전에 해당한다.

이 각속력은 오디오 콤팩트디스크(CD)를 가장자리 부근에서 읽을 때 돌아가는 속력의 절반 정도 빠르기다. 많은 CD 플레이어들이 CD를 읽는 위치에 대해 일정한 선형속력(직선속력)으로 읽는다. 디스크의 가장자리는 안쪽보다 선형속력이 더 빠르기 때문에(주어진 시간 동안 가장자리의 한 지점은 중심 부근의 한 지점보다 더 긴 거리를 움직인다), 읽는 부위가 바깥쪽으로 옮겨감에 따라 CD 플레이어는 속력을 늦추어야 한다. 읽는 부위가 CD 중심 부근을 읽을 때의 각속력은 가장자리를 읽을 때보다 2.5배 정도 빠르다. 물리학에서 선형속력(v)은 $v = r\omega$라는 식을 통해 각속력(ω)과 관련된다. 여기서 r은 회전축에서 대상 지점까지의 반지름 거리다. 분당 120회전, 즉 루가니스의 다이빙 회전 각속력 120rpm은 상당히 빠른 속력이며 고된 훈련과 강인한 체력 및 집중력을 갖추어야만 가능한 동작이다.

물에 빠져드는 동작, 즉 입수 때는 가능한 한 물방울을 적게 튕겨야 한다. 그래서 루가니스는 입수 전에 빠른 회전을 모두 멈추어야 한다. 이것이 어떻게 가능할까? 각운동량보존의 법칙에 위배되는 것은 아닐까? 카타리나 비트가 팔을 밖으로 내밀어서 회전속력을 늦춘 것처럼 루가니스도 팔과 다리를 질량중심으로부터 멀어지게 하여 회전이 거의 없이 입수할 수 있었다. 〈그림 6.7〉은 루가니스가 몸을 가능한 한 길게 만드는 '레이아웃layout' 자세로 입수하는 모습이다. 레이아웃 자세는 터크 자세 때보다 관성모멘트가 4배나 된다.[11] 각운동량보존의 법칙에 따르면 루가니스의 관성모멘트가 4배가 되면 그와 동시에 각속력이 4분의 1로 줄어야 한다. 시간당 회전수가 반으로 줄면 루가니스가 물로 들어갈 때 자기 몸에 대한 조절력을 확보할 수 있다. 〈그림 6.6〉에서 보듯이 보드 아래 높이에서 0.2초의 시간밖에 없기 때문이다. 루가니스는 각속력 약 0.5rev/s로 0.2초 동안 (1/10)바퀴(36°) 정도만 회전할 수 있다. 그래서 그는 적절한 순간 터크 자세를 풀고, 레이아웃 자세에서 약간 회전하여 몸이 수영장에 거의 수직으로 들어갈 수 있게 만들었다.

비틀기 동작에 대해 생각해 보자. 미국 다이빙 경기규칙 107.4항에는 더 흥미로운 조항이 있다. "……보드나 플랫폼으로부터 비틀기 동작을 해서는 안 된다." 비틀기에 필요한 회전력을 얻기 위해 보드를 이용해서는 안 된다는 의미다! 공중제비, 즉 회전의 경우는 회전력을 얻는 데 비교적 작은 수평 마찰력의 도움을 받을 수 있다. 그러나 비틀기 동작에는 이렇게 할 수 없다. 일단 공중에 뜬 상태에서 자기 몸의 움직임만 이용해야 한다. 루가니스는 공중제비를 돌면서 몸동작을 이용했다. 하지만 비틀기 동작에는 도움 받을 곳이 없다.

위에서 아래로 떨어지는 고양이가 루가니스에 비유된다. 고양이가 재미있어 할 것 같지 않으므로 독자들에게 이런 실험을 권하지는 않지만, 고양이는 안전한 자세로 착지하는 능력을 가지고 있다. 다이빙하

■ **그림 6.7** | 그레그 루가니스가 수영장에 입수하는 모습

는 루가니스와 떨어지는 고양이는 모두 여러 비틀기 동작을 하고, 이때 전체 각운동량은 보존된다. 고양이는 떨어지면서 몸을 바로 잡고 허리를 구부린 다음 착지한다. 루가니스도 비슷한 동작을 하지만, 다이빙의 경우는 몸이 완전히 일직선이 된 상태에서 비틀기를 해야 하기 때문에 더 많은 것이 필요하다.

루가니스의 비틀기 동작을 이해하기 위해 〈그림 6.8〉을 보자. 오른팔은 얼굴에 붙이고 왼팔은 어깨 아래에서 몸 중앙을 향하게 했다. 이런 자세를 취한 이유는 무엇일까? 루가니스는 다이빙보드에서 뛰어오를 때 양팔과 상체를 약간 뒤로 젖혔다. 보드의 정지마찰은 점프 동작 중에 양발이 보드에서 미끄러지지 않도록 하는 외에도 루가니스의 질량중심에 대한 토크를 만들어주었다. 루가니스의 머리는 수영장의 반대쪽 끝에 위치한 관찰자로부터 멀어지는 방향으로 회전했는데, 다이빙보드의 정지마찰이 관찰자 쪽을 향하기 때문이다. 관찰자의 입장에서 오른손 법칙을 적용하면 루가니스의 각운동량 벡터가 관찰자 자신의 왼쪽을 향하는 것으로 결론내릴 수 있다. 따라서 루가니스는 스프링보드 다이빙을 시작할 때 각운동량이 영이 아닌 상태였으며 이것은 공중에 떠 있을 때도 변할 수 없다.

루가니스는 스프링보드를 떠나자마자 오른팔을 이마로 가져가고 왼팔은 밑으로 내리며 옆을 향하게 했다. 공중에 떠 있는 관찰자가 그의 앞에서(스프링보드를 향해서) 이 모습을 본다고 가정하면 루가니스의 팔이 시계방향으로 회전하는 형태로 보일 것이다. 각운동량의 크기와 방향 모두를 보존하기 위해 몸의 다른 부분은 반시계방향으로 회

■ **그림 6.8** | 그레그 루가니스의 비틀기 동작

전하기 시작한다. 팔의 움직임이 있으면 그의 몸이 동일한 평면에 머물 수 없기 때문에 여기서 '시작한다'는 표현을 사용하였다. 앞에서 지적했듯이 루가니스는 뒤로 회전하면서 다이빙보드를 떠났다. 그의 몸이 회전하기 시작하면 각운동량 벡터를 같은 크기, 같은 방향으로 유지하기 위해 비틀기도 같이 일어나야 한다. 양팔을 〈그림 6.8〉과 같은 자세로 유지하는 동안 비틀기는 계속 진행된다. 루가니스는 양팔을 뒤로 빼며 허리 부위에서 굽혀서 비틀기 동작을 멈추었다. 말로 표현하니 누구나 할 수 있을 것 같은 다이빙이지만, 이와 같은 동작을 연출하는 데 필요한 강인한 체력을 갖추고 기술을 익히기 위해 엄청난 양의 훈련을 이겨낸 루가니스와 같은 선수가 아니면 힘들다. 나는 서울올림픽 때 루가니스의 2분의 1회전 공중제비와 $3\frac{1}{2}$ 비틀기 스프링보드 다이빙을 수십 차례 보았지만, 아직 인간이 그렇게 할 수 있다는 사실이 믿어지지 않는다. 그 외에도 그가 수영장의 물에 빠져들어갈 때 공중으로 튕겨 오른 물방울 수는 겨우 5~6개뿐이었다!

도와주세요. 아르키메데스!

미국 다이빙경기 규칙 부록B에는 3미터 스프링보드와 10미터 플랫폼 다이빙에서 수영장의 '권장되는' 깊이를 각각 3.80미터 및 5.00미터로 규정하고 있다. 다이빙은 수영장, 즉 '풀pool 스포츠'로 생각한다. 그러나 선수의 점수는 물로 들어가는 순간만 빼고는 수면 위에서 결정된다. 그렇다고 해서 다이빙을 '공중 스포츠'라 부르기는 어색하지만 다이빙에서 물이 하는 역할을 생각해 볼 수는 있다. 관중과 심판들은 선수가 물방울을 최대한 적게 튕기며 얼마나 완벽하게 물에 빠져 들어 가는지 지켜보지만 선수들에게는 물을 생명처럼 이용한다. 낙하를 멈추게 해야 한다!

〈그림 6.6〉으로 제시한 경로 모델에서 루가니스의 손이 수면에 닿는 순간 질량중심의 속력은 대략 초속 10미터로 움직이고 있다. 스프링보드에서 다이빙한 후 루가니스가 3.80미터를 더 공기 속에서 떨어져 내렸다면 그의 속력이 초속 약 13미터일 것이다. 스프링보드에서 다이빙한 후 시속 50킬로미터에 가까운 이런 속도로 시멘트 바닥에 부딪히길 원하는 사람은 아무도 없을 것이다. 수영장의 물이 항력을 제공해서 다이빙선수의 속력이 0까지 느려진다. 제4장에서 항력 모델을 〈식 4.2〉로 제시했다. 그 모델 방정식에 따를 때 항력은 물체가 통과하는 물질의 밀도에 비례한다. 랜스 암스트롱이 알프스산맥을 달릴 때는 밀도가 약 1.2kg/m^{3}인 공기 속을 통과해 갔다. 루가니스 몸의 낙하 속력은 물에 의해 느려졌는데, 물의 밀도는 1000kg/m^{3}로 공기보다 800배 정도 크다. 공기 1m^{3}의 무게는 약 1.2킬로그램밖에 되지 않지만 물 1m^{3}는 무게가 1톤에 달한다! 그러므로 루가니스가 물에서 받는 항력은 암스트롱이 공기 중에서 받는 항력보다 훨씬 크다.

루가니스가 물에 빠져들 때의 자세를 그대로 유지하여 수영장의 바닥까지 내려간다면 1초 정도면 수영장의 시멘트 바닥에 닿을 것이다. 그러나 다이빙선수들은 물에 빠져든 직후 자기 몸의 단면적을 변화시키는 경우가 많다. 몸을 구부려서 둥글게 만들고 팔은 바깥으로 뻗친다. 사람은 물보다 밀도가 6~7퍼센트 정도 더 크기 때문에 물에 뜨지 않는다. 루가니스가 무한히 깊은 풀 속으로 빠져 들어가서 가라앉는 동안 몸의 자세를 바꾸지 않는다면 마침내 최종 속력에 다다를 것이다. 그의 가속도가 0으로 떨어질 때, 즉 〈식 3.6〉(뉴턴의 제2법칙)에 의해 루가니스에게 가해지는 알짜 힘이 0이 될 때다. 그러나 이것은 아무런 힘도 존재하지 않는다는 뜻이 아니다. 실제로는 루가니스를 위로 당기는 힘이 있고 중력은 그를 아래로 당긴다. 위로 향한 힘 전체와 아래로 향한 힘 전체의 크기가 동일하게 되면 더 이상 속력의 변화가 없어진다. 물론 루가니스는 절대로 최종 속력에 도달하지는 못한다. 숨을 쉬러 올라와야 하기 때문이다!

위에서 나는 위를 향한 힘이 있다고 말했다. 위쪽 방향의 항력 외에도 루가니스를 수면 쪽으로 밀어 올리는 다른 힘도 있다. 루가니스가 수영장에 잠긴 동안 그의 몸이 물을 대체하기 때문에 그는 위를 향하는 부력을 받는다. 어떤 유형의 유체에든 물체가 부분적으로 혹은 완전히 잠기면 부력이 생기게 된다. 그리고 유체는 액체와 기체 모두를 말한다. 헬륨으로 채운 풍선은 공기 중에서 '떠 있는'데, 헬륨이 공기보다 밀도가 낮고 헬륨을 채운 풍선이 공기를 대체하기 때문이다. 공기가 풍선에 위를 향하는 부력을 가하는 것이다.

부력은 고대 그리스의 아르키메데스가 최초로 발견했는데[12], 그는 왕관이 진짜 금으로 만들어졌는지 아니면 가짜인지 밝혀달라는 부탁을 받고 고민하던 중, 갑자기 생각이 떠올라 욕조에서 뛰어 나와 벌거벗은 채 시라쿠스 거리를 '유레카Eureka!'라고 외치며 달려갔다고 한다

(유레카는 '알아냈다'라는 의미다). 오늘날 이것을 '아르키메데스의 원리'라 부르며, 유체 속에서 물체가 받는 부력은 그 물체가 차지하는 부피만큼 해당하는 유체의 무게와 같다는 원리다. 아르키메데스가 욕조에 들어가기 전에 욕조 속 물의 높이를 잰 다음, 욕조에 들어간 후 물의 높이를 재면 자기 몸에 의해 대체된(물에 잠긴 몸의 부피에 해당하는) 물의 부피를 알 수 있다. 이렇게 대체된 물의 무게가 아르키메데스가 물로부터 받는 부력이다. 이 책에서는 여러 이론들을 증명하거나 수학적으로 상세하게 설명하지 않았지만 아르키메데스의 원리의 경우는 증명이 매우 간단하기 때문에 여기서 증명 방법을 제시한다. 〈그림 6.9〉는 두 가지 그림을 보여준다. 왼쪽에는 물체가 유체 속에 잠겨 있다. 그 물체는 루가니스뿐만 아니라 야구공이나 기린 등 어떤 것도 가능하다. 유체도 역시 모두가 가능하다. 공기, 물, 헬륨, 그리고 맥주 등이다.

그 물체는 유체로부터 압력을 받는데, 모든 측면으로부터 그 물체를

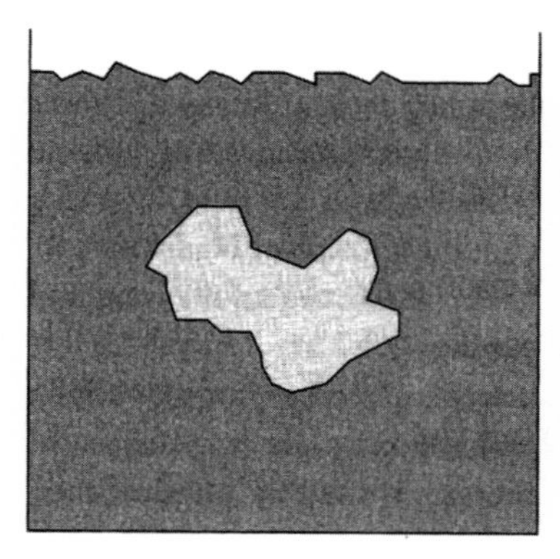
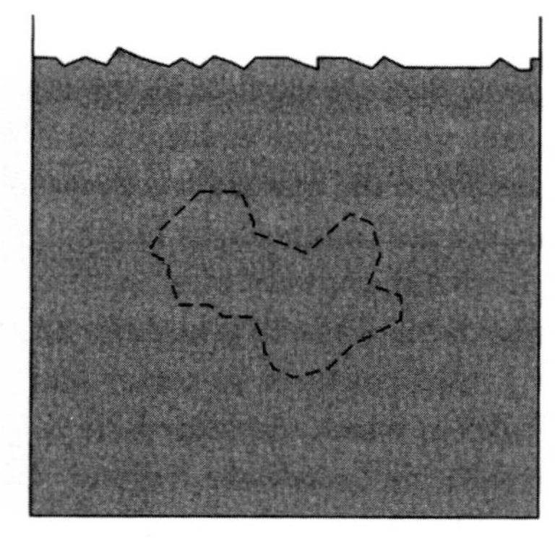

그림 6.9 | 아르키메데스 원리의 개념적 증명. 왼쪽 통의 유체 속에 물체가 잠겨 있다. 오른쪽 통에서는 그 물체가 정확하게 동일한 모양과 크기의 가상 주머니로 대체되었지만 그 공간은 유체로 차 있다.

미는 힘이며 물체 위의 작은 면적에 대해 항상 수직으로 작용한다. 〈그림 6.9〉의 오른쪽에는 왼쪽과 정확하게 동일하지만 그 물체를 제거한 상황을 나타냈다. 통 속에는 유체만 들어있다. 그러나 여기에 원래의 물체와 정확하게 동일한 크기와 모양을 가진 가상의 주머니가 있는 것으로 그렸다. 물론 점선으로 위치만 나타냈을 뿐 실제로는 아무것도 없다. 원래의 물체가 차지하던 점선 내부 공간은 주위의 유체가 차지한다. 물체를 제거하면 유체가 그 자리에 들어가서(유체가 빈 공간을 메운다) 안정적인 균형이 이루어진다. 원래의 물체가 액체로부터 받는 힘은 가상의 주머니에 들어 찬 유체가 받는 힘과 동일해야 한다. 가상의 주머니 속 유체는 중력, 즉 무게로 인해 아래로 향한 힘을 받지만, 가상의 주머니에 가해지는 전체 힘은 없기 때문에 위로 향한 힘이 유체의 무게와 동일한 크기로 있어야만 한다. 다시 〈그림 6.9〉 왼쪽 그림을 보면, 물체에 가해지는 위를 향하는 부력은 그 물체로 대체된 유체의 무게와 동일해야만 한다. 증명 끝Quod erat demonstrandum!

부력은 여러 곳에서 응용된다. 많은 사람들이 즐기는 열기구는 풍선 속의 가열된 공기가 바깥의 찬 공기보다 밀도가 낮아 상승하는 원리를 이용한다. 물리치료사들이 시술하는 수치료水治療는 물이 공기보다 큰 저항을 줄 뿐만 아니라 부력이 환자 관절에 가해지는 스트레스를 감소시켜주는 데 착안했다. 부력(수영장 속의 물)은 관절염이나 다발성경화증 같은 환자가 약해진 근육으로 팔다리를 움직일 때 지지해준다. 진화론 학자들은 고래와 같은 거대 포유류들은 바다의 부력이 몸무게를 지탱하는 데 도움을 주기 때문에 엄청난 덩치로 자랄 수 있다(팔다리도 더 이상 필요 없게 된다)고 주장한다. 오늘날의 고래를 물 바깥으로 끌어내면 무게 때문에 내부 장기가 으깨져버릴지도 모른다. 얼음이 물에 뜨는 이유도 부력으로 설명된다. 앞에서 보았듯이 얼음은 액체 물보다 밀도가 낮다. 물에 뜬 물체에서 수면 위에 뜬 부분과 수면 아래 부분의 비율은 $\rho_{물체}/\rho_{물}$이다(이때 ρ는 질량밀도를 나타낸다). 얼음의 약 $\frac{9}{10}$가 수면 아래 잠겨 있는데, 이는 선원들이 특별히 주의를 기울여야 할 사실이다. 물의 밀도는 3.98도에서 1.00g/cm^{3}다. 바닷물은 밀도가 약간 더 높으며, 15도 물의 밀도는 1.025g/cm^{3}다. 이렇게 밀도가 약간씩 다르지만 빙산의 약 10분의 9가 해수면 아래에 잠겨 있는 사실은 변하지 않는다. 마지막으로 부력에 대한 예를 한 가지 더. 나는 중동의 사해를 방문했을 때 직접 '경험해' 보았다. 사해의 물에는 정상적 바닷물보다 소금이 9배 정도 더 포함되어 있어 바닷물보다 밀도가 높기 때문에 나는 아무런 힘도 들이지 않고 물에 뜰 수 있었다.

다시 루가니스가 수영장의 물에 빠져드는 순간으로 돌아가서, 중력에 반대방향으로 작용하는 물의 항력과 부력이 그에게 도움을 주었다. 그리고 수면으로 다시 떠오를 때도 부력의 도움을 받았다. 물 위로 떠오르기 위해 팔과 다리를 움직여서 물을 아래로 밀어주는 데 힘을 적게 들여도 되었다. 물을 헤치고 떠오르기는 공기를 헤치고 떠오르기보다 쉽다! 만약 그렇게 할 수 있다면 날 수 있는 것이다.

몇 가지 더

에너지보존은 매우 심오한 개념이지만 설명은 간단하다. 닫힌계 내에서는 전체 에너지가 일정하다. 에너지의 형태(운동에너지, 탄성에너지, 중력에너지, 위치에너지, 전기에너지 등)는 변할 수 있지만 모든 형태의 에너지들을 다 합한 전체 에너지의 양은 변하지 않는다. 〈그림 6.7〉처럼 루가니스가 물에 빠져들 때를 상상해 보자. 초속 10미터 속력으로 움직일 때 그가 가진 운동에너지는 약 3750J이다. 몸무게를 75킬로그램으로 가정했을 때의 값이다. 1980년대 그의 질량을 정확히 추정했는지 알 수 없지만 이 장에서 논의하는 내용이 달라지지는 않는다. 그가 다시 수면으로 떠오를 때의 운동에너지는 3750J 근처에도 못 미칠 것이다. 그러나 이제 수면에서 관찰하는 것으로 가정하기 때문에 중력에 의한 위치에너지는 동일하다. 그렇다면 그가 떨어질 때 가졌던 운동에너지는 모두 어디로 간 것일까? 에너지 중 약간은 '풍덩'이라는 소리로 들리는 음파로 갔다. 그리고 대부분의 에너지는 물에서 소실된다. 루가니스가 수영장 속으로 가라앉는 동안 그의 몸은 물을 밀어내는 일을 한다. 루가니스의 몸이 물 분자들 사이의 움직임을 증가시켜서 물의 온도가 약간 높아진다. 물의 비열specific heat, 즉 일정한 분량의 물 온도를 일정한 정도로 상승시키기 위해 가해져야 하는 에너지의 양은 4186J/kg℃다. 이 말은 물 1킬로그램의 온도를 1도 높이는 데 에너지 4186J이 소요된다는 의미다. 루가니스가 떨어져 들어간 수영장의 물 양이 1킬로그램뿐이었다면 물 온도를 온전히 거의 1도 높일 수 있는 에너지를 가졌다. 그러나 다행히도 루가니스가 떨어진 수영장에는 최소한 2500m^3의 물이 있었다. 루가니스가 떨어져 들어갔을 때 올림픽 수영장 속의 물은 250만 킬로그램 이상이었고 이렇게 많은 양의 물은 온도가 거의 높아지지 않았다. 어쨌든 높아졌겠지만, 루가니스의 운동에너지가 수영장 속으로 흩어졌기 때문에 드러나지 않은 것뿐이다. 에너지는 보존된다!

그러나 루가니스가 수영장에서 잃어버린 운동에너지 3750J을 수영장이 그에게 다시 돌려줄 수 없는 이유를 묻는 독자도 있을 것이다. 왜 루가니스는 수영장에서 에너지를 회복하여 스프링보드로 다시 튀어 올라갈 수 없는 것일까? 무엇보다도 '그렇게 돼야 에너지 보존이다!'라고 주장할 수도 있다. 에너지가 보존된다는 면에서는 맞는 말이다. 내적인 에너지 변화와 열전달, 그리고 수행된 일 등을 모두 다 합하면 결국 에너지가 보존된다는 것이 열역학 제1법칙이다. 그러나 열역학 제1법칙은 어떤 과정이 발생할 가능성에 대해서는 고려하지 않는다. 물이 에너지를 루가니스에게 돌려주어 그가 물 바깥으로 튕겨 올라가서 스프링보드에 내려앉는다면 에너지 보존이라 할 수 있을 것이지만 우리가 실제로 그런 일을 목격한다면 아마 허깨비를 보고 있다고 생각할 것이다. 우리는 자연이 그런 식으로 움직이지 않는다는 것을 잘 알고 있다.

이 문제에 대한 해답은 열역학 제2법칙에서 찾을 수 있다. 닫힌계의 전체 엔트로피는 어떤 과정에서 감소할 수는 없다는 법칙이다. 쉽게 풀어서 말하자면, 엔트로피는 한 계 내에서 무질서의 정도를 나타내며, 어떤 과정이 진행되는 동안 자연은 무질서도가 증가하는 방향으로 움직인다. 그러나 이와 같은 개념을 실제 현상으로 제시하기는 어려울 때가 많다. 길을 걷다가 돌 여섯 개가 겹겹이 쌓여 있는 것을 보았다고 하자. 땅에서 에너지가 올라와서 돌 여섯 개가 가지런히 쌓아 올려지는 경우는 없을 것이다. 쌓여진 보도블록은 질서를 나타낸다. 나도 돌을 쌓을 수 있지만, 내가 발견하기 전 분명히 누군가 돌을 쌓았을 것이다. 그 사람은 돌에 부분적인 질서를 부여할 수 있었지만 돌을 쌓는 행동이 실제로는 더 많은 무질서를 만들어냈다. 그 일을 하느라 에너지를 태웠기 때문이다. 루가니스가 수영장 밖으로 튕겨 올라간다면 질서가 증가하는 것이 된다. 수영장이 조금 더 차가와지고 물이 더 적게 출렁이기 때문이다. 열역학 제2법칙은 그와 같은 일이 일어날 수 없다고 말한다. 에너지가 보존되는 경우라도 마찬가지다.

이제 수영장을 떠나서 수십억 명의 팬들이 열광하는 스포츠로 눈을 돌리자!

휘어져 날아가는 킥의 과학

07

세계가 멈출 때

매년 1월(혹은 2월 초)에 미국의 스포츠팬들은 슈퍼볼의 열풍에 휩싸인다. 슈퍼볼에 진출할 팀을 정하는 두 콘퍼런스의 결승전이 끝나고 빅게임이라 불리는 슈퍼볼이 열릴 때까지의 2주일 동안은 온통 슈퍼볼에 관련된 이야기뿐이다. 슈퍼볼이 끝난 후 TV 뉴스에서는 역사상 가장 많은 미국인들이 빅게임을 시청했다거나 혹은 역대 시청률 순위 몇 위였다는 소식을 전한다. 전 세계에서 얼마나 많은 사람들이 이 경기를 시청했을지 추정하는 뉴스도 있다. 대략 약 2억 명 정도다. 2008년의 슈퍼볼에서는 뉴욕 자이언츠가 뉴잉글랜드 패트리어츠를 아슬아슬한 점수 차이로 이겼는데, 넬슨 리포트는 경기의 평균 시청자 수가 미국에서만 9800만 명에 달했다고 보고했다.[1] 나와 같은 미국 사람들은 슈퍼볼이 TV에 방영될 때면 온 세상이 정지된 느낌과 함께 모든 일을 제쳐두고 빠져들게 된다. 나는 대학원에 진학한 직후 미국 바깥의 친구들을 사귈 기회가 있었는데, 그들은 내가 슈퍼볼에 몰두하는 모습을 보고는 이해할 수 없다는 표정을 지었다. 그때야 비로소 나는 '미국풋볼리그의 챔피언이 결정되는 시간에도 세계가 멈추지 않는구나' 하는 생각을 하게 되었다. 그리고 그 미소를 계기로 나는 좀 더 넓은 스포츠의 세계에 관심을 갖게 되었다.

사실 미식축구, 즉 풋볼에 관심을 가지고 시청하는 사람들의 수는 전 세계에서 또 다른 형태의 풋볼, 즉 축구(미국에서는 사커soccer라 부른다)를 즐기고 시청하는 사람들보다 훨씬 적다. 월드컵대회 기간에는 세계가(미국을 제외하고) 정말로 멈춘다! 예를 들어, 유럽에서는 자국 대표팀의 경기가 있을 때 상점이 문을 닫고 회사는 직원들에게 휴가를 준다. 많은 미국인들은 세계가 축구에 얼마나 열광하는지 상상도 하지 못한다. 슈퍼볼도 대단하지만 월드컵처럼 수십억 명의 세계인을 일으켜 세우지는 않는다.

이제 축구의 물리학으로 향한다. 무엇보다도 축구장을 찾아가 보지 않고는 스포츠의 세계를 모두 다 탐색했다고 말할 수 없을 것이다. 앞에서 우리는 발사체가 날아가는 운동(포물선운동)에 대해 논의했다. 풋볼공이나 사람도 여기에 해당될 수 있다. 특별한 모양으로 날아가는 축구공의 움직임에 대해 논의하기 위해서는 몇 가지 물리학 이론을 더 살펴볼 필요가 있다. 월드컵 경기가 진행되는 동안에는 세계가 멈추고, 회전하는 축구공은 골키퍼를 속이면서 골대 안으로 빨려 들어간다.

베컴의 바나나슛

데이비드 베컴David Beckham은 2007년 총 2억5000만 달러에 계약하고 LA 갤럭시 팀으로 이적하기 전 잉글랜드가 배출한 최고의 선수들 중 한 명으로 세계적인 명성을 얻었다. 국제축구연맹FIFA이 선정하는 '올해의 선수'에 두 번이나 차점자로 올랐다. 1999년에는 브라질의 히바우두가 베컴을 제치고 그 상을 받았으며, 2001년에는 포르투갈의 루이스 피구였다. 2위 자리가 뭐가 그리 대단할까라고 치부하기 전에, 그 상이 전 세계에서 최고의 축구선수에게 주어진다는 사실을 먼저 생각해야 한다. 영국 축구선수 중에서 2위에 두 번 오른 베컴 이상의 선수는 없었다.

베컴은 영국선수로는 유일하게 세 차례의 월드컵 대회에서 골을 기록했다. 월드컵이 1930년에 시작되어 4년마다 열리는 것을 감안하면 굉장한 기록이다. 베컴의 세 번째 월드컵 골은 2006년 독일 월드컵 포르투갈과의 준준결승전 경기에서 프리킥으로 얻었다. 1998년 프랑스 월드컵(프리킥 골)과 2002년 한일월드컵에서도 골을 넣었다. 2002년 영국영화사가 〈슈팅 라이크 베컴Bend It Like Beckham〉이라는 제목의 영화를 방영하고부터 베컴의 프리킥 실력은 전설이 되었다. 그 영화는 베컴을 중심으로 한 영화는 아니지만 제목 하나만으로 전 세계 사람들은 베컴이 축구공으로 뭔가 특별한 것을 할 수 있다고 생각하게 되었다.

축구공을 특별하게 다룰 수 있는 다른 선수들도 있고, 예를 들어 브라질의 호베르투 카를로스 같은 선수는 베컴에 뒤지지 않으며, 그가 쏜 슛을 보는 내 머리가 돌아갈 정도였다. 그러나 영화 제목에도 등장한 선수는 베컴이었다.

그렇다면 베컴이 '휘어지게 하는 것'은 무엇일까? 물론 축구공을 차면 공 자체가 약간은 휘어진다. 그러나 킥으로 '휘어지는' 대상이 축구공이라는 뜻은 아니다. 우리는 앞에서 공이나 사람이 공기 중에서 어떻게 솟구쳐 오르는지 살펴보았다. 중력이 일정하고 공기저항이 없을 때 발사체는 포물선을 그리며 날아간다(예를 들어, 〈그림 3.3〉과 〈그림 6.6〉에서 포물선 경로를 제시했다). 공기저항이 경로를 변경시키지만(이제는 포물선이라 할 수 없다) 모양이 크게 변하지는 않는다. 그러나 공기를 포함시키든 그렇지 않든 지금까지 살펴본 경로들은 모두 '2차원적'이었다. 말하자면, 〈그림 3.3〉에 제시된 궤적을 90도 방향으로 돌리더라도 결국은 발사체가 올라가거나 떨어질 뿐이라는 의미다. 즉, 이때의 모든 움직임은 선을 따라 일어난다. 그러나 베컴과 같은 축구선수들이 킥을 할 때 축구공에 회전을 주기 때문에 마술 같은 슛이 가능하다. 키커가 회전축을 정확히 공의 오른쪽 혹은 왼쪽에 겨냥하여 킥을 하지 않는 한 공은 3차원 공간에서 움직이게 된다. 그러므로 축구공은 왼쪽 혹은 오른쪽으로(회전의 방향에 따라) 움직이면서 직선운동에서 벗어나게 된다. 따라서 축구공이 움직이는 경로는 정상적으로 생각하는 경로를 벗어나 '휘어진다'(축구에서는 이렇게 휘어진 킥의 경로가 바나나를 닮았다고 해서 '바나나킥'이라 부른다).

유튜브에 데이비드 베컴의 프리킥 모습이 많이 올라와 있으니 시청해 보기 바란다. 그리고 축구경기의 다른 유명한 장면들도 보면 지금부터 하는 설명에 도움이 될 것이다. 과거에 비해 오늘날에는 이와 같은 미디어나 정보를 훨씬 쉽게 이용할 수 있다. 베컴이 맨체스트 유나이티드 혹은 레알 마드리드에서 골을 넣는 장면이나 월드컵에서 잉글랜드 국가대표팀 소속으로 득점하는 장면을 보면 공이 놀라운 경로를 거쳐 날아가는 것을 발견할 수 있을 것이다. 프리킥 명장면을 보면 더욱 재미있다. 축구공은 운동장 잔디 위에 놓여 있고, 수비수들은 킥에 대비해 벽을 만든다. 긴장한 골키퍼는 스타선수 베컴을 꺾을 기회를 노리고, 관중들은 극도로 흥분한 가운데 베컴이 킥을 쏘았다. 공은 바나나와 같은 경로를 그리며 날아가고 수비수의 벽은 흔들린다. 왼쪽으로 몸을 날리던 골키퍼는 완벽한 킥 앞에 속수무책이다. 골인! 관중들은 완전히 열광한다. 베컴은 잔디 위를 미끄러지고 팀 동료들이 이 대스타를 덮친다. 1초도 안 되는 시간 동안 세계가 회전을 멈췄다!

프리킥과 코너킥

미국의 스포츠 세계는 '빅3' 종목이 지배한다. 미국인이 스포츠에 쏟는 열광은 거의 항상 야구, 풋볼(미식축구), 그리고 농구 등 이 세 가지를 향한다. 우리는 가장 익숙한 것에만 끌리는 경향이 있듯이(미국에서 야구는 1세기 이상 동안 '국민적 오락'이었다), 축구는 전 세계 대부분의 국가에서 가장 많은 스포츠팬을 확보하고 있지만 미국 스포츠팬들에게는 거의 외면당해 왔다. 축구에서는 점수가 너무 적게 난다는 이유로 평가절하하는 사람들도 있다. 대부분의 미국인들은 어렸을 때 축구경기 한 번 안 해보았기 때문에 축구가 가진 뉘앙스나 오묘함을 이해하지 못한다. 나도 20대 중반이 되어서야 유명 축구선수들의 기술이나 멋진 장면들을 즐길 수 있었다. 1994년 미국 독립기념일(7월 4일)에 미국이 브라질에게 패배한 경기를 보고는 아직 축구에 대해 잘 모르는 내가 보기에도 월드컵 우승팀 브라질은 미국팀보다 훨씬 뛰어났다. 신문에서 그 경기 결과를 보았다면 거의 대등한 경기였을 것으로 생각할 수도 있다. 경기 내용이 1:0이라는 점수에 묻혀버렸기 때문이다.

농구 경기를 생각해 보자. NBA의 한 경기가 100:92로 끝났다고 가정하자. NBA 정규 경기의 시간은 48분이므로, 이 경기에서는 1분당 평균 4점의 득점을 올린 것이다. 2점 슛만 있었다면 각 팀이 1분에 한 골씩 넣은 셈이다. 공격제한 시간 24초 규정(1954년 도입) 덕분에 대부분의 경기에서 거의 200점 가까운 점수를 얻는 농구는 축구에 비해 훨씬 많은 골을 만든다. 농구팀은 게임 초반에 6점이나 8점 뒤진다고 해서 게임전략을 거의 바꾸지 않는다. 그러나 축구에서는 초반에 한두 골만 나도 팀의 플레이가 크게 달라질 수 있다. 공격제한 시간이 없으므로 이기고 있는 팀이 축구공을 잡으면 시간을 끌려고 한다. 그리고 농구나 풋볼 같은 경기에 비해 축구에서는 골의 기회가 훨씬 드물기 때문에 프리킥이나 코너킥을 얻으면 극도로 긴장된다.

선수의 손이 축구공에 닿거나 파울을 범하면 상대 팀에게 프리킥의 기회를 주는데, 상대편 골라인에서 32미터(약 35야드) 내에서 얻을 경우가 골을 넣을 확률이 가장 높다. 키커는 상대 팀 선수로부터 9.14미터 떨어진 위치에 축구공을 놓는다. 보통은 여러 명의 수비수들이 킥한 축구공이 날아갈 경로에 '벽'을 구축하여 몸으로 막아내려 한다. 골키퍼가 지키는 골문은 가로 7.32미터, 높이 2.44미터로, 넓이 약 18제곱미터는 TV로 축구를 시청할 때 생각되는 크기보다 조금 더 클 것이다. 〈그림 7.1〉은 프리킥 때 선수들의 위치를 예로 들었다. 킥한 축구공은 약 1초 정도 공중에 떠 있고 골키퍼는 그 시간 내에 폭 7.32미터를 단단히 막아야 한다. 특히 신체 반응시간이 0.5초 정도 소요되기 때문에 골키퍼로서는 매우 긴장할 수밖에 없다. 이와 같은 반응시간을 벌충하기 위해 골키퍼는 상대편 키커가 의도한 목표지점을 추정하여,

■ **그림 7.1** | 린치버그대학 축구팀이 프리킥을 차는 장면. 축구공과 골문 사이에 수비수가 벽을 만들고 있다.

키커가 축구공을 차는 것과 동시에 그 방향으로 움직이는 경우가 많다.

골라인을 넘어 나가는 축구공에 수비수가 마지막으로 접촉했을 경우는 상대편이 코너킥을 얻는다. 경기장의 골라인 양쪽 구석에 위치한 반지름 0.914미터 원(1/4원, 즉 부채꼴이다)이 그려져 있고 그중 한 곳에 축구공을 놓고 킥을 한다. 〈그림 7.2〉는 코너킥을 차는 장면으로 키커의 뒷모습이 보인다. 앞의 프리킥에서는 키커가 골문을 향해 찬다. 그러나 코너킥에서의 킥은 골문을 직접적 목표로 향하지 않는 경우가 보통이다. 골문의 평면이 키커의 전면이 아닌 90도 각도로 위치해 있기 때문에 킥이 골문의 전방 지역을 목표로 할 때가 많다. 동료 선수가 골문을 향해 킥이나 헤딩 혹은 (좀 더 화려하고 극적인 경우는) 오버헤드

■ **그림 7.2** | 린치버그대학 축구팀이 코너킥을 차는 모습. 오른발을 쓰는 키커가 골문의 전방 지역을 목표로 하고 있다.

킥[2]을 할 수 있는 지역이다.

여기서 나는 축구공의 회전이 어떻게 날아가는 공의 경로를 바나나처럼 곡선으로 만드는지 설명할 것이다. 그리고 프리킥과 코너킥 모형을 이용해서 골 성공확률도 예측해 본다. 이제 다시 물리학의 세계로 가자!

물리학 시간

각종 스포츠에서 이용되는 여러 공들의 모양을 생각해 보자. 야구, 풋볼, 축구, 농구, 크리켓, 럭비, 골프 등 각각의 공에는 독특한 모양과 특성이 있다. 그러나 스포츠에 이용되는 공들은 대부분 그 표면이 완벽하지는 않다. 즉, 앞에서 예로 든 스포츠의 공들은 모두 다 표면이 완전히 매끈하지는 않다는 뜻이다. 야구공이나 풋볼공 같은 경우는 솔기 부위에 실밥이 튀어나와 있다. 물론 이렇게 야구공에 최초로 실밥을 남긴 사람이 유체역학을 염두에 두고 그렇게 했는지 알 수 없다. 그러나 야구공에 108개의 실밥이 없다면 현재와 같은 야구장에서 홈런은 거의 볼 수 없을 것이다. 오래 전에 골프를 쳤던 부호들은 골프 게임에서 표면이 매끈한 골프공을 이용했고, 사용한 골프공은 버렸다. 그러나 덜 부유한 골퍼들은 사용한 골프공을 모아두었으며, 구멍이나 흠집이 생긴 골프공이 매끈한 새 골프공보다 더 멀리 날아가는 것에 주목했다. 현재 이용되는 골프공은 가능한 한 표면이 최대한 '거칠게' 되도록 움푹 들어간 홈들로 가득하다. 이렇게 홈을 만들어둔 골프공이 없었다면 타이거 우즈와 같은 골퍼들이 300야드(274미터) 드라이브 샷을 날릴 수 없었을 것이다. 드라이브의 거리는 그 절반에도 못 미쳤을 것이다.

얼핏 생각하면 모순처럼 보일 수도 있다. 표면이 거친 골프공은 매끈한 골프공보다 공기저항을 적게 받는 경우가 많은데, 특히 속력이 중요한 대부분의 스포츠에서 그렇다. 회전하지 않는 공이 공기 중을 날아간다고 생각해 보자. 공은 공기를 경로 바깥으로 '밀면서' 뚫고 나가야 한다. 우리는 이미 앞의 제4장에서 랜스 암스트롱이 어떻게 프랑스 공기를 뚫고 달렸는지 살펴보았다. 암스트롱과 관련하여 공기저항에 대해 논의할 때 아주 상세히 설명하지는 않았는데, 움직이는 자전거 위의 선수와 공기 사이에 매우 복잡한 상호작용이 일어나기 때문이다. 표면이 매끈한 공처럼 단순해 보이는 물체가 받는 공기저항 현상을 설명하기 위해서도 복잡한 컴퓨터 모델을 이용해야만 한다. 실밥이 튀어나왔거나 다른 어떤 흠집이 있는 경우라면 문제가 더 복잡해진다.

복잡한 컴퓨터 모델에 관한 논의는 이 책에서 다룰 문제가 아니며, 대부분의 과학자들에게도 어려운 과제다. 그러니 지금은 대체적인 특성만 아는 것에 만족하고, 나중에 이와 관련하여 간단한 모형 하나를 이용해 설명할 것이다. 자세한 설명을 요구하며 나를 너무 밀어붙이면 뉴턴의 제3법칙에 따라 나도 독자를 밀어붙이게 된다. 어려운 방정식 속으로. 축구공이 공기 속을 날아가야 한다면 공기 쪽에서는 축구공으로부터 힘을 받게 된다. 그리고 이 말은 축구공도 공기로부터 힘을 받게 된다는 의미다. 축구공이 그 경로를 진행해 갈 때 표면마찰 같은 여러 작용으로 인해 축구공 주위에는 공기의 경계층boundary layer이 형성된다. 이와 같은 층은 다가오는 공기가 축구공의 표면에 닿지 않도록 막아준다. 마치 축구공이 그 표면에 얇은 공기 담요를 두른 것과 비슷하다(선풍기를 켜도 날개에 쌓인 먼지가 '날아가지' 않아서 이상했다면 경계층에서 그 대답을 찾을 수 있다).

축구공에 미치는 공기의 영향을 파악하기 위해서는 경계층의 특성을 이해해야 한다. 20세기 초 독일의 물리학자 루드비히 프란틀Ludwig Prandtl의 연구를 통해 유체역학에서 경계층의 중요성이 사람들에게 이해되기 시작했다. 경계층이 축구공의 뒤에서부터 끊어지면 꼬리를 물고 소용돌이들이 생긴다. 〈그림 7.3〉에 이와 같은 현상이 그림으로 표현되어 있다. 소용돌이로 나타나는 공기의 운동에너지들은 축구공이 공기 중으로 에너지를 잃었다는 증거가 되며, 따라서 공기저항이 어떻게 작용하는지 간단하고도 대략적인 개념을 얻을 수 있다.

그림 7.3 | 공기 속을 움직이는 축구공을 스케치했다. 그러나 축구공을 기준으로 표현되어 있다. 축구공은 왼쪽에서 오른쪽으로 움직이는데, 이것은 축구공의 관점에서 볼 때 공기가 오른쪽에서 왼쪽으로 움직인다는 뜻이 된다. 축구공의 뒤에 많은 소용돌이가 생기는 것에 주목한다. 공기의 흐름은 '층을 이룬다.'

공기저항을 포함시켜서 축구공이 날아가는 모형을 만들어야 하지만 그러자면 모형이 너무 복잡해져서 독자들이 이 책을 덮어버릴지도 모른다. 그래서 공기저항에 대한 모델은 앞에서 보았던 〈식 4.2〉를 다시 사용해서 〈식 7.1〉로 적었다.

$$F_D = \frac{1}{2} C_D \rho A v^2 \qquad \text{(식 7.1)}$$

여기서 C_D는 축구공의 속력에 따라 결정되기 때문에 이 방정식을 실제로 이용하기는 매우 어렵다. 초속 약 8미터 이상의 속력에서는 항력계수(공기저항계수) C_D가 낮은 속력일 때의 40퍼센트 정도로 떨어진

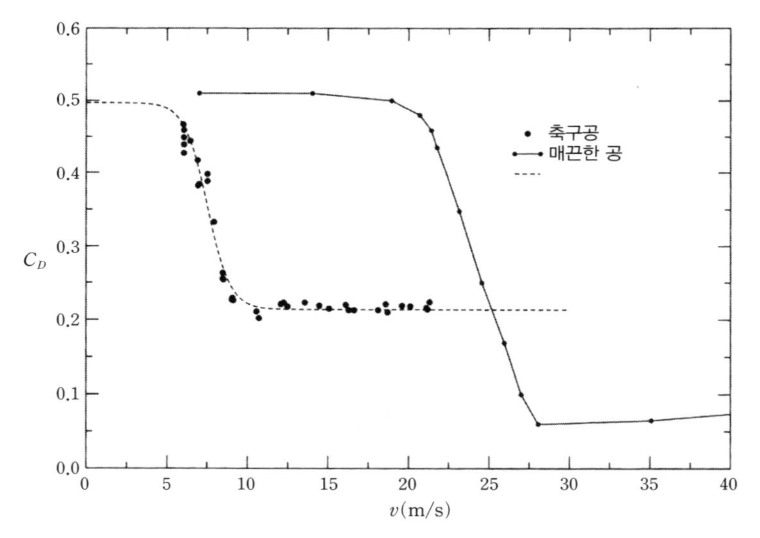

■ **그림 7.4** | 축구공을 모델로 했을 때 항력계수 C_D와 비행속력 v의 관계. 점선이 〈식 7.2〉에 해당한다. 축구공 데이터는 매트 카레의 연구에서 인용했고 매끈한 공 데이터는 아헨바흐의 연구 결과다.

다. 〈그림 7.4〉는 비행속력의 함수로서 실험적 항력계수 데이터를 제시한다. 영국 셰필드대학의 매트 카레Matt Carré가 이끄는 연구진이 측정한 값이다.[3] 〈그림 7.4〉에는 비교를 위해 매끈한 공에 대한 항력계수 데이터도 제시되어 있다.[4]

표면이 거친 축구공이 매끈한 공보다 항력계수가 작은 데 유의한다. '임계속력'을 넘으면 '층을 이루며' 흐르던 공기흐름이 '소용돌이' 형태로 바뀌고, 경계층 내에 형성되는 소용돌이는 공으로부터 경계층의 분리를 지연시킨다(〈그림 7.5〉와 〈그림 7.3〉을 비교해 보자). 〈식 7.1〉의 우변 여러 요소들의 곱으로 주어지는 항력 그 자체는 임계속력에 가까워지기 시작할 때까지 속력이 증가하면 계속해서 증가한다. 〈그림 7.6〉은 축구공에 대한 항력의 실험적 데이터를 매끈한 공의 데이터와 비교하여 나타냈다. 임계속력 근처에서는 항력 F_D가 공의 속력의 제곱, v^2보다 더 서서히 증가한다. 공의 속력이 임계속력에 가깝지 않을 때만

■ **그림 7.5** | 여기에 그린 축구공은 〈그림 7.3〉의 축구공보다 더 빠르게 움직인다. 경계층 분리가 지연됨에 유의한다. 공기흐름은 소용돌이를 이룬다.

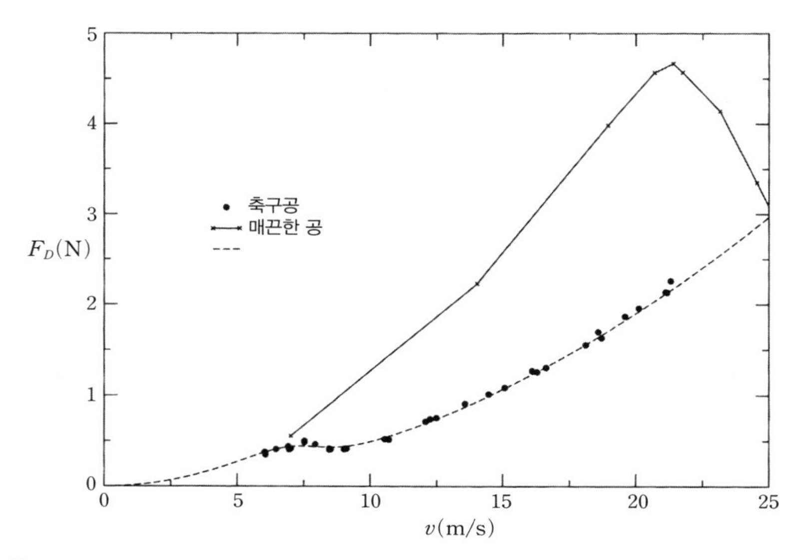

■ **그림 7.6** | 축구공이 날아가는 속력 v와 항력 F_D의 관계. 점선은 〈식 7.2〉를 〈식 7.1〉에 대입하여 구했다. 축구공 데이터는 매트 카레의 연구에서 인용했고 매끈한 공 데이터는 아헨바흐의 연구 결과다.

대략적으로 항력이 속력의 제곱에 비례한다($F_D \propto v^2$)고 말할 수 있다.

실험 데이터를 다음과 같은 함수에 대입하면 잘 성립된다.

$$C_D = a + \frac{b}{1+\exp[(v-v_c)/v_s]} \qquad \text{(식 7.2)}$$

여기서 $a=0.214$, $b=0.283$, $v_c=7.50\text{m/s}$, $v_s=0.707\text{m/s}$다. 〈식 7.2〉 형식은 니콜라스 지오다노Nicholas Giordano가 야구공의 항력계수를 구하기 위해 개발한 방정식에서 차용했다.[5] 〈그림 7.4〉는 〈식 7.2〉를 적용해서 작성했다. 공의 경우 속력이 0으로 되면 C_D는 0.5에 접근한다. 이 함수값은 속력 0에서 약 0.497이 된다. 여기서 a는 속력 v의 최대 한계를 나타낸다. v_c는 대략적인 임계속력값이며, v_s는 지수함수에서의 비례 속력이다.

좀 더 정밀한 작업을 위해서는 〈식 7.2〉를 이용하여 실험 데이터와 어느 정도 일치하는 모든 속력에 대한 C_D값을 확보할 수 있다. 그러나 여기에서는 우리 작업을 간단하게 하기 위해 $C_D=0.275$, 즉 일정하게 설정한다. 이것은 실험적 데이터를 토대로 합리적인 평균을 구해서 추정한 값이다.[6] C_D를 일정한 값으로 설정해도 공이 날아가는 경로를 계산하기 위해서는 컴퓨터의 도움이 필요하다.

여기에 다시 한 번 공기 밀도 $\rho=1.2\text{kg/m}^3$를 사용한다. 경기 규칙에 의하면 축구공은 그 둘레 길이가 68~70센티미터로 규정되어 있다. 둘레가 70센티미터인 공의 반지름은 0.111미터며 이것은 단면적이 약 0.388제곱미터라는 의미다. 이제 축구공에 대한 공기항력을 구하는 〈식 7.1〉을 사용하는 데 필요한 모든 값을 가졌다.

베컴이 축구공을 향해 달려가서 축구공의 중심에서 약간 벗어난 지점을 발로 찬다고 상상하자. 발에서 나오는 힘의 작용선은 축구공의 질량중심을 지나지 않기 때문에 축구공에는 토크가 생긴다. 베컴의 발은, 또한 축구공의 표면에서 약간 미끄러지면서 신발과 축구공 사이에 마찰을 일으켜 토크가 더 커지게 한다. 축구공과 접촉한 베컴의 신발이 축구공으로부터 떨어지면서 토크는 각가속도를 발생하고, 축구공이 정지 상태에서부터 최대 각속력까지 회전하게 된다. 우리는 여기서 축구공이 회전하고 있는 동안 어떤 일이 일어나는지 생각해 보아야 한다.

■ **그림 7.7** | 축구공이 시계방향으로 회전(스핀)할 때의 모습. 축구공은 왼쪽에서 오른쪽으로 움직인다. 즉, 공기는 오른쪽에서 왼쪽으로 흐른다. 축구공의 바닥 부위에서 경계층의 분리가 지연되는 현상이 보인다.

그러나 먼저, 공기와 축구공 사이의 마찰로 경계층이 생기는 것을 기억하자. 〈그림 7.3〉에서 축구공의 경계층이 분리되지 않은 쪽의 지점(화살표)들은 대칭을 유지한다. 그러나 축구공이 회전한다면 주위 공기를 휘몰아서 분리 지점 하나를 지연시킨다. 〈그림 7.7〉은 공기 속을 왼쪽에서 오른쪽으로 움직이면서 시계방향으로 회전하는 축구공을 보여준다. 축구공의 바닥 쪽 공기는 아래에서 휘몰리고 따라서 축구공의 바닥 쪽에서 경계층 분리가 지연된다. 반대로 축구공의 천장 쪽 공기는 오른쪽으로 회전하는 축구공과 마주쳐서 경계층 분리 지점이 〈그림 7.3〉에서 제시된 곳보다 빨라지게 된다. 축구공이 공기를 위쪽으로 비껴가게 하기 때문에 뉴턴의 제3법칙에 의해 공기는 축구공을 아래쪽으로 꺾어야 한다. (배의 방향키를 이용해 물에서 배가 선회할 수 있는 이유도 같은 개념으로 설명된다. 방향키가 물을 한쪽 방향으로 비껴가게 하면 방향키는 반대방향으로 힘을 받아야 한다.)

이제 축구공의 무게와 항력 외에 고려해야 할 새로운 힘 한 가지가 있다. 항력과 마찬가지로 이 새로운 힘도 진공 속에서 일어난다면 존재하지 않는다. 공기의 항력을 설명할 때 〈식 7.1〉을 동원했던 것과 같은 방식으로 여기서 이러한 새로운 스핀력spin force을 설명하기 위해 방정식 하나를 제시한다. 공기밀도, 공의 단면적, 그리고 공의 속력은 분명히 스핀력에 영향을 준다. 공의 회전속력도 중요한 역할을 한다는 것은 쉽게 알 수 있다(베컴의 경우에는 매우 중요한 역할이다). 〈식 7.1〉처럼 새로운 힘, 즉 스핀력을 다음과 같은 방정식으로 제시한다.

$$F_M = \frac{1}{2} C_M \rho A r \omega v \qquad \text{(식 7.3)}$$

여기서 r은 축구공의 반지름, ω는 회전속력(rad/s 단위), C_M은 C_D에 해당하는 계수로 단위가 없다.[7] 간단히 하기 위해, C_M도 v에 따라 달라지지만 C_D에서 했던 것처럼 C_M도 일정하게 두자. 나는 $C_M = 1$로 설정했다. 이 새로운 힘의 이름은 독일의 과학자 하인리히 구스타프 마그누스Heinrich Gustav Magnus의 이름을 따서 '마그누스Magnus 힘'이라 부르기 때문에 여기서도 'M'이라는 글자를 이용했다. 마그누스는 1852년 베를린에서 《발사체(포물선운동) 방향의 휘어짐과 회전체의 놀라운 현상에 대하여》라는 책을 출판했고 이듬해에 런던에서 영어로 번역되었다. 그 효과는 마그누스의 이름을 땄지만 회전하는 테니스공이 날아가는 경로가 휘어지는 현상을 실제로 관찰한 사람은 그보다 훨씬 오래 전의 뉴턴이었다.[8] 당시 마그누스가 뉴턴의 관찰에 대해 알고 있었는지 혹은 몰랐는지 알 수 없다. 어찌되었던 '마그누스 효과'라는 이름이 붙여졌다. 뉴턴의 이름은 이미 많은 곳에서 충분히 불리고 있기 때문에 상관없을 것이다!

마그누스 힘의 방향을 구할 때는 오른손법칙을 이용한다. 이 책의 제5장에서 $\vec{\omega}$를 구할 때는 물체의 회전방향으로 오른손가락을 구부리면 엄지손가락이 가리키는 방향이 $\vec{\omega}$의 방향이 된다고 설명했다. 〈그림 7.7〉에서 $\vec{\omega}$는 페이지를 뚫고 들어가는 방향이 된다. $\vec{\omega}$를 구한 다음에 $\vec{F}_M$을 구하기 위해 오른손법칙을 한 번 더 이용할 필요가 있다. 오른손법칙은 딱 두 번만 이용하고 더 이상은 아니니 지레 머리를 싸매지 않아도 된다! 오른손의 손가락으로 $\vec{\omega}$를 가리킨 다음, 축구공의 속도 $\vec{v}$방향으로 손을 돌린다. 〈그림 7.7〉에서 벡터 $\vec{v}$는 오른쪽을 가리킨다. 그래서 오른손이 조금 비틀릴 수 있지만 엄지손가락은 수직 아래방향을 향해야 한다. 이것이 $\vec{F}_M$의 방향이 된다.[9]

이제 날아가는 축구공 모델에 필요한 모든 요소들을 확보했다. 날아가는 동안 공에 가해지는 알짜 외부 힘은 축구공의 무게(축구공이 받는 중력), 공기항력, 그리고 마그누스 힘으로 구성된다. 이러한 모든 힘들의 벡터 합은 축구공의 질량에 가속도 벡터를 곱한 값과 같다(뉴턴의 제2법칙). 축구공이 수평회전(사이드스핀)한다면('굽어진다') 움직임은 3차원 공간에서 일어난다.

잠시, 야구공을 생각해 보자! 우리는 타석에 서서 슬라이더를 쳐본 적이 없더라도 야구공의 3차원적 움직임에 타자가 속을 수 있다는 것을 안다. 투수는 야구공에 강력한 사이드스핀을 주며 던진다. 오른손 투수를 주시하는 오른손잡이 타자는 중력과 공기항력 때문에 수직 방향으로 움직이는 외에도 슬라이더가 왼쪽에서 오른쪽으로 움직이는 것을 본다. 그리고 마그누스 힘은 회전하는 공의 모든 방향에서 나타난다. 투수는 야구공을 놓기 직전 야구공의 앞에서 두 손가락을 아래로 당겨서 오버핸드 커브를 던진다. 타자는 아래로 움직이는 야구공의 전면을 보는데, 이것은 마그누스 힘이 아래로 향한다는 뜻이다. 이것이 '타자 앞에서 떨어지는' 커브볼이다. 패스트볼은 반대방향으로 회전하여 마그누스 힘이 위를 향한다. '솟아오르는 패스트볼'은 실제로는 솟아오르지 않고, 야구공에 작용하는 힘이 중력과 공기항력만 있을 때 떨어질 폭보다 적게 떨어질 뿐이다.

베컴 같은 축구선수들은 공에 사이드스핀을 가하여 수평방향으로 움직이게 만들어 수비수와 골키퍼를 속일 때가 있다. 수평방향으로 휘어지면서 공이 바나나 모양의 경로를 그리면 이를 보는 사람들이 어리둥절해 하며 베컴의 기술에 찬사를 보내게 된다.

몇 가지 숫자로 연습하기

우리의 관심사에 직접 접근하기 전에 먼저, 몇 가지 숫자로 대체적인 감을 잡아 보자. 앞에서 논의했던 것처럼 축구공에는 3가지 힘이 가해지고, 그중 축구공이 받는 중력(무게)은 다음과 같다.

$$W = mg \simeq (0.425\text{kg})\left(9.8\frac{\text{m}}{\text{s}^2}\right) \simeq 4.2\text{N} \simeq 0.94\text{lbs} \quad \text{(식 7.4)}$$

베컴이 축구공을 차는 초기 속력이 초속 25미터라고 가정하자. 매우 강력한 킥이다. 이를 〈식 7.1〉에 적용하면 공기항력이 다음과 같이 계산된다.

$$F_D \simeq \frac{1}{2}(0.275)\left(1.2\frac{\text{kg}}{\text{m}^3}\right)(0.0388\text{m}^2)\left(25\frac{\text{m}}{\text{s}}\right)^2 \simeq 4.0\text{N} \simeq 0.90\text{lbs}$$

(식 7.5)

공을 차는 순간에는 축구공에 가해지는 공기항력이 무게, 즉 축구공이 받는 중력과 비슷한 값을 가지는 데 주목한다. 이제 베컴이 축구공이 1초에 10번 회전하도록(62.8rad/s) 스핀을 주는 것으로 가정하자. 〈식 7.3〉을 적용하면 마그누스 힘이 다음과 같이 구해진다.

$$F_M \simeq \frac{1}{2}(1.0)\left(1.2\frac{\text{kg}}{\text{m}^3}\right)(0.0388\text{m}^2)(0.111\text{m})\left(62.8\frac{\text{rad}}{\text{s}}\right)\left(25\frac{\text{m}}{\text{s}}\right) \simeq 4.1\text{N} \simeq 0.91\text{lbs}$$

(식 7.6)

마그누스 힘 또한 축구공의 무게와 비슷하다. 따라서 공기항력과 마그누스 힘은 축구공이 날아가는 경로를 결정하는 데 중요한 역할을 한다. 축구공이 날아가는 동안 축구공의 무게만 고정된 값을 가지는 데 유의한다. 공기항력은 축구공의 속력을 떨어뜨리는데, 이것은 F_D와 F_M이 모두 감소한다는 의미다.[10] 공기마찰은, 또한 축구공에 토크를 발생시키는데, 이것은 축구공의 각속력을 줄여준다. 그러나 여기서 나는 그와 같은 복잡한 효과를 무시하고 날아가는 동안 축구공의 회전속력이 아주 크게 변하지는 않는다고 가정한다. 그러므로 계산에서 ω를 고정된 값으로 유지한다.

프리킥

베컴과 같은 축구선수들이 프리킥을 할 때 어떻게 다르게 차기에 골을 넣을까? 코너킥을 하는 선수들은 어떤 방법으로 동료선수가 골을 넣기에 가장 좋은 지점을 향해 찰 수 있을까? 나는 여기서 몇 가지 실험 결과와 오래된 물리학을 이용하여 이와 같은 질문에 답할 것이다. 먼저 첫 번째 질문을 다룬 다음 코너킥을 살펴본다. 이 책의 앞부분에서도 그랬듯이, 경로를 구하기 위해 뉴턴의 제2법칙을 응용하는 데 컴퓨터를 이용할 필요가 있다. 그러나 컴퓨터 코드에 대해 자세히 설명하여 독자들을 지루하게 만들 생각은 없다.

축구선수들은 운동장의 어느 장소에서나 프리킥을 할 수 있지만 여기서는 한 지점만 선정하여 그곳에서 시작할 것이다. 〈그림 7.8〉은 내가 구성한 모형의 프리킥 기하학을 위에서 본 모습이다. 베컴은 골문 중앙에서 18.3미터 지점에 놓인 공을 찰 것이다. 베컴과 골문의 중간 지점, 즉 베컴으로부터 9.14미터 떨어진 곳에 수비수들이 폭 3미터의 벽을 만들고 있다. 벽은 중앙의 왼쪽으로 치우쳤는데, 이것은 골문의 왼쪽을 지키려는 의도다. 〈그림 7.9〉는 골키퍼가 서 있는 위치를 보여

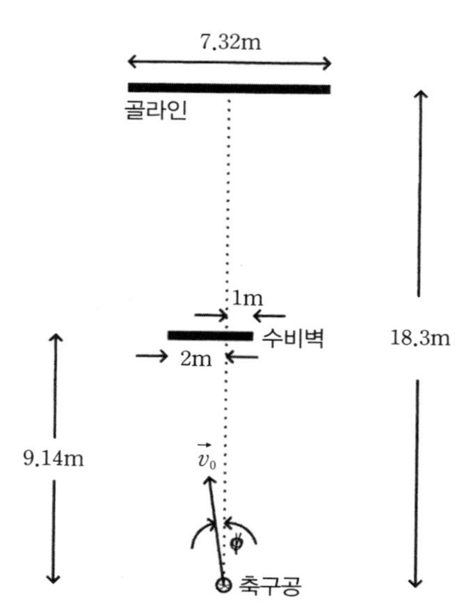

그림 7.8 | 위에서 본 프리킥의 기하학. 수비수 벽의 폭은 축구공에 해당하는 길이이고, 높이는 1.83미터다. 골문의 높이는 2.44미터다. 출발 각도 θ는 표시되지 않았고, 접근 각도 ϕ는 반시계방향으로 양의 값을 가진다.

준다. 수비수의 벽이 골문의 왼쪽을 막고 골키퍼는 오른쪽 방어에 주력한다는 생각이다. 베컴이 축구공을 보내고자 하는 '목표점'은 골문의 왼쪽 윗부분이다. 골문의 왼쪽 아래를 향해 오는 축구공은 골키퍼가 막아낼 가능성이 큰데, 축구공이 공중에 떠 있는 시간(1초 이상) 동안 골키퍼가 반응시간을 제하고도 골문의 왼쪽 모서리까지 움직일 수 있기 때문이다. 베컴은 수비수 벽에 막히지 않고 '목표점'까지 축구공을 보내서 골인시켜야 한다.

베컴에게는 자신이 조절할 수 있는 변수가 기본적으로 네 가지가 있다. 먼저, 축구공을 차는 강도로 축구공의 출발속력 v_0를 조절할 수 있

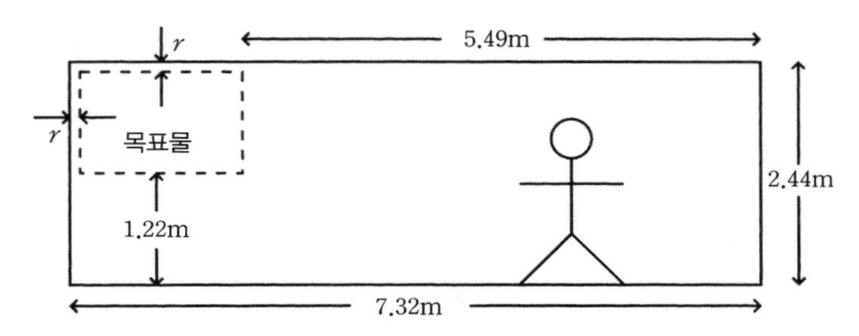

■ **그림 7.9** | 프리킥 모형을 골문의 전방에서 본 모습. 골키퍼 키는 1.83미터다. 목표점은 골문의 왼쪽 윗부분에 있고 골대로부터 축구공의 반지름 크기만큼은 목표지점에서 상쇄된다.

다. 그리고 축구공이 특정한 각속력, ω를 가지게 할 수 있는데, 이것은 그의 발이 축구공의 중심에서 왼쪽 혹은 오른쪽으로 얼마나 떨어진 지점을 차는가에 따라 결정된다. 발이 축구공에 부딪히는 지점이 질량중심에서 얼마나 아래쪽인가는 운동장을 기준으로 측정하는 출발 각도 θ를 결정한다(그림 7.8에는 보이지 않는다). 마지막으로, 베컴은 축구공에서 골문의 중앙까지 그은 직선으로부터 각도 ϕ를 두고 공을 찬다.

이제 베컴의 네 가지 변수들이 가질 수 있는 범위를 생각해 보자. 베컴과 같이 탁월한 선수를 포함하여 어떤 축구선수들도 네 가지 변수 각각을 자신이 원하는 대로 정확하게 설정할 수는 없다. 선수가 축구공의 어느 지점을 어떻게 찰 가능성에는 언제나 범위가 있다. 실험연구[11] 결과를 토대로, 베컴이 차는 프리킥 변수들의 범위를 다음과 같이 설정했다. $24.6\text{m/s} \leq v_0 \leq 29.1\text{m/s}$, $6\text{rev/s} \leq \omega \leq 12\text{rev/s}$, $13° \leq \theta \leq 17°$, 그리고 $1° \leq \phi \leq 5°$. 베컴은 오른발잡이기 때문에 축구공이 위에서 볼 때 반시계방향으로 회전하는 것으로 설정했다. 나의 모형에서 $\vec{\omega}$의 방향은 쉽게 바꿀 수 있지만 간단히 하기 위해 여기서는 모든 계산에 각속도 벡터 $\vec{\omega}$가 위를 향하는 것으로 가정했다.

축구공의 경로는 한 가지만이 아니라 수백만 가지를 생각해야 한다. 컴퓨터를 이용하면 많은 계산을 반복적으로 빠르게 수행할 수 있으므로 앞에서 제시한 범위를 적용하여 수많은 경로를 계산해내고 그중 어느 것이 〈그림 7.9〉에 제시된 목표점으로 들어가는지 찾는다. 각 변수들의 범위 내에서 컴퓨터가 경로를 계산할 수 있도록 변수들을 일정 간격으로 증가시켜야 하는데, 여기서는 다음과 같이 그 간격들을 선택했다. $\Delta v_0 = 0.0447\text{m/s}$, $\Delta\omega = 0.1\text{rev/s}$, $\Delta\theta = 0.1°$, $\Delta\phi = 0.1°$. 나는 베컴이 네 가지 변수 모두 주어진 범위 내의 모든 간격의 변수값들로 찰 가능성이 동일하다고 가정했다(이른바 '선험적 동등 확률' 가정이다). 이렇게 할 때 네 가지 변수들이 가지는 간격 값의 수는 v_0가 101개 값, ω 61개, θ 41개, ϕ 41개다(시작과 끝도 포함되는 것을 잊어서는 안 된다). 이를 모두 곱하면 컴퓨터가 계산할 서로 다른 경로의 전체 개수가 나오는데, $101 \times 61 \times 41 \times 41 = 10,356,641$개의 경로다. 뉴턴의 제2법칙을 1000만 번 계산하는 것은 컴퓨터에게 식은 죽 먹기다!

경로들을 계산한 다음에는 그중에서 설정된 목표점에 골인하는 경로가 몇 개인지 계산하는 명령을 입력한다. 축구공을 찬 전체 킥 수에 대비하여 목표점을 맞춘 킥 수의 비율로부터 베컴과 같은 선수들이 프리킥을 차서 골인으로 성공시킬 가능성을 추정할 수 있다. 프리킥의 9.63퍼센트가 목표점을 맞추는 것으로 나타났다. 다른 말로 하면, 베컴이 프리킥을 골인으로 성공시킬 가능성은 10번 중 1번이다.

이 확률은 내가 축구경기를 본 경험에서도 대체로 그 정도였던 것으로 생각된다. 그러나 야구와 같은 스포츠와는 달리 축구에서는 자세한 통계가 없다.[12]

내가 방금 했던 작업을 그림으로 나타내기 위해 각각의 킥이 모두 고유한 변수값 묶음 $\{v_0, \omega, \theta, \phi\}$를 갖는 것으로 생각하자. 그러면 각각의 킥들이 4차원 공간에서 하나의 점으로 표현될 수 있다. "아니, 여기서 웬 4차원 공간?"이라고 항의할 독자도 있을 것이다. 나 같은 수학이나 과학 공부벌레들은 원하는 만큼 차원을 마음대로 늘려서 이야기 할 수 있다. 나는 머릿속에서도 4차원 공간을 분명하게 그릴 수 없지만 4차원 공간에 대해 말하거나 계산할 수는 있다. 하지만 여기서 어려운 4차원 공간을 가지고 끙끙대기보다는 좀 더 익숙한 다른 차원, 예를 들어 3차원을 이용해 설명해 본다. 〈그림 7.10〉을 보자. 좌표축으로 정의된 3차원 직사각형이 $\phi=3°$인 킥들을 '모두 모아서' 나타내고 있다. 여기서 ϕ를 고정된 상수로 선택했는데, 베컴이 이 변수를 조절하기 가장 쉬울 것이라 생각했기 때문이다. 그림에서 검게 표시된 부분은 목표점을 맞추는 킥들을 '모두 모아서' 나타낸 것이다. 하지만 이것은 4차원 전체 공간을 3차원으로 '잘라낸' 모양임을 기억해야 한다. ϕ 변수가 범위 내에서 가질 수 있는 값 41개 각각에 대해 〈그림 7.10〉을 그려야 한다. 내가 제시한 〈그림 7.10〉은 $\phi=3°$를 선택했을 때에 한정하여, '좋은 킥'은 어느 정도나 나올지 그 분량을 보여준다. 그리고 그림에서 축구공이 날아가는 시간은 모두 다 1초에 못 미치는 데도 유의한다. 시간이 그 이상 소요되면 골키퍼가 축구공을 막

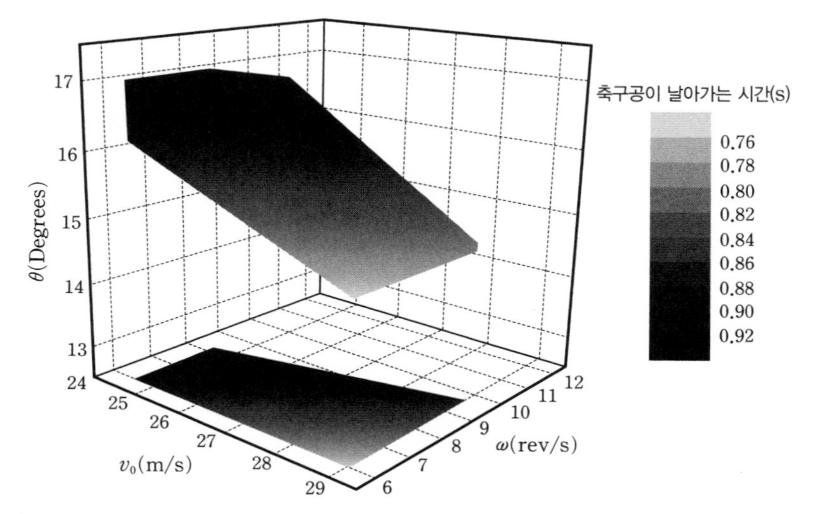

그림 7.10 | $\phi = 3°$로 선택했을 때 성공적인 프리킥이 되는 변수들의 공간. 오른쪽은 축구공이 날아가는 시간이다. 바닥의 그림자는 검게 표시된 분량을 사실감 있게 나타내기 위해 그려넣은 것이다.

을 가능성이 크다.

〈그림 7.10〉에 표시된 성공적인 프리킥들 중 하나를 〈그림 7.11〉에 나타냈다. 축구공에 많은 회전을 주었을 때 경로가 휘어져 들어가는 모양이다! 축구공이 수비수가 만든 벽을 넘어 오는 것이 골키퍼의 눈에 보일 때쯤에는 축구공이 이미 저만큼 멀리서 휘어져 날아가고 있다. 축구공이 회전하지 않았다면 골문 중앙에서 약간 왼쪽으로 향하기 때문에 골키퍼가 막아낼 수 있었을 것이다. 베컴의 바나나킥은 골문의 왼쪽 위 구석을 향해 오른쪽으로 휘어져 들어갔다. 골인이다! (물론 프리킥을 항상 이렇게 골인으로 연결시킬 수는 없다.)

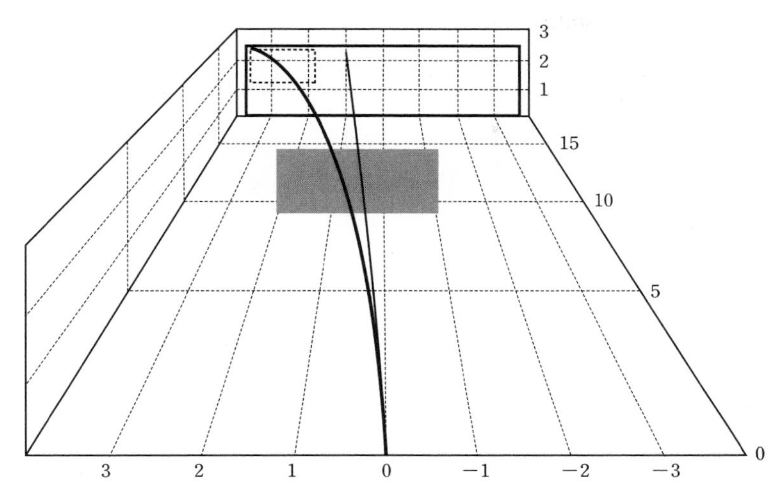

■ **그림 7.11** | 〈그림 7.10〉에서 나타낸 성공적인 프리킥들 중 하나. 굵은 선이 $v_0=28.6\text{m/s}$, $\omega=9\text{rev/s}$, $\theta=15°$, $\phi=3°$일 때의 프리킥이다. 같은 킥이지만 회전을 주지 않았을 때 $(\omega=0)$의 경로는 가는 선으로 나타내었다. 거리의 단위는 미터다.

코너킥

멋진 코너킥에 대해 이야기하기 위해서는 골을 넣기 좋은 위치에 있는 동료공격수를 먼저 생각할 필요가 있다. 코너킥을 바로 골인으로 연결시킬 수도 있지만 그 가능성은 매우 낮다(〈그림 7.12〉). 그래서 가능한 전략은 동료공격수와 공동 작전을 구사하는 것이다. 〈그림 7.13〉에 위에서 바라본 코너킥의 기하학을 제시했다. 이 경우 내가 설정한 모형에서 '목표점'은 바닥에서 1.68미터 높이에 놓여 있는 직사각형 상자(평행육면체)로 7.32m×1.83m×0.76m 크기다. 그래서 상자의 윗면은 운동장에서 2.44미터 높이다. 여기서의 생각은 동료공격수가 헤딩이

■ 그림 7.12 | 차세대 미국의 여자축구선수 클레어 립스콤브(Clare Lipscombe)는 코너킥을 직접 골인으로 연결시킨 드문 기록을 가진 선수다.

나 킥 혹은 오버헤드킥으로 골문을 향해 축구공을 찰 수 있는 지역을 목표로 하여 코너킥을 하는 것이다. 나는 그 목표를 그림에서처럼 폭은 골문 크기와 같지만 반대쪽으로 0.914미터 밀려간 지역으로 설정했다. 킥을 하는 공격수가 그 목표 지역으로 축구공을 보내면, 축구공은 위로 그리고 왼쪽으로 날아가는데, 그림에서 오른쪽 아래의 짧은 화살표가 가리키는 방향이다.

물론 그 지역에는 수비수도 지키고 있다. 하지만 내가 설정한 모형에서는 코너킥의 성공이 목표지점으로 공을 차서 보낼 수 있는 공격수의 능력에 의해서만 결정된다. 그리고 골인될 가능성은 공을 차거나

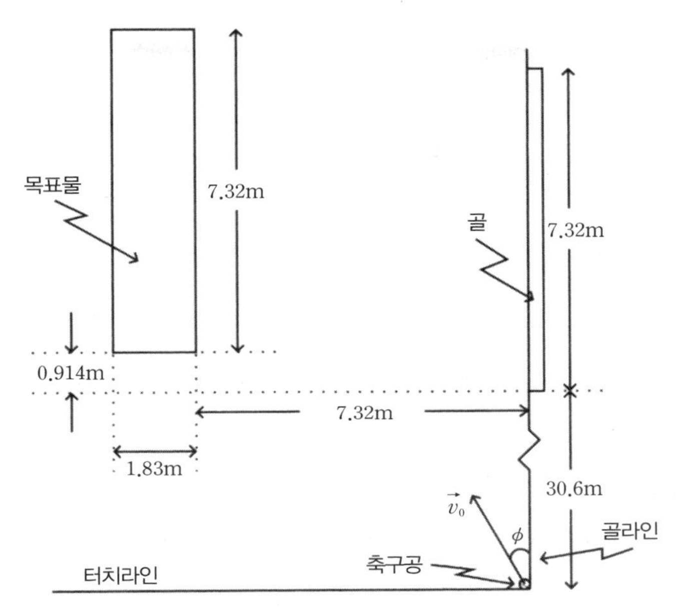

■ 그림 7.13 | 위에서 본 코너킥의 기하학(그림은 실제 크기에 비례하지 않는다). 직사각형 상자(평행육면체)가 운동장 바닥에서 1.68미터 높이에 놓여 있는데, 7.32m×1.83m×0.76m 크기이다.

헤딩해서 슛을 날리는 동료공격수의 몫으로 넘어간다. 여기서 내가 컴퓨터로 계산하는 것은 키커가 공을 목표지역으로 보낼 가능성에 대한 것이며, 이를 받아서 동료공격수가 골인으로 연결시킬 확률(훨씬 낮을 것이다)까지는 계산하지 않았다.

이제 프리킥에서 했던 계산을 여기서도 반복한다. 먼저 키커가 조절할 수 있는 네 가지 변수들에 대한 범위를 설정했다. 코너킥에서의 범위는 $24.6\text{m/s} \le v_0 \le 29.1\text{m/s}$, $3\text{rev/s} \le \omega \le 9\text{rev/s}$, $24^\circ \le \theta \le 28^\circ$, $-2^\circ \le \phi \le 2^\circ$로 설정했다. 속력의 범위만은 프리킥과 유사하게 보아

범위를 그대로 두었다. 축구공은 훨씬 먼 거리를 날아가야 하므로 선수가 킥을 좀 더 정밀하게 조절하길 원할 것으로 생각하여 각속력값을 낮추었다. 축구공이 날아가야 할 거리가 더 길다는 것은 시작 각도 또한 높여야 한다는 의미다. 무엇보다도, 공은 32미터 이상 떨어지고 운동장 바닥에서 선수들의 키 높이 정도 높은 곳에 위치한 목표를 맞춰야 한다. ϕ의 경우, 회전을 많이 주고 찬 코너킥에서는 축구공이 처음에는 골라인 밖으로 나가는 듯이 보일 수도 있다. 그러나 회전이 없이 강하게 차면 골라인에서 멀어지면서 날아간다.

여기서도 프리킥 때와 같은 범위 간격을 선택하여 계산했다. 그리고 네 가지 변수 모두의 간격이 동일하기 때문에, 가능한 코너킥 전체 수 역시 10,356,641개가 된다. 이렇게 설정하여 컴퓨터를 이용해서 축구공의 경로들을 모두 구한 다음 그중 얼마나 많은 킥이 목표점을 통과하는지 계산했다. 대략 전체 코너킥 수의 24.5퍼센트가 이에 해당하였다. 즉, 코너킥이 성공할 확률이 네 번 중 한 번이라는 의미다. 목표 지역이 더 넓고, 또 목표가 3차원 공간이기 때문에 프리킥에서 직접 골인시키는 것보다 코너킥의 성공이 더 쉬운 것은 당연하다. 하지만 여기서 말하는 '코너킥의 성공'이 반드시 골인으로 이어지지는 않는다는 것을 기억해야 한다.

또 한 번 각각의 변수들에 대해 대략 이해해 보자. 여기서도 접근 각도를 $\phi=-1°$로 고정하고, 4차원적 변수 공간을 3차원으로 잘라낸 그림으로 제시할 수 있다. 〈그림 7.14〉는 ϕ 값을 하나로 선택했을 때 성공적인 킥은 어느 정도나 나올지 그 분량을 제시한다. 그리고 〈그

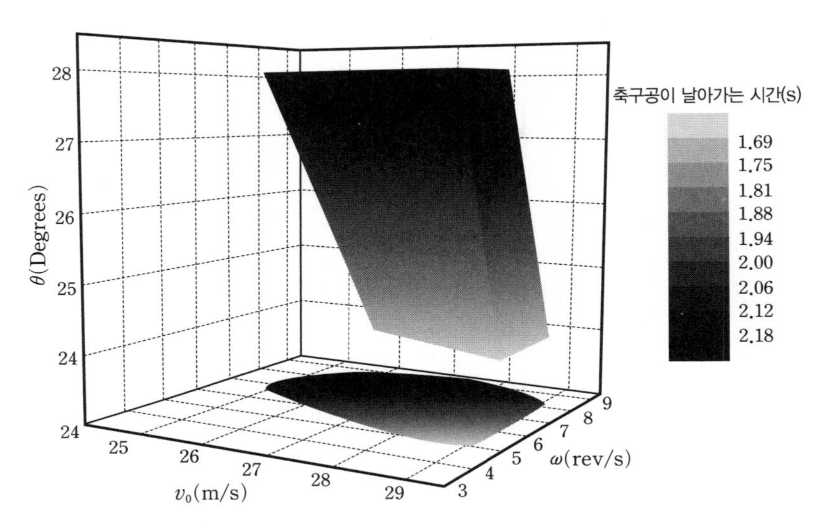

■ **그림 7.14** | $\phi = -1°$일 때 성공적인 코너킥이 되는 변수들의 공간. 오른쪽은 축구공이 날아가는 시간이다. 바닥의 그림자는 검게 표시된 분량을 사실감 있게 나타내기 위해 그려넣은 것이다.

림 7.15〉는 〈그림 7.14〉에 그려진 성공적인 킥 중에서 하나를 보여준다. 축구공에 회전을 주지 않았다면 그림에서처럼 골라인 뒤에 떨어질 수도 있는 데 유의한다. 축구공에 회전이 들어가면 좀 더 직접적으로 목표를 향해 날아가고 동료공격수가 골인으로 연결시킬 가능성이 높아진다.

프리킥에 관한 통계를 찾기 어려웠다면 여기서 설명한 코너킥에서도 통계 찾기를 포기하는 것이 좋다. 프리킥의 10분의 1 법칙처럼 코너킥 4분의 1 법칙은 내가 본 여러 축구경기들에서도 꽤 잘 들어맞았다. 독자들 중에 누군가가 축구경기를 몇백 번 보고 통계를 만든다면 거기에 관심을 가져줄 사람이 최소한 한 명은 있다!

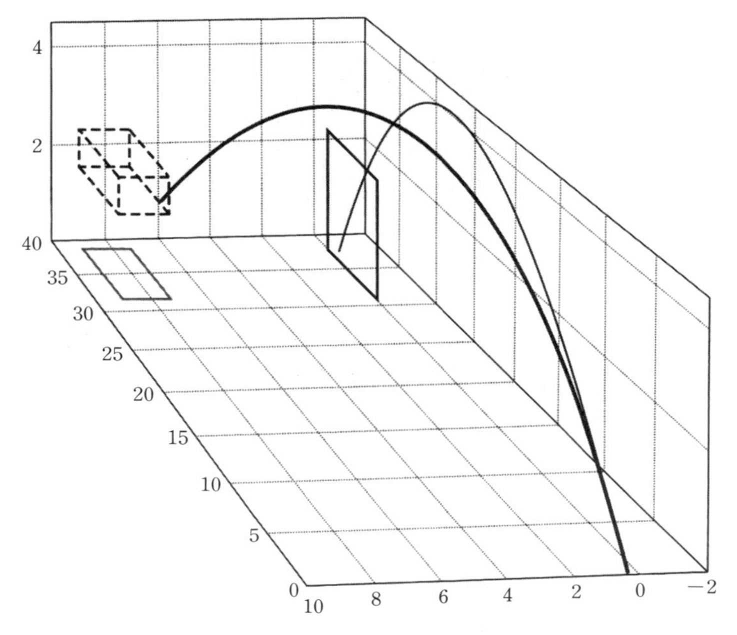

■ **그림 7.15** | 〈그림7.14〉에서 나타낸 성공적인 코너킥들 중 하나. 굵은 선이 $v_0=27.3\text{m/s}$, $\omega=7\text{rev/s}$, $\theta=24°$, $\phi=-1°$일 때의 코너킥이다. 같은 킥이지만 회전을 주지 않았을 때 $(\omega=0)$ 공의 경로는 가는 선으로 나타내었다. 거리의 단위는 미터다.

추가 시간

경기 중에 종료까지 시간이 얼마나 남았는지 정확히 알 수 없다는 이유로 축구를 지루하게 생각하는 미국인들이 있으며, 실제로 축구에는 관중들이 볼 수 있는 공식 게임시계가 없다. 선수가 부상을 당하는 등의 여러 이유로 경기가 지연되었다고 생각되는 만큼의 시간을 보충하기 위해 심판은 추가 시간을 줄 수 있다.

축구경기는 여러 가지로 아주 재미있지만 이 책은 내게 추가 시간, 혹은 공간을 충분히 주지 않아서 그중 절반도 이야기하지 못했다. 하지만 약간의 물리학적 지식을 이용하여 프리킥과 코너킥에 관한 몇 가지 확률 법칙을 도출해 보면 전 세계에서 가장 대중적인 이 스포츠와 물리학이 밀접한 관계가 있음을 알게 된다. 내가 여기서 한 작업은 그중 극히 일부에 불과하다. 운동장 어디나 프리킥을 차는 지점이 될 수 있으며 그때마다 채택할 수 있는 전략도 여러 가지가 있다.

예를 들어, 호베르투 카를루스Roberto Carlos의 프리킥은 내게 강력한 인상을 남겼다. 1997년 프랑스를 상대로 한 경기에서 이 왼발잡이 브라질 선수는 내가 설정한 모델에서 놓았던 지점보다 약간 오른쪽에 공을 놓았다. 그리고 공의 중심 아래 부분을 왼쪽에서 오른쪽으로 강하게 찼고 공은 왼쪽에서 오른쪽으로 휘는 경로를 그리며 날아갔다. 그가 반시계방향(위에서 볼 때)의 회전을 가했기 때문이다. 카를루스가 찬 공은 야구에서는 '스크루볼'에 해당하는 것이다. 축구공은 수비수의 벽을 오른쪽으로 지나서 골문의 오른쪽 깊숙이 파고들었다. 프랑스 골키퍼의 위치는 축구공에서 멀지 않았지만, 공기 벽을 돌아 들어오자 마치 헤드라이트 불빛에 잡힌 사슴 같은 모습을 하고 있었다. 이처럼 내가 여기서 소개한 킥에서 여러 가지로 변형된 많은 프리킥 혹은 코너킥들이 가능할 것이다.

나의 학생이었던 브랜든 쿡Brandon Cook은 아마추어 축구선수였는데, 내가 이 장에서 이용한 모형을 개발하는 데 큰 역할을 했다. 좀 더 자세하게 알고 싶은 독자가 있다면 우리가 공동으로 저술한 논문을 읽어

보기 바란다.[13] 심판이 종료 휘슬을 불어 추가 시간을 끝내려 한다. 이제 다시 올림픽으로 간다. 4회 연속 올림픽으로.

원반의 구심운동과 양력

08

전설의 원반던지기 선수

이제 최고의 올림픽 챔피언을 이야기할 차례다. 4회 연속 올림픽 금메달의 주인공이다. 올림픽이라 하면 머릿속에 가장 먼저 어떤 모습이 떠오를까? 거의 3000년 전인 기원전 776년에 올림픽이 시작된 고대 그리스? 1920년 벨기에 앤터워프 올림픽 때부터 이용되기 시작한 다섯 개의 둥근 고리 문양? 나의 경우는 올림픽을 생각할 때면 항상 미론Myron의 조각작품 〈원반던지기 선수〉가 가장 먼저 떠오른다(그림 8.1). 물론 나는 미술전문가가 아니며 이 작품의 조각가 이름도 책을 찾아보고서야 알았다. 미론의 이 유명한 작품은 기원전 5세기 중반에 완성되었다고 한다. 나는 미론이 이 작품을 조각하는 동안 그의

■ **그림 8.1** | 미론의 〈원반던지기 선수〉(기원전 5세기)

머릿속에 모델이 되었던 사람이 누구였을까 궁금하다. 그리스신화에 등장하는 신들을? 아니면 그의 시대 아테네에서 활약하던 운동선수들을 떠올렸을지도 모른다. 잠시 물리적 현실을 벗어나 미론이 노스트라다무스 같은 예언력을 지녔다고 상상해 보자. 그가 수천 년 후의 미래를 볼 수 있었다면 앨 오터Al Oeter를 염두에 두고 이 작품을 만들었을 것이 분명하다.

앨 오터는 1936년 9월 19일에 태어났는데, 베를린 올림픽이 끝난 후 한 달 정도 지났을 때다. 많은 사람들은 그 올림픽을 제시 오웬스Jesse Owens라는 미국 단거리 육상선수의 네 개의 금메달로 기억한다. 그리고 인종주의 독재자 히틀러가 오웬스를 흑인이라는 이유로 멸시했던 것과, 멀리뛰기에서 경쟁자였던 독일의 루츠 롱Luz Long의 조언이 오웬스에게 큰 도움이 되었다는 사실도 그 올림픽과 관련해서 잘 알려져 있다(롱은 그 올림픽에서 은메달에 머물렀다). 그 올림픽은 나치 독일에서 열린 사실 외에도, 오웬스가 한 대회에서 네 개의 금메달을 획득해서 전설적 영웅이 되었다는 역사적 의미가 있는 올림픽이다. 오터는 인종차별을 겪지 않아서 오웬스만큼 많은 이들의 입에 오르내리지는 않았지만, 나는 그의 업적이 오웬스와 견줄만하며 몇 손가락 안에 꼽히는 '올림픽 최고의 영웅'들 중 한 명이라고 믿는다.

오웬스처럼 오터 또한 올림픽 금메달 네 개를 목에 걸었다. 그러나 오웬스는 한 대회에서 네 종목, 즉 100미터, 멀리뛰기, 200미터, 그리고 400미터 계주의 금메달을 땄고, 오터의 금메달은 원반던지기 한 종목에서 나왔다. 원반던지기는 올림픽에서 금메달 한 개만 걸려 있기 때문에 오터가 네 개의 금메달을 따려면 네 번의 다른 대회에서 우승해야 했다. 실제로 그는 4회 연속으로 올림픽에서 금메달을 땄다. 몇 년 동안 온갖 노력을 기울여 훈련한 결과, 지구에서 최고가 되는 모습을 상상해 보자. 그리고 그러한 고생을 다음 4년 동안 또 하고, 그리고 또 4년을, 4년을…….

내가 태어나기 2년 전에 오터가 마지막 금메달을 땄기 때문에 그의 경기 모습을 볼 수 없었지만, 그가 이룬 업적을 생각할 때면 언제나 놀라운 마음을 가지게 된다. 그가 2007년 10월 1일 일흔하나의 나이로 세상을 떠났을 때 나는 그의 생애와 업적에 관해 여러 이야기를 접할 수 있었다. 그러나 내 주위의 많은 사람들은 그의 이름조차 잘 모르고 있다. 독자들은 이 책에서 설명하는 여러 가지 물리학적 지식을 잊어버리더라도 최소한 오터의 업적은 기억해 두기를 바란다. 미론의 조각상 〈원반던지기 선수〉는 실제로 원반을 던지는 모습을 자세히 묘사하지는 않았지만 올림픽 정신에 가장 충실한 선수의 모습을 잘 표현하고 있다. 그가 바로 앨 오터다(그림 8.2).

올림픽 4회 연속 우승

1956년 올림픽은 11월 22일 화요일 호주 멜버른에서 개최되었는데 그날은 미국의 추수감사절이었다. 지구의 북반구는 이제 막 겨울로 접어들고 있었지만 남반구는 여름이 시작되는 계절이었다. (지구 자전축이 23도 기울어 있지 않았다면 이와 같은 계절의 변화가 없을 것이다!) 21세가 된 앨 오터는 올림픽 참가 전 2년 동안 캔자스대학 대표팀에서 활약했다. 당시 원반던지기 세계기록 보유자는 오터와 함께 미국대표로 올림픽에 참가한 포춘 고디언Fortune Gordien으로, 그의 59.28미터가 3년째 세계기록으로 유지되고 있었다. 그리고 멜버른대회 전 올림픽기록은

■ **그림 8.2** | 1956년 호주 멜버른올림픽에서 앨 오터가 원반을 던지는 모습

4년 전 헬싱키올림픽에서 미국대표였던 심 이네스Sim Iness에게 금메달을 안겨준 55.03미터였다. 오터의 우승기록 56.36미터는 당시의 세계기록에는 못 미쳤지만, 올림픽기록을 1미터 이상 늘렸을 뿐만 아니라 은메달을 딴 고디언의 기록보다 1.56미터나 멀리 던졌다.

1957년에 오터는 생명을 잃을 뻔 했던 교통사고로 선수생활에 위기를 맞았지만, 이를 극복하고 1960년 로마올림픽에 참가할 수 있었다. 고디언이 보유했던 세계기록은 로마대회 전 4년 동안 두 차례나 갱신되었다. 먼저 폴란드의 에드문트 피아트코프스키Edmund Piatkowski가 1959년 여름 59.91미터를 던져 신기록을 갱신했으며, 로마대회 개막 2주 전에 미국의 리처드 바브카Richard Babka는 피아트코프스키의 세계신기록과 타이기록을 수립했다. 그리고 올림픽대회 예선 때는 바브카가 오터를 처음으로 앞섰다. 로마대회에서 오터는 2위를 기록한 상태에서 마지막 던지기에 나섰는데, 그와 함께 올림픽에 참가한 대표팀 동료 바브카가 오터에게 왼팔의 자세에 대해 몇 가지 조언을 해주었다. 오터는 그 조언을 받아들여 던진 결과 59.18미터로 자신의 올림픽 기록을 갱신할 수 있었다. 바브카의 최고기록은 오터보다 1미터 이상 짧아서 은메달에 만족해야만 했다. 나는 바브카가 자신의 동료에게 해준 그와 같은 조언이 가장 순수한 올림픽 정신을 보여주는 것으로 생각한다.

로마대회와 1964년 도쿄올림픽 사이의 4년 동안 오터는 계속해서 신기록을 수립해 갔다. 1962년과 1963년, 그리고 1964년에 각각 역사의 어느 누구보다 원반을 멀리 던진 사람이 되었다. 1962년에 수립한 신기록으로 그는 최초로 원반을 200피트(60.69m) 이상 던진 사람이라는 명예를 얻었다. 1964년 4월 25일에 수립한 오터의 세계기록 62.94미터는 그해 8월 2일 체코슬로바키아의 루드빅 다넥Ludvik Danek이 기록한 64.55미터로 깨졌다.

1964년 10월 10일 개막된 도쿄올림픽의 강력한 우승후보는 당시 세계기록 보유자인 다넥이었다. 그리고 개막 1주 전에 오터가 갈비뼈 손상을 당하자 오터의 우승을 예상하는 사람은 거의 없었다. 오터는 다섯 번째 던지기를 시도하기 전 다넥과 미국 대표팀 동료 데이비드 바일에 이어 3위를 기록하고 있었다. 그러나 오터는 또 한 번 부상을 극복하는 투혼을 발휘하며 자신의 올림픽기록을 깬 61.00미터의 올림픽신기록으로 우승했다. 은메달을 딴 다넥보다 0.5미터 앞섰다(다넥은 1972년, 20년 만에 오터가 출전하지 않은 1972년 뮌헨올림픽에서 금메달을 획득했다). 동메달은 바일에게 돌아갔다. 1968년의 멕시코올림픽 때도 오터는 대회 시작 때 주목을 받지 못했다. 미국대표팀 동료인 제이 실베스터Jay Silvester가 강력한 우승후보였는데, 그는 1961년에 세계기록을 보유했고, 1968년에는 다넥을 꺾고 정상에 오른 선수였다. 멕시코올림픽이 열리기 불과 몇 주 전인 1968년 9월 18일에는 68.40미터를 던지기도 했다. 실베스터는 예선에서 63.34미터로 올림픽신기록을 수립한 반면 오터는 또다시 부상에 시달렸다. 이번에는 목과 허벅지였다. 비먼이 세계를 놀라게 한 멀리뛰기 기록을 작성하기 3일 전인 10월 5일 비가 내리는 날, 오터는 실베스터의 올림픽 기록을 깬 64.78미터를 던져 또다시 정상에 올랐다. 실베스터는 신기록을 수립했음에도 불구하고 메달권에 들지 못했다. 독일의 로타어 밀데Lothar Milde가 은메달, 다넥이 동메달을 차지했기 때문이었다. 1972년 뮌헨올림픽 은메달이 실베스터의 올림픽 최고 성적이었다.

오터는 4회 연속 올림픽 금메달이라는 대기록을 달성했다! 대회 때마다 세계기록 보유자들과의 경쟁뿐만 아니라 자신의 부상과도 싸워야 했다. 그러나 오터는 매번 올림픽 신기록을 수립하며 금메달을 목에 걸었다. 1980년 모스크바올림픽을 앞두고 오터는 은퇴에서 복귀하여 예선에 참가했다. 비록 예선에서 4위에 머물러 대표팀 후보로만 뽑혔지만[1] 1980년 오터는 자신의 최고기록인 69.46미터를 던졌다. 44세에 가까운 선수에게는 나쁘지 않은 성적이었다! 1980년에 오터의 나이는 멜버른에서 첫 금메달을 딸 때 나이보다 두 배 이상 많았다. 미국이 1980년 모스크바올림픽에 참가했다고 생각해 보자. 그리고 또 어떤 이유로 오터의 경쟁자 한 명이 대회에 참가하지 못했다고 가정해 볼 수 있다. 그러면 오터가 다섯 번째 금메달을 딸 수 있었을까? 나는 그렇게 생각하지 않는다.

이 책을 쓸 무렵 남자 원반던지기 세계기록 보유자는 독일의 위르겐 슐트Jürgen Schult로, 1986년에 던진 74.08미터였다. 그리고 현재의 세계기록은 오터의 최고기록보다 4.62미터나 더 길다. 슐트는 1988년 서울올림픽에서 금메달을, 그리고 1992년 바르셀로나올림픽에서는 은메달을 땄다. 그렇지만 지난 20년 동안 원반던지기의 최고 선수들은 누구도 오터의 올림픽 메달 기록에 가까이 가지 못했다. 슐트는 거의 22년 동안 원반던지기의 황제로 군림하며(이 책을 쓸 무렵에), 가장 오랫동안 정상 자리를 지켰지만 올림픽을 연속해서 네 차례나 제패하진 못했다.

원반던지기 여자 세계기록은 현재 독일의 가브리엘레 라인쉬Gabriele Reinsch가 1988년 수립한 76.80미터다. 여자 기록이 남자보다 2미터 이상 더 먼 것은 여자선수가 던지는 원반의 무게(1kg)가 남자 원반 무게(2kg)의 절반에 불과하기 때문이다. 지난 20여 년 동안은 원반던지기 세계기록의 갱신이 없었으며, 2008년 베이징올림픽에서도 새로운 기록이 수립되지 않았다.

던지기

전설의 시작은 이랬다. 고등학생 때 1마일달리기 선수였던 오터가 트랙을 달리고 있는 중에 누군가가 던진 원반이 그의 발 앞에 떨어졌다. 오터가 그 원반을 집어 던졌는데, 그 원반을 던졌던 선수보다 훨씬 뒤쪽에 떨어졌다고 한다. 그래서 육상 코치는 오터를 원반던지기 선수로 만들었다. 아주 잘 된 전환이었다! 이후 오터는 원반던지기 고교생 국가기록을 계속해서 갱신해 갔다.

이제 원반던지기가 얼마나 어려운지 알아보자. 누구라도 발 앞에 놓인 원반을 들어 15미터 정도는 던질 수 있지 않을까? 천만에, 운동선수들 중에서도 일부만이 그렇게 할 수 있다. 아마 우리 대부분은 세계기록의 5분의 1도 못 던질 것이다. 그리고 원반을 야구공 던지듯이 하면 멀리 던질 수 없다. 장난감원반 던지는 것하고도 다르다. 어느 정도 이상의 거리를 던지려면 엄청난 양의 힘과 기술이 필요하다.

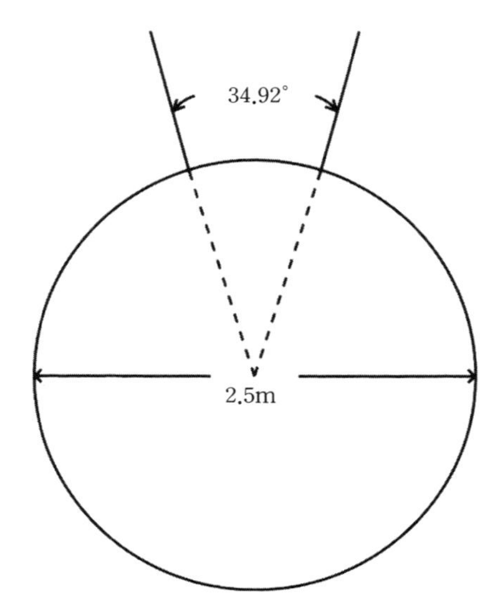

■ **그림 8.3** | 던지기 서클. 이 원 안에서 던져야 한다.

원반을 던지는 동작은 지름 2.5미터의 원 안에서만 일어나야 한다. 그리고 원반은 34.92도 각도의 부채꼴 안에서 선수의 손을 떠나야 한다.[2] 〈그림 8.3〉은 던지기 서클과 허용된 던지기 각도를 보여준다(이와 같은 제한 각도가 없으면 원반이 관중에게 날아가 위험할 수도 있다). 오터는 4.9제곱미터에 불과한 넓이 속에서 위대한 업적을 달성한 것이다.

물리학 속으로 들어가기 전에 전략에 대해 잠깐 생각해 보자. 〈그림 8.3〉의 서클에서 원반을 가장 잘 날리는 방법은 무엇일까? 먼저, 던지기 서클을 그린 원 앞쪽 안 모서리부터 거리를 측정하기 때문에 서클의 앞쪽 가까이에서 던져야 할 것으로 생각할 수 있다.[3] 그 외에 할 수 있는 것은? 앞쪽에 가만히 서서 원반을 들고 던질까 아니면 달리면서 던져야 할까? 달리면서 던진다면 서클의 뒤쪽에서 동작을 시작해야 할 것이다. 원반을 손에서 놓는 순간 팔은 어디로 향해야 할까? 야구공이나 풋볼공을 쥐듯이 원반을 잡아야 할까? 이러한 질문들에 대한 해답은 스포츠와 물리학이 함께 찾아야 한다. 앞에서 우리는 물리학자들이 어떤 현상을 설명하기 위해 모형과 물리학 법칙들을 이용하는 것을 보았다. 원반던지기도 비슷하다. 내게 원반이 하나 있고 나는 정해진 규격의 서클 안에서 벗어나지 않으면서 이 원반을 최대한 멀리 던져야 한다. 이를 위해서는 원반을 최대한 멀리 던질 수 있는 몸동작을 구성하는 것이 중요하다. 그리고 이러한 과정에 물리학이 도움을 줄 수 있다.

던지기 서클 자체는 콘크리트와 같이 단단한 표면으로 되어 있다. 부드러운 표면이 더 좋을 것 같지만, 그와 같은 표면에서 던지면 어떻게 될까? 병진운동에너지를 최대한으로 원반에 전달해주려면 던지는 동작에서 에너지 손실을 최소화해야 한다. 병진운동에너지는 다음과 같이 정의된다.

$$KE^{\text{trans}} = \frac{1}{2}mv^2 \qquad \text{(식 8.1)}$$

여기서 v는 물체의 질량중심의 속력이다. 제6장에서 회전운동에너지에 대해 논의했으며, 병진운동에너지의 특성에 대해서는 제5장과 제6장에서 다루었다. 여기에서 〈식 8.1〉을 제시한 이유는 원반이 날아가는 속력을 최대로 하는 것은 원반의 병진운동에너지를 최대로 하는 것과 같다는 점을 말해주기 위해서다. 던지기 서클이 잔디나 진흙처럼 부드러운 표면으로 되어 있다고 하자. 이제 키가 193센티미터에 몸무게가 127킬로그램인 앨 오터가 서클 안으로 들어간다. 서클의 부드러운 표면에는 그의 발자국이 남는다. 그가 원반을 던지려고 몸을 회전시키면 표면에 잔디 부스러기들이 생겨난다. 그레그 루가니스가 올라섰던 스프링보드와는 달리, 앨 오터는 발자국과 부스러기들을 만드느라 잃어버린 에너지를 회복할 수 없다. 콘크리트 표면은 크게 변형되지 않기 때문에 부드러운 흙 잔디보다 더 '탄력적'이라 할 수 있다. 최소한 이 단어의 물리학적 의미에서는 그렇다.

이제 던지기 서클 표면은 정해졌으니 오터의 던지기 동작을 보자. 그는 서클 내의 뒤쪽에서 뒤돌아선 자세로부터 시작한다. 손으로 원반을 쥐는데, 〈그림 8.4〉와 비슷한 모양이다. 원반을 쥔 팔을 길게 늘어뜨리고 괘종시계의 추모양으로 몇 번 흔든다. 올림픽의 수많은 관중들은 잔뜩 흥분해서 위대한 선수 오터의 준비 자세를 지켜보고 있다. 자신의 발이 서클을 벗어나지 않으면서 원반을 가속시켜서 원반의 출발 속력을 최대로 만들어야 한다. 원반던지기 선수들은 서클의 지름보다 긴 경로를 만들어서 원반을 가속시킬 수 있다. 던지기 전에 몸을 한 바퀴 반 회전시키면서 원반을 가속시키는데, 이렇게 하면 서클 지름의 세 배나 되는 가속 경로가 만들어진다. 이런 동작은 자신의 운동에너지를 원반에 전달할 때 저장된 최대의 에너지를 원반의 운동에너지로 분출할 수 있는 방법이다.

오터는 동작을 시작할 때, 오른팔을 몸 뒤로 멀리 흔들어서 원반이 던지는 방향을 향하도록 한다. 그의 강력한 오른팔 근육과 인대들은

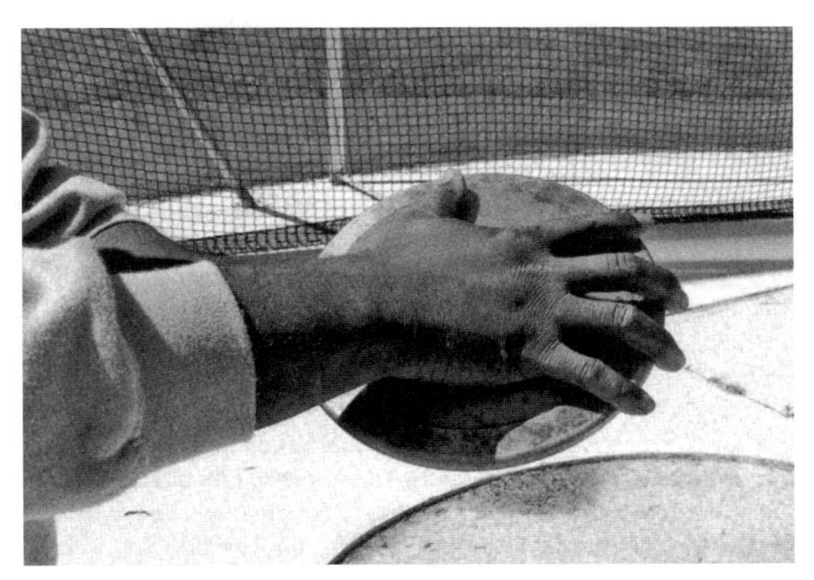

■ **그림 8.4** | 린치버그대학 원반던지기 선수였던 리 워싱턴(Lee Washington)이 원반을 쥐고 있다.

스트레칭되며 위치에너지를 저장한다. 왼팔은 몸의 앞쪽으로 뻗친다. 오터는 반시계방향으로(위에서 볼 때) 몸을 회전시키기 시작한다. 그는 회전하면서 무릎을 굽혀서 질량중심을 떨어뜨린다. 그에 따라 중력에 의한 위치에너지 일부가 다리의 스트레칭된 근육에 저장 에너지로 바뀐다. 몸의 회전과 동시에 그는 질량중심을 서클의 앞쪽으로 옮긴다. 첫 회전 동안 오터는 서클 내에서의 작은 '뜀박질' 동작을 시작한다. 마지막의 완전한 회전을 하면서 팔을 앞으로 내지르고 다리는 뻗치면서 그는 자신의 스트레칭된 근육에 저장된 에너지에서 최대한 많은 양을 분출한다. 그리고 그의 팔은 중세 시대의 전쟁에 이용되던 투석기처럼 원반을 날린다. 원반이 손을 떠나는 순간 오터의 손가락들은 원반의 뒤쪽 가장자리를 쥐고 있다. 손가락들의 힘이 작용하는 선은 원반의 중심 가까이를 지난다. 힘의 작용선은 정확히 중심을 지날 수 없는데, 원반이 회전하면서 날아가게 해야 하기 때문이다. 원반은 시계방향으로(위에서 볼 때) 회전하면서 오터의 손을 떠날 것이다. 원반을 회전시키면서 날리는 이유를 아는 독자도 있을 것이다. 앞에서 각운동량 보존을 논의하면서 원반의 각속도 벡터 방향에 변화를 주려면 토크가 필요하다는 것을 알았다. 총열에 나선형 홈을 만들어 총알을 회전시키는 것처럼 원반이 회전하면 안정성이 생긴다. 공기마찰은 원반에 작은 토크를 가하지만 원반의 방향을 크게 변화시킬 정도는 아니다. 안정성이 생기면 원반이 칼날모양의 처음 방향을 계속해서 유지해 갈 수 있다. 즉, 공기항력이 상대적으로 낮은 형태로 날아가는 데 도움이 된다.

원반의 회전속력을 추정해 보기 위해 질량중심 속력이 출발속력을 유지하면서 땅 위를 굴러가는 원반을 상상해 보자. 속력은 초속 25미터다. 원반이 미끄러지지 않고 굴러간다면 질량중심의 속력 v는 원반의 각속력 ω에 관계되는데, 이를 식으로 나타내면 다음과 같다.

$$v = r\omega \qquad \text{(식 8.2)}$$

여기서 r은 원반의 반지름이다. 숫자를 대입하여 ω를 구하면 다음과 같다.

$$\omega = \frac{v}{r} \simeq \frac{25\text{m/s}}{0.11\text{m}} \simeq 227\text{rad/s} \simeq 36\text{rev/s} \qquad \text{(식 8.3)}$$

한 바퀴 회전하면 그 각이 2π 라디안이라는 사실을 이용해서 계산했다. 회전속력이 빠를수록 주어진 크기의 각속도 벡터를 움직이기 위해 더 큰 토크가 필요하게 된다. 그러나 오터는 원반을 회전시키는 데 손과 손가락의 힘 대부분을 사용할 수는 없다. 원반의 직선운동 속력을 높이기 위해 중심을 지나는 힘도 많이 필요하기 때문이다. 직선운동 속력을 빠르게 하면서도 회전속력도 빠르게, 즉 둘 사이에 균형을 이루어야 한다.

그래서 그는 원반의 중심을 지나는 힘을 크게 확보하면서도 상당한 안정성을 유지할 수 있을 정도의 회전속력을 선택했다. 하지만 이 말을 정량적으로 결정하기는 거의 불가능하다! 자신의 몸이 가진 역량으로 많은 연습을 통해 시행착오를 거치면서 가장 이상적인 균형을 찾아낸다. 과학자들이 하는 계산보다 훨씬 뛰어난 균형이다. 회전속력을 관찰했을 때는 〈식 8.3〉에서 계산한 값의 4분의 1 정도로 추정된다.

오터는 던지는 동작 중 어느 지점에서 원반을 손에서 놓아야 할까? 물체가 원형 경로를 움직일 때 이를 막는 어떤 것이 있다가 그 장애물이 제거되면 어떻게 될지 생각해 보자. 〈그림 8.5〉는 물리학 입문 시간에 흔히 제시하는 개념적 질문이다. 수평 탁자 위에 원형으로 놓인 관 속을 구슬이 굴러가다가 관에서 막 빠져나오는 구슬을 위에서 본 모습이다. 구슬은 어느 경로를 따라갈까? 경로A를 따라서 계속해서 원형으로 움직일까? 혹은 경로B를 따라서 직선으로 나아갈까? 아니면 바깥으로 향하는 힘을 받아서 경로C와 비슷한 방향으로 진행할까? "B"라고 대답했다면 'A⁺'를 받을 자격이 있다. 관 속을 굴러가는 동안

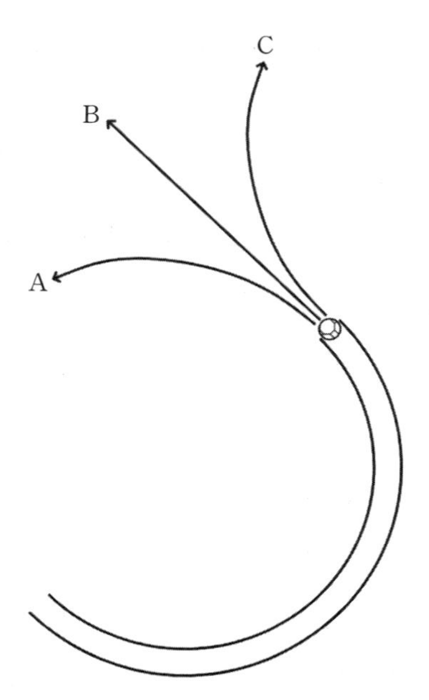

■ **그림 8.5** | 원형의 관에서 굴러나오는 구슬을 위에서 본 모습. 관에서 나온 구슬은 어느 경로를 따라갈까?

구슬은 탁자로부터 위로 향하는 힘을 받고 이것은 구슬의 무게와 균형을 이룬다. 뉴턴의 제1법칙은 일정한 속도(즉, 일정한 속력과 일정한 방향)로 움직이는 물체는 외부 힘이 작용하지 않는 한 계속해서 그 속도를 유지하려는 성질이 있다고 한다. 관 속에서 구슬의 속력이 일정하다면 속도의 방향은 변한다. 관의 벽은 구슬에 접촉력을 가하여 속도의 방향이 계속해서 변하게 한다. 그러면 관의 어느 부위가 그와 같은 힘을 가하는 것일까? 안쪽 아니면 바깥쪽 부위? 속도의 변화 방향을 생각해 보자. 구슬이 관 속을 굴러감에 따라 속도 벡터는 계속해서 왼쪽으로 돌아간다. 이것은 관의 바깥쪽 부위가 힘을 가해주어야 한다는 뜻이다. 즉, 힘이 안으로, 원형 관의 중심 쪽으로 향한다. 이때 구슬은 관의 바깥쪽 벽과의 접촉이 떨어지지 않는다.

위에서 말한 결론을 아직 이해하기 어려우면 자동차의 오른쪽 좌석에 앉아서 어깨를 창문에 거의 붙이고 있다고 생각해 보자. 자동차는 왼쪽 커브만 있는 인디500 자동차경주에서처럼 왼쪽으로 급커브를 돌아간다. 그러면 자동차 오른쪽 벽이 내 어깨를 미는 것처럼 느껴질 것이다. 뉴턴 제1법칙의 설명에 의하면 나는 직선운동을 계속하려 하지만 자동차는 왼쪽으로 돌아가려 한다. 따라서 나의 속도 벡터를 바꾸기 위해 차로부터 왼쪽 방향으로 나에게 힘이 가해지게 된다. 그러나 그 힘은 마치 내가 '바깥으로' 던져지는 듯한 느낌으로 작용하지만 나를 바깥으로 내던지는 것은 없다. (자동차로부터의) 갑작스런 외부 힘이 나를 왼쪽으로 밀치고, 내 몸은 뉴턴 제1법칙에 따라 직선운동을 계속하려 한다.[4] 오터가 원반을 손에서 놓기 직전까지 원반을 잡고 둥글게 돌리는 상황도 이와 같다. 그의 손이 서클의 앞쪽 가장자리 근처를 지날 때 원반을 손에서 놓는다.

이렇게 안쪽으로 향하는 알짜 힘을 '구심력centripetal force'이라 부른다. 반지름 r인 호를 따라 v의 속력으로 돌고 있는 입자는 호의 중심을 향하는 가속도 성분을 가지며 그 크기는 다음과 같다.

$$a_c = \frac{v^2}{r} \qquad \text{(식 8.4)}$$

척추 부근인 오터의 회전축으로부터 원반의 중심까지 거리는 1미터 정도로 추정할 수 있다. 초속 25미터의 출발속력으로 날아가기 위해 필요한 가속도는 다음과 같이 계산된다.

$$a_c \simeq \frac{(25\text{m/s})^2}{1\text{m}} = 625\text{m/s}^2 \simeq 64\text{g} \qquad \text{(식 8.5)}$$

〈식 3.6〉으로 표현되는 뉴턴의 제2법칙을 이용하면 가속도를 알 때 힘을 구할 수 있다. 즉, 원반의 질량 2킬로그램에 위에서 구한 가속도를 곱하면 구심력이 구해진다. 이 수치들을 대입하여 계산하면,

$$F_c \simeq (2\text{kg})(625\text{m/s}^2) = 1{,}250\text{N} \simeq 281\text{lbs} \qquad \text{(식 8.6)}$$

원반의 무게에 2킬로그램중이 가해진다.[5] 오터는 오른팔을 이용해 자신의 무게와 비슷한 힘을 가해야 했다! 원반던지기 선수들이 메달을 다툴 정도의 수준이 되기 위해 어마어마한 양의 근력강화 운동을 하는 이유도 여기에 있다.

오터의 키가 큰 것도 도움이 되었다. 〈식 8.4〉에서 반지름이 커지면 구심가속도가 작아지는 것을 알 수 있는데, 구심력이 작아진다는 의미다. 말하자면 선수 두 명이 같은 구심력을 만들 수 있다면 원반에 같은 구심가속도를 줄 수 있는 것이다. 그러나 팔이 긴 선수는 〈식 8.4〉에서 반지름 r이 더 크기 때문에 원반의 출발속력을 더 크게 할 수 있다. 누가 인생은 공평하다고 말했을까? 키를 더 크게 하는 유전자를 갖고 태어난 사람은 농구나 원반던지기와 같은 스포츠에서 크게 유리한 위

치에 있다(다른 스포츠에서도 마찬가지다!). 하지만 그래도 최고가 되기 위해서는 피와 땀 그리고 눈물을 쏟아야 한다.

앞의 문단에서 요점이 명확히 들어오지 않으면 자동차 사례가 이해에 도움이 될 수 있다. 자동차가 너무 빠르게 커브를 달리는 경우에는, 즉 정해진 반지름의 커브길 내에서 도로와 타이어 사이의 마찰력이 자동차가 그 속력으로 계속 달릴 수 있도록 붙잡아 둘 정도가 되지 못하는 경우라면 어떤 일이 벌어질까? 아마 '밖으로 내던져진다'고 대답할 것이지만, 실제로 그렇지는 않다. 마찰은 일정한 구심력을 발생시키기 때문에 구심가속도가 고정된다. 〈식 8.4〉에서 a_c가 고정된다면 v에 따라 r값이 정해진다. 속력을 빨리할수록 필요한 r값이 커지게 된다. 즉, 도로가 자동차를 안쪽으로 충분히 끌어당겨주지 못하게 된다. 자동차가 바깥으로 던져지는 것이 아니라 안쪽으로 충분히 던져지지 못한다고 할 수 있다. 커브길 앞에 속력을 줄이라는 경고가 있는 이유다!

나는 여기서 오터가 어떤 방식으로 자기 몸의 에너지를 원반에 전달할 수 있었는지 대략적인 개념을 전달하고자 했다. 원반을 던지기 위해서는 누구나 거쳐야 하는 발놀림 과정에 대해 여기서 상세히 설명하지는 않았다. 코치의 관점에서 보는 좀 더 상세한 과정을 알고 싶다면 존 르 마쥬리어John Le Masurier의 책[6]이 도움이 될 것이다.

진공 속에서의 비행

이제 원반이 오터의 손에서 떠나 날아가기 시작했으며, 우리는 원반의 비행과 관련된 공기역학에 대해 논의해야 한다. 이 책의 다른 장에서도 했던 방식처럼 진공 속에서 원반이 날아가는 경우를 먼저 생각해 보자. 제3장에서 논의했던 등가속도 포물선운동 〈식 3.7〉과 〈식 3.8〉을 여기에 다시 가져온다. 원반이 땅으로부터 높이 h에서 오터의 손을 떠나는 것으로 가정하면 〈식 3.8〉의 $y_0=h$다. 그리고 T시간 후에 원반이 땅에 떨어진다. 즉, $y=0$이 된다. 원반이 오터의 손을 떠날 때 질량중심의 속력이 v_0, 속도 벡터가 땅과 이루는 각도가 θ_0라면, $v_{0x}=v_0\cos\theta_0$ 및 $v_{0y}=v_0\sin\theta_0$가 된다. 이를 대입하여 정리하면 다음과 같다.

$$R=\left(\frac{v_0^2\cos\theta_0}{g}\right)\left(\sin\theta_0+\sqrt{\sin^2\theta_0+\frac{2gh}{v_0^2}}\right) \qquad \text{(식 8.7)}$$

복잡해 보이는 방정식이지만 오터의 던지기를 최적화하면 간단히 할 수 있다. 오터가 힘과 기술을 이용해 v_0를 최대로 했고, 더 이상 빠르게 던질 수는 없다고 가정하면, 출발각도 $\tilde{\theta}_0$가 몇 도일 때 거리 R이 가장 길어질까? 그 대답은 비교적 간단하다.[7] 최적의 각도는 다음과 같이 계산하여 결정할 수 있다.

$$\sin^2\tilde{\theta}_0=\frac{1}{2(1+gh/v_0^2)} \qquad \text{(식 8.8)}$$

이 방정식에서 최적의 출발각도와 출발속력 사이의 관계를 알 수 있다. 이제 우리는 최대 거리, $R_{\max}$를 나타낼 때 그 둘 중 하나를 소거할 수 있다. $\tilde{\theta}_0$에 〈식 8.8〉을 이용하면 〈식 8.7〉을 다음과 같이 나타낼 수 있다.

$$R_{\max}=\frac{v_0^{\,2}}{g}\sqrt{1+\frac{2gh}{v_0^{\,2}}} \qquad \text{(식 8.9)}$$

〈식 8.7〉보다 훨씬 간단해졌다. 〈식 8.8〉에서 $\tilde{\theta}_0$를 v_0에 대해 풀어서 〈식 8.7〉에 대입하면 더 간단해진다. 이렇게 몇 가지 계산을 하고 나면 다음과 같은 식이 도출된다.

$$R_{\max}=h\tan(2\tilde{\theta}_0) \qquad \text{(식 8.10)}$$

이제 내가 할 수 있는 한 최대로 간단하게 만들었다! 출발속력을 안다면 〈식 8.9〉를 이용하여 가능한 최대 거리를 구할 수 있다. 출발각도를 구하는 것이 더 쉽다면 〈식 8.10〉을 이용하면 된다.[8]

방정식들을 유도해내는 과정은 그만하고 이제 값들을 대입해 보자. 오터의 키는 1.93미터다. 원반을 1.8미터 높이에서 초속 2미터의 속력으로 날려보낸다고 가정한다. 이를 〈식 8.8〉에 대입하여 최적의 출발각도 약 44.2도를 얻고, 〈식 8.9〉를 이용하면 가능한 최대 거리가 65.6미터로 계산된다.

이와 같은 계산 결과에서 두 가지 주목할 사항이 있다. 첫 번째는 최적의 출발각도가 시작과 끝의 높이가 같을 때 최적의 출발각도인 45도와 큰 차이가 없다는 사실이다. 그 이유는 원반의 비행거리에 비해 시작과 끝의 높이 차이가 작은 데 있다. 오터가 출발각도를 45도로 하여 땅 높이에서 던질 수 있었다면 1.8미터 높이에서 던졌을 때보다 비행 시간이 단지 1.4퍼센트 정도만 짧아졌을 것이다.

더 흥미로운 두 번째는, 계산된 최대 거리가 오터의 개인 최고기록과 5.6퍼센트밖에 차이가 나지 않는 것이다. 공기가 없다고 가정했음을 고려하면 크게 나쁘지 않은 결과다! 그러나 이 결과는 모순처럼 보일 수도 있는데, 진공 속에서의 결과가 현실 세계에서 실제로 일어나는 일보다 항상 훨씬 더 크지는 않기 때문이다. 예를 들어, 공기가 없을 때 친 야구공이 날아간 거리를 예측할 때 2중으로 계산하는 오류와 같은 것이다. 내가 선택한 출발각도를 두고 틀렸다고 할 수는 있지만 이것은 실제로 오터와 같은 세계적 수준의 원반던지기 선수들의 능력을 꽤 정확히 추정한 값이다. 우리가 알듯이 공기로 인해 원반이 날아가는 거리가 줄어든다면, 원반의 비행에 '도움을 주는' 다른 어떤 요소도 있어야 한다. 이제 원반에 가해지는 '부양력'으로 관심을 돌릴 필요가 있다. 이렇게 우리가 가능한 한 모든 힘을 생각해 보려는 것은 물체에 가해지는 알짜 외부 힘을 구하기 위해서다.

공기 중에서의 비행

우리 계산에 공기를 포함시키는 것은 원반에 작용하는 모든 힘들을 다시 한 번 검토해야 한다는 의미가 된다. 이제 우리는 지구의 중력이 필연적으로 존재하는 것을 알고 있기 때문에, 앞에서 논의할 때도 중력을 특별히 언급하지 않으면서 포함시켰다. 남자선수 원반의 질량은 2 킬로그램으로, 이를 중력 혹은 무게로 환산하면 다음과 같다.

$$F_g = mg = (2\text{kg})(9.8\text{m/s}^2) = 19.6\text{N} \simeq 4.41\text{lbs} \quad \text{(식 8.11)}$$

여자는 질량이 그 절반인 원반을 사용하기 때문에 무게로는 9.8N (뉴턴)이다.

우리는 앞에서 이미 여러 차례 항력을 다루었는데, 원반도 날아가는 동안에 공기저항에 부딪힌다. 여기서 공기항력 〈식 4.2〉를 다시 이용하자.

$$F_D = \frac{1}{2} C_D \rho A v^2 \quad \text{(식 8.12)}$$

자전거경주에서 몸의 자세에 따라 두 가지 다른 값으로 나누었던 경우를 제외하면, 지금까지 나는 차원을 갖지 않는 항력계수 C_D값으로 일정한 상수를 사용해 왔다. 앞 장에서 축구공의 항력계수를 설명할 때는 실험적 데이터를 제시했다. 하지만 여기서도 역시 C_D값으로 상수를 이용할 것인데, 축구의 경우는 좋은 킥과 나쁜 킥을 구별해서 보여주기 위한 목적이었기 때문이다. 이 장에서는 원반의 비행을 모형으로 만드는 데 오터가 던진 실제 거리에 근접한 값을 예측하는 목적이다. C_D가 변한다면 이런 목적을 달성할 수 없다.

축구공은 공기 중에서 부딪히는 단면적이 항상 동일하지만, 원반의 경우는 단면적이 크게 달라질 수 있다. 남자용 원반은 지름이 22센티미터 크기이며, 여자용은 지름이 18센티미터이다. 원반을 마치 돛 모양으로 던진다면 가장 넓은 단면적이 공기에 부딪히게 되어, 남자 원반의 경우 $A \simeq 0.038\text{m}^2$, 여자는 $A \simeq 0.025\text{m}^2$다. '돛 모양'으로 던진다는 말은 원반이 〈그림 8.6〉과 같은 모양으로 바람에 부딪힌다는 뜻이다. 원반이 〈그림 8.7〉과 같은 모양으로 공기 속을 통과하면 공기

■ **그림 8.6** | 원반을 위에서 관찰하면 단면적이 최대로 보인다. 이런 방향을 하면 마치 범선의 돛처럼 바람을 받게 된다.

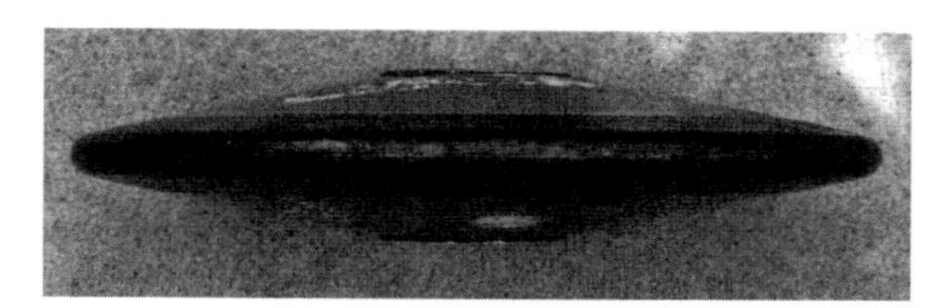

■ **그림 8.7** | 원반의 단면적이 가장 작아지는 방향

에 부딪히는 단면적이 최소로 된다. 〈그림 8.7〉 원반의 단면적은 〈그림 8.6〉 원반 단면적의 16퍼센트(약 6분의 1) 정도로 추정된다.[9] 이 중에서 어느 A값을 〈식 8.12〉에 사용해야 할까? 자전거 위의 랜스 암스트롱을 논의할 때처럼 항력계수를 이용하여 단면적의 차이를 설명해 갈 것이다. 이를 위해 공기의 관점에서 원반이 어떻게 보일지 생각할 필요가 있다.

〈그림 8.8〉을 보자. 원반의 질량중심은 $\vec{v}_d$ 속도 벡터로 움직인다. 바람도 불고 있는 것으로 가정한다. 간단히 하기 위해, 바람은 땅에 평행하며 원반의 초기 출발속도 벡터와 땅에 수직인 벡터로 만들어지는 평면에서 불고 있다. 〈그림 8.8〉에 $\vec{v}_w$로 표시된 바람 속도 벡터는 오터가 원반을 그림의 왼쪽에서 오른쪽으로 던진다고 생각할 때 그가 부딪히는 바람을 의미한다. 〈식 8.12〉에 이용할 속도를 정할 때는 원반

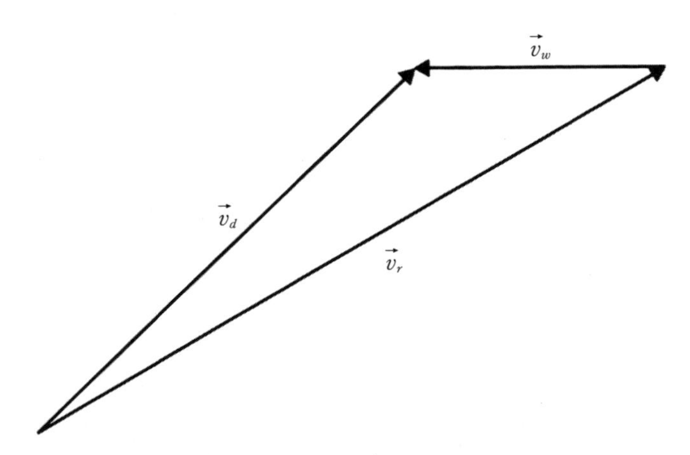

■ **그림 8.8** | 원반의 속도 $\vec{v}_d$와 바람의 속도 $\vec{v}_w$, 그리고 공기에 대한 원반의 상대속도 $\vec{v}_r$의 관계

의 관점에서 생각해 보자. 원반이 사람처럼 느끼고 생각할 수 있다고 가정하면, 원반이 공기 속을 지나갈 때 공기가 자신에게 부딪히는 느낌이 들 것이고, 또 원반은 움직이지 않더라도 바람이 불 때도 마찬가지로 공기가 자신에게 부딪히는 느낌이 들 것이다. 그러므로 공기에 대한 원반의 상대속도를 구해야 한다. 〈그림 2.6〉을 다시 확인한 다음, 〈그림 8.8〉에서 $\vec{v}_r = \vec{v}_d - \vec{v}_w$인 것에 주목하자. 따라서 〈식 8.12〉 속의 v에는 상대속력 v_r을 이용할 필요가 있다. 항력 $\vec{F}_D$의 방향은 벡터 $\vec{v}_r$의 반대쪽을 향한다.

앞 장에서 마그누스 힘에 대해 간단히 설명했다. 축구공이 움직이는 방향이 아닌 쪽으로 회전하면서 공기를 헤치고 나갈 경우에는 움직이는 방향에 수직으로 작용하는 마그누스 힘을 받는다는 것이 기본적 개념이다. 제7장의 '주 7'에서 축구공의 비행 모형에서 이용한 마그누스 힘은 좀 더 일반적인 부양력의 한 형태라고 지적한 바 있다. 원반은 그 회전으로 인해 한쪽으로 공기를 헤치며 비행하고 따라서 마그누스 힘을 받지만, 여기서는 그 영향을 무시하도록 하자. 그 대신 원반이 그 생김새로 인해 받는 부양력 및 공기에 대한 상대속도와 관련된 원반의 방향에 초점을 맞추고자 한다. 마그누스 힘은 원반의 비행을 약간 휘게 만든다. 즉, 원반이 축구공처럼 3차원 경로를 비행하게 된다. 여기서 나는 원반이 비행기 날개처럼 생겨서 발생하는 부양력만을 생각하고 문제를 2차원적으로만 다룰 것이다.[10]

제4장에서 공기항력에 대해 처음 논의하면서 달리는 차 안에서 창문 밖으로 손을 내밀었다고 상상했다. 손바닥이 땅을 향하면 힘을 작

게 받지만 손바닥이 바람을 향하도록 하면 힘을 크게 받는다. 우리는 바람을 맞는 단면적이 클수록 항력이 더 크게 발생한다는 원리를 이해했다. 그러면 손바닥이 이러한 양 극단 사이의 모양을 취하는 경우는 어떻게 될까? 예를 들어, 자동차 창문에 팔을 걸친 채 조수석에 앉아 있다고 가정하자. 손바닥이 아래로 향한 방향에서 시작하여 손을 45도 뒤로 돌려서 공기가 손바닥에 비스듬히 부딪히게 한다. 이제 바람의 힘이 어떤 방향으로 느껴질까? 바람이 손을 뒤로 그리고 위로 미는 느낌이 들 것이다. 바람의 힘에서, 움직이는 방향에 반대로 평행한(뒤를 향한) 성분뿐만 아니라 그에 수직인 성분(위를 향한)도 느껴진다. 손이 마치 비행기 날개처럼 부양력을 받는 것이다.

이제 〈그림 8.9〉를 보자. 원반의 비행경로 중 어떤 지점에서의 속도와 작용하는 힘을 나타냈다. 내가 나타내야 할 속도 벡터는 공기에 대한 원반의 속도 $\vec{v}_r$뿐이다. 항력 $\vec{F}_D$는 앞에서도 말했듯이 $\vec{v}_r$에 평행하다. 그림에서 공기는 원반의 아래 부위에 부딪히게 되고, 그러면 원반은 공기를 아래쪽으로 반사해 보낸다. 이때 뉴턴의 제3법칙에 의하면 공기가 원반을 위로 밀어올려야 한다. 그러므로 부양력인 $\vec{F}_L$이 발생하여 원반을 위로 $\vec{v}_r$에 수직인 방향으로 밀게 된다. '부딪힘 각도'라 부르는 ψ가 0이면 부양력이 발생하지 않는다. 이런 경우에는 공기가 원반의 아래와 위로 균등하게 움직이고, 원반의 장축에서 반사되어 나가는 공기도 없을 것이다. 원반의 장축이 $\vec{v}_r$ 아래에 위치한다면 부양력이 아래로 그리고 오른쪽으로 작용하게 된다. 즉, 〈그림 8.9〉 방향에서 180도 회전된 각도다. 조수석 창으로 내민 손바닥을 아래로 향하게 하고

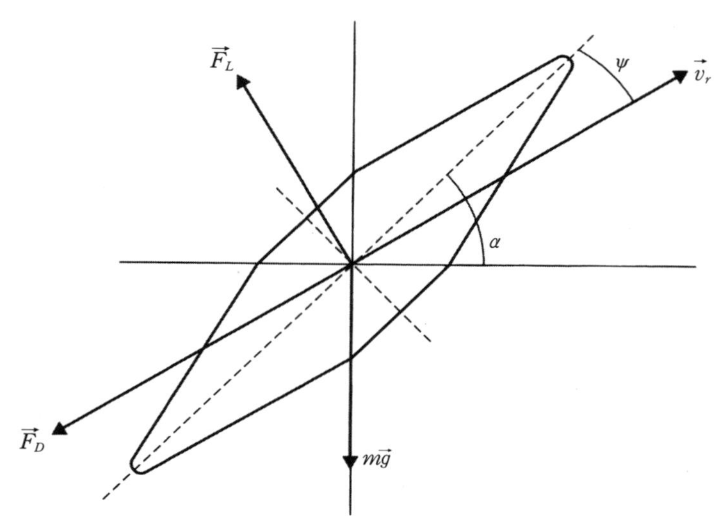

■ **그림 8.9** | 공기 속을 날아가는 원반을 모형으로 구성하기 위해서는 공기의 부딪힘 각도 ψ 및 땅과 원반의 장축 사이의 각도 α가 필요하다. 원반에 작용하는 힘도 표시되어 있다. 무게($m\vec{g}$), 항력($\vec{F}_D$), 그리고 부양력($\vec{F}_L$).

45도 돌려서 바람이 손등에 부딪히게 할 때와 같다. 바람이 손을 뒤로 그리고 아래로 밀어주는 느낌을 받을 것이다. 그와 같은 경우에는 공기가 위로 올려주지 않고 아래로 밀기 때문에 '음성부양력'이라 부른다.

부양력을 모형으로 구성하기 위해 다음과 같은 방정식을 사용하는데, 이것은 제7장 '주 7'에서 소개한 바 있다.

$$F_L = \frac{1}{2} C_L \rho A v^2 \qquad \text{(식 8.13)}$$

방정식에는 공기의 밀도를 의미하는 ρ가 포함되어 있는데, 공기밀도는 고도가 높아지면 감소한다. 〈식 8.13〉에서 우리는 헬리콥터가 올라갈 수 있는 높이가 제한되는 이유를 알 수 있다. 최대의 부양력으로 헬리콥터의 무게와 정확히 균형을 이룰 수 있는 특정한 높이가 있다. 그보다 더 높아지면 ρ가 감소하여 F_L이 더 이상 헬리콥터의 무게를 지탱해주지 못한다.

항력방정식에서와 마찬가지로 A의 정의는 명확하지 않다. 그러나 양력계수(차원을 갖지 않는다) C_L을 이용해 단면적의 편차를 설명할 수 있다. 〈식 8.12〉와 〈식 8.13〉에서 공기에 부딪히는 단면적 A가 최대가 되도록 하면, 남자 원반의 경우 $A \simeq 0.038\mathrm{m}^2$, 여자 원반 $A \simeq 0.025\mathrm{m}^2$이다. 이렇게 하면 차원을 갖지 않는 계수 C_D와 C_L은 부딪힘 각도 ψ의 함수가 된다. 〈그림 8.9〉에서 원반의 장축이 수평면과 이루는 각도 α는 고정된 값을 갖는 것으로 가정했다. 공기로부터 원반에 가해지는 알짜 외부 토크를 무시하면 이와 같이 고정값을 갖는다고 할 수 있다. 부딪힘 각도 ψ는 원반이 비행하는 동안 $\vec{v}_r$의 방향이 계속해서 변하기 때문에 따라서 변하게 된다.

〈그림 8.10〉은 ψ의 함수로서 C_D와 C_L 데이터를 보여준다.[11] 그림은 C_D와 C_L 각각에 대해 실험적 데이터 값 다섯 개씩만 제시했지만, 나는 데이터 값들 사이로 직선을 그렸다(데이터보간법이라는 기법을 이용—옮긴이). 가능한 ψ값에서 C_D와 C_L의 '실제' 값은 〈그림 8.10〉으로 나타낸 값과는 분명히 다를 것이지만 그래프가 제시하는 상대적 크기나 정성적 특성들은 정확하다. 항력계수는 부딪힘 각도가 0일 때(차창으로 내민 손바닥이 아래를 향한 모양)의 작은 값에서부터 점차 증가하여

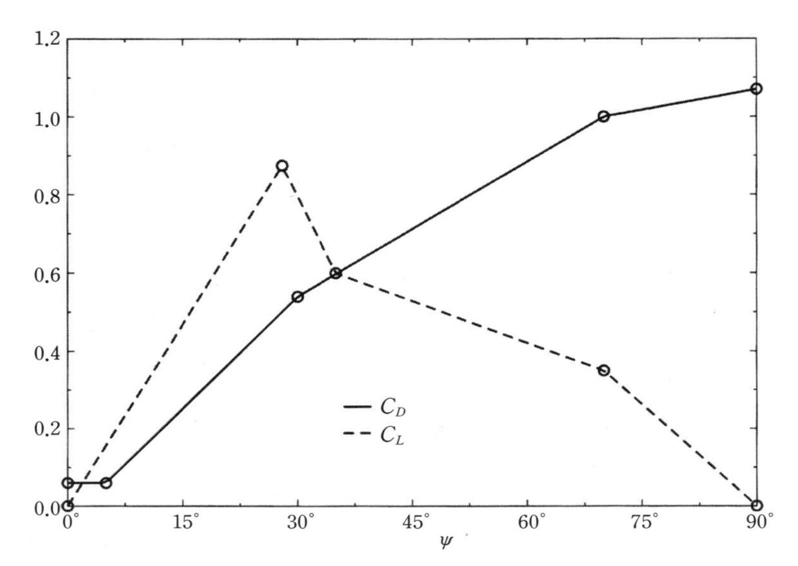

■ **그림 8.10** | 부딪힘 각도 ψ의 함수로서 C_D와 C_L 데이터 값들 사이의 선형보간법을 적용하여 연속함수로 만들었다.

90도(손바닥이 바람을 직접 맞는 모양)에서 최댓값을 가질 것으로 예상한다. 이러한 두 가지 상황에서는 부양력이 발생하지 않는데, 원반의 모든 측면에서 공기가 대칭적으로 흘러가기 때문이다.

여기서 나는 이 책의 다른 부분에서와 같은 방식으로 작업을 했다. 관련된 모든 힘에 뉴턴의 제2법칙을 적용하고 모든 값을 컴퓨터에 입력하여 원반의 경로가 그려져 나오기를 기다렸다. 그 상세하고 복잡한 과정은 여기에 나열하지 않고 결과만 가지고 논의를 더 진행할 것이다.

최적의 비행경로

나는 모든 계산에 있어 진공의 경우 초기높이와 출발속력을 $h=1.8\mathrm{m}$, $v_0=25\mathrm{m/s}$로 설정했다. 오터가 세계 최고의 원반던지기 선수가 되기 위해 거쳤던 훈련을 생각해 보자. 서클 내에 한정되어 원반을 던지는 기술 및 근력 훈련을 해야 하기 때문에 원반의 출발속력에 한계를 줄 수밖에 없다. 훈련을 통해 비행거리를 최대로 하는 출발각도 θ_0와 원반의 방향을 찾아내야 한다. 〈그림 8.10〉에서 부딪힘 각도가 작으면 항력이 작다는 의미임을 알 수 있다. 그러나 부딪힘 각도가 30도 정도일 때는 부양력이 크고 이것은 원반이 공중에 좀 더 오래 떠 있게 된다는 의미도 된다. 즉, 항력과 부양력 사이에 서로 주고받음이 있으며 비행에 익숙한 독자는 이것을 잘 알 것이다. 비행기는 진공 속에서는 항력을 받지 않는다. 하지만 날아갈 수 없는데, 날개 주위로 흐르면서 부양력을 만들어줄 공기가 있어야 하기 때문이다. 오터는 부딪힘 각도를 조절할 수 없지만, 원반의 땅에 대한 방향 각도는 조절할 수 있다. 〈그림 8.9〉에서 α로 표시된 각도다. 오터는 훈련을 통해 h와 v_0를 고정시킨 다음, 거리를 최대로 하기 위한 θ_0와 α를 찾는 훈련도 해야 한다. 나처럼 멍청한 물리학자도 경로를 최적으로 만들 그 각도들을 찾아낼 수 있다 하더라도 이론을 실제로 바꾸는 것은 결코 쉬운 일이 아니다. 한 사람의 팔과 손을 훈련하여 원반을 완벽하게 던지기까지는 수년에 걸친 훈련과 연습이 있어야 한다.

최적의 경로를 찾아내기 위해서는 θ_0와 α의 특정한 값을 대입하여 뉴턴의 제2법칙 방정식을 풀어야 한다. 이렇게 하면 거리가 구해진다. 그리고 θ_0와 α를 약간 바꾸어 새로운 거리를 계산하고, 최대 거리를 산출하게 되는 θ_0와 α를 구할 때까지 이 과정을 계속 반복한다. 나는 여기에 바람 속도 $\vec{v}_w$도 변화시키면서 좀 더 복잡하게 계산했다. 원반던지기와 관련하여 바람 속도에 대해 정의한 규정은 없으며, 어떤 바람에서도 경기가 가능하다. 고려해야 할 변수가 이렇게 많기 때문에 컴퓨터가 계산하는 데 큰 도움을 주었다.

〈그림 8.11〉은 주어진 바람속력에서 거리가 최대로 되는 θ_0 및 α의 값을 보여준다. 바람속력 초속 15미터는 원반던지기 경기 때 발생하는 바람으로서는 매우 강한 편이다(여기서는 단지 경향을 보여주기 위한 목

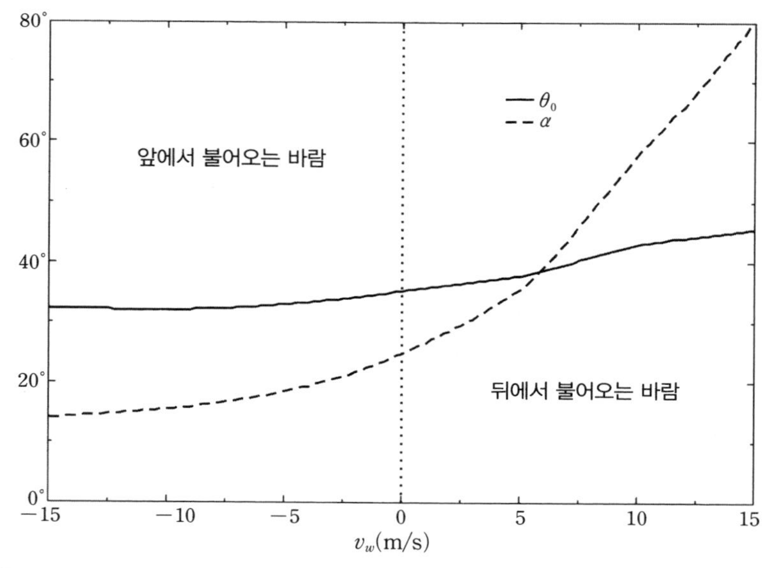

■ **그림 8.11** | 최대거리가 산출되는 바람속력의 함수로서 출발각도(θ_0)및 원반방향(α)의 값

적이다). 〈그림 8.11〉로부터 여러 가지 다른 정보도 얻을 수 있다. 오터가 원반을 던질 때 맞바람에 부딪힌다면 원반의 앞부분 방향을 출발각도 아래 10도에서 15도 정도가 되도록 던져야 한다. 속력이 초속 5미터를 훨씬 넘을 가능성이 있으면, 원반을 바람 속으로 던지는 전략은 원반 방향이 출발각도의 약 10도 아래가 되도록 해야 한다. 〈그림 8.9〉를 보면 원반이 날아가는 아주 초기의 부양력에는 아래로 향하는 성분도 있음을 알 수 있다. 바람에 대한 원반의 속도 벡터가 원반의 앞부분 아래로 떨어지면 부양력이 위로 향하는 성분을 가진다. 그러므로 원반 비행 대부분의 과정에 부양력은 위를 향한다.

이제 〈그림 8.11〉로 다시 가서, 오터가 등에 바람을 맞으면서 원반을 던진다면 어떻게 될지 생각해 보자. 바람 속력이 커지면 원반의 경사각이 더 커져야 한다. 초속 10미터 이상이면 지나치게 강한 바람이다. 그 지점에서 원반이 최대의 거리를 비행하려면 마치 범선의 돛처럼 보여야 한다. 여기서 중요한 생각은 맞바람이 불어온다면 연못에 돌을 튕겨 물수제비를 만들 때와 비슷한 각도로 원반을 던져야 한다는 것이다. 반대로, 바람이 뒤에서 불어온다면 돛을 올리듯이 원반을 세워서 던져야 한다.

〈그림 8.12〉는 각각의 바람속력에 대해 가능한 최대의 원반 거리를 보여준다. 〈그림 8.11〉에서의 θ_0와 α값을 이용하였다. 그래프를 보면 상식에 반대되는 것으로 생각될 수도 있다! 비먼의 멀리뛰기처럼 달려와서 점프하는 종목의 경우는 경기 운영이 가능한 바람의 최대 속력을 규칙으로 정해둔다. 사실 비먼은 뒤에서 불어오는 강한 바람의 덕

을 보았다. 〈그림 8.12〉를 보면 '맞바람 속으로' 원반을 던졌기에 바람이 없거나 뒤에서 불어올 때보다 '더 먼 거리'를 보낼 수 있다고 생각할 수 있다. 던지는 방향 쪽으로 바람이 분다고 해서 큰 도움이 되지는 않는다. 〈식 8.13〉에 대해 생각해 보자. 그 방정식에서 필요한 속력은 공기에 대한 원반의 '상대' 속력이다. 이와 같은 상대 속력은 언제 가장 커질까? '맞바람 속으로' 던질 때다. 원반 위를 지나는 공기를 생각해 보는 것도 이를 이해하는 한 방법인데, 비행기 날개 위를 지나는 공기와 비슷하다. 상대적 공기속력이 작으면 부양력이 크게 발생하지 않는다. 그렇다고 해서 날개 위로 미풍이 불고 있을 때, 비행기를 공중에 띄우기 위해 숨을 들이마시고 참아야 할 필요는 없다! 비행기

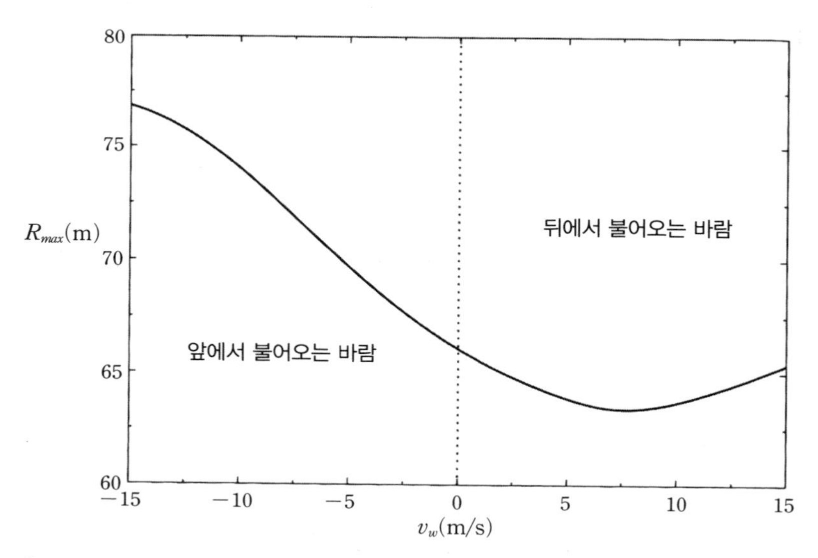

그림 8.12 | 바람속력의 함수로서 최대 원반 거리. 각각의 v_w에 대해 〈그림 8.10〉의 각도를 이용하였다.

는 활주로를 따라 가속하며 상대 속력을 충분히 확보하여 이륙에 필요한 부양력을 얻는다. 원반에 가해지는 부양력도 비슷한 형태로 작용한다. 원반 표면을 지나는 공기의 속력이 클수록 원반의 부양력도 크다.

오차 범위는 어떤 경우에 가장 작을까? 맞바람 속으로, 혹은 바람이 없을 때, 아니면 바람이 불어가는 방향으로? 〈그림 8.13〉을 보자(하와이 3개 섬의 지도와 비슷하다!). 앞에서 언급한 세 가지 경우의 출발각도들과 원반의 경사 사이의 관계를 보여주는 그래프다. 맞바람 속으

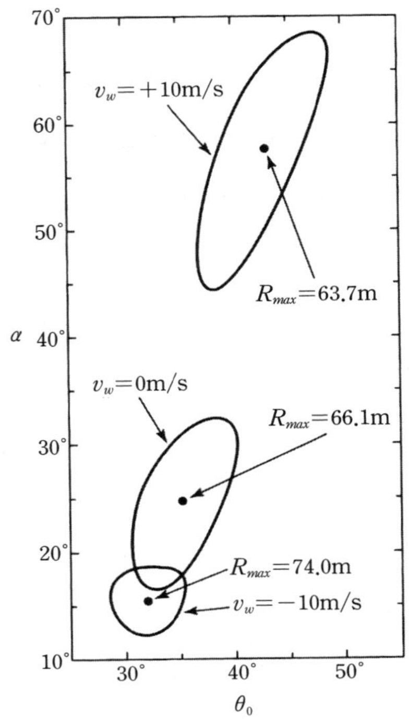

■ **그림 8.13** | 세 가지 바람의 경우별 원반 각도(α)와 출발각도(θ_0). 각각의 '섬'은 최대 거리에서 1미터 이내의 거리를 던지는 α와 θ_0의 값을 포함한다.

로($v_w = -10$m/s), 바람이 없을 때($v_w = 0$m/s), 바람이 불어가는 방향으로($v_w = +10$m/s). 각각의 '섬' 중앙 부근에 위치한 점은 주어진 바람속력에서 최대 거리를 던지게 되는 (θ_0, α)점을 나타낸다. 각각의 '섬'에 포함되는 (θ_0, α)점들은 모두 최대 거리에서 1미터 이내 범위의 거리를 던지는 점들이다. 바람 속으로 던지는 경우가 가장 멀리 날아가지만 오차 범위도 가장 작다. 자연에는 공짜가 없다는 또 한 가지 사례를 여기서 보게 된다! '바람이 불어가는 방향으로 섬'의 면적은 '바람 없는 섬'보다 거의 50퍼센트 더 넓고, '맞바람 속으로 섬'보다는 네 배나 더 넓다. 그러나 내가 원반던지기 선수이고 운이 좋아서 던지고자 하는 방향에서 강한 바람이 불어올 때 던지기 서클에 들어간다고 해도 좋은 기록을 올리기 위해서는 고도의 던지기 기술이 필요하다.

이제 이 장을 그래프 하나로 마무리하고자 한다. 오터가 던진 원반이 날아갈 경로를 보여주는 그래프다. 바람이 없고($v_w = 0$) 오터가 완벽하게 던진다고 가정한다. 원반은 땅에서 1.8미터 높이에서 초속 25미터의 속력으로 그의 손을 떠난다. 〈그림 8.10〉에서 $\theta_0 \simeq 35.25°$ 및 $\alpha \simeq 24.75°$로 얻어진다. 이 모든 값을 컴퓨터에 입력하면 〈그림 8.13〉으로 그려진다. 거리는 66.1미터로 이것은 우리가 앞에서 진공 속에서 최적으로 던졌을 때로 계산한 거리 65.6미터와 거의 일치한다. 던지는 각도만 다르게 나왔다. 진공의 경우는 $\theta_0 \simeq 44.2°$에서 최대거리를 얻어서 공기 중에서의 값보다 9도 정도 더 크다. 진공으로 가정하고 간단히 계산한 값은 공기 중에서의 값과 거리 및 비행시간이 동일했지만, 진공물리학으로 예측한 경로는 틀린 것으로 나타났다. 〈그림

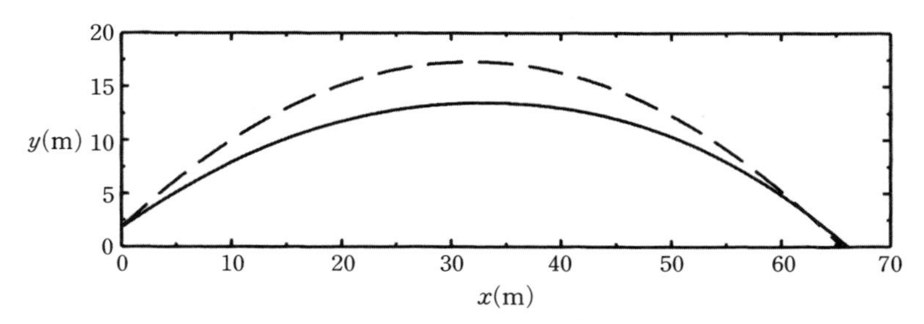

■ **그림 8.14** | '바람이 불지 않을 때'의 공기 중에서 최적의 경로(직선). 그 거리는 약 66.1미터다. 비행시간은 약 3.71초. 진공 중에서(점선)의 거리는 약 65.6미터고 비행시간은 약 3.66초.

8.14〉에서 볼 수 있듯이 진공에서 최적의 경로는 공기 중에서 경로에 비해 4미터 정도 높다. 공기 중에서는 출발각도가 작아서 원반이 공기를 '헤치며' 나가고, 경로 중 많은 구간에서 부양력을 유리하게 활용할 수 있다. 따라서 바람이 없는 상황에서의 결과를 보면, 항력으로 인해 줄어드는 거리가 부양력으로 늘어나는 거리로 거의 대부분 대체된다는 것을 알 수 있다. 바람 속으로 원반을 던지면 부양력을 좀 더 많이 활용하고 이것은 진공 중에서 던질 때 얻는 이익을 초과한다. 우리가 확인했듯이, 공기저항이 항상 나쁜 것만은 아니다!

오터는 선수생활을 마치고 자신의 에너지를 예술에 쏟았는데, 원반을 페인트에 던질 때 생기는 방울들로 그림을 만드는 작업이었다. 그리고 올림픽 출전선수들의 예술활동 모임인 '아트 오브 더 올림피안스Art of the Olympians'라는 단체를 만드는 데 주도적인 역할을 했다.[12] 동료 원반던지기 선수인 링크 바브카Rink Babka와 제5장의 주인공인 밥 비먼도 예술활동을 했다. 이제 이 올림픽 영웅을 떠나 또 다른 영웅을 만나러 가자.

스모 선수의 칼로리 소모와 선형운동량

09

유구하고도 독특한 전통

마스터즈 골프대회[1]의 전통을 말하는 것이 아니라 그보다 훨씬 오래된 어떤 운동 이야기다. 미국은 내가 태어난 이후에 건국 200주년 행사가 열릴 정도로 역사가 짧아서 그런지 야구, 농구, 그리고 미식축구(풋볼)가 미국식 스포츠의 대부분을 차지한다. 나를 비롯한 미국인들 대부분은 이러한 운동들 각각의 전통에 대해 어릴 적부터 배우며 자란다. 그렇지만 이들의 전통은 200년도 되지 않는다. 이에 비해 일본인들은 2000년 전으로 그 뿌리가 거슬러 올라가는 전통스포츠가 있는데, 스모라는 일본식 씨름이다. 영국의 이주민들이 버지니아 제임스타운에 오늘날 미국이라는 국가의 싹이 된 첫 항구적 정착지를 만들 때쯤(1607년), 스모는 일본인들이 가장 즐겨 보는 스포츠로 자리 잡았다. 이 장에서는 이 책의 모든 장들 중에서 가장 미국적이지 않은 내용을 다룬다. 그러나 나에게 스모는 이를 연구하여 글로 옮기게 될 정도로 매우 흥미로운 스포츠가 되었다. 서양인들에게는 스모가 이상하게 보일 수도 있지만 스모선수들 또한 다른 운동선수들만큼이나 물리학 법칙들로 제한되는 세계 속에서 움직인다.

이 일본 스포츠의 조직체인 일본스모협회JSA는 격월로 혼바쇼ほんばしょ라 부르는 정기 대회를 개최하며 대회가 열리는 기간 동안은 온 일본 국민들의 관심이 스모에 집중된다. 1년에 여섯 차례의 대회 중 세 차례는 도쿄에서 열리고, 오사카와 나고야, 그리고 후쿠오카에서 각각 한 번씩 열린다. 각각 보름씩 개최되는 이 대회 기간 동안의 본선 경기에서는 스모의 다양한 기술들이 펼쳐진다. 스모 선수를 리키시力士라 부르는데, 하급 리키시는 대회 초반에 거의 이틀마다 시합을 하므로 한 대회의 본경기에서 각각의 하급 리키시 한 명이 총 일곱 번 시합을 하게 된다. 그리고 대회 후반의 황금 시간대에는 상급 리키시들의 시합이 열린다. 상급 리키시들은 하루에 단 한 차례 시합만 갖고 그것으로 승패가 결정된다. 리키시가 자신이 치른 시합들에서 50퍼센트 이상의 승률을 올리면 카치코시勝越し의 지위가 되며, 50퍼센트에 못 미치면 마케코시負け越し가 된다. 대회의 본선 경기에서 거둔 성적은 다음 번 대회에 출전할 때의 선수 등급에 영향을 주게 된다.

스모 경기를 처음 보는 사람은 경기 전 긴 시간 동안 진행되는 의식에 놀란다. 특히, 상급 리키시들의 시합에서는 경기 시간보다 식전 의

식 시간이 훨씬 더 길다. 모든 상급 리키시들은 시합 전에 시합장에 입장해서 도효이리土俵入り라는 의식을 행한 다음 경기장을 떠났다가 자신의 차례가 다가오면 다시 돌아온다. 상급 리키시가 도효(경기가 이루어지는 원모양의 경기장) 안으로 들어오면 일본의 고유 종교인 신도神道에 그 뿌리를 둔 의식을 치른다. 리키시들은 양다리를 교대로 높이 들어 올리고 손으로 무릎을 짚으며 바닥을 힘껏 밟는데, 이것은 시코しこ라 부르는 행동으로 일종의 준비운동이다. 시합에 들어갈 위치를 잡기 전에 리키시는 소금을 원 안으로 던지는 의식을 한다. 신도에서 정결하게 만든다는 의미를 가진 종교적 행동이다. 그 다음, 리키시들은 각자 시키리센しきりせん이라는 흰색 선 뒤에 위치하여 몸을 구부린 자세로 공격에 대비한다(〈그림 9.1〉에 도효와 시키리센을 간단한 그림으로 나타냈다).

교지ぎょうじ라 부르는 심판은 쌍방에게 시작할 준비가 되었음을 알

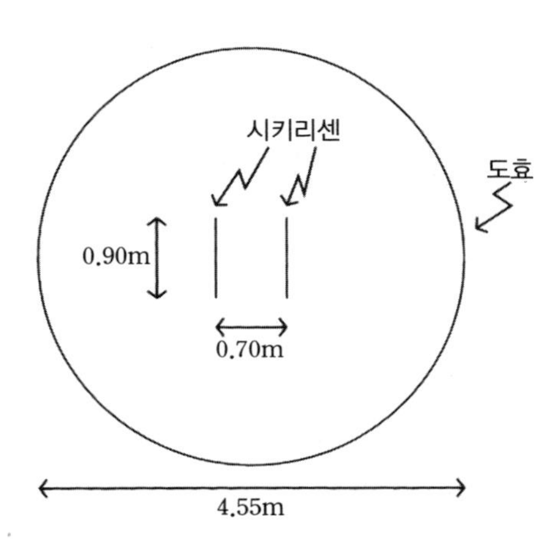

■ **그림 9.1** | 도효(원)와 시키리센(시작 선)을 간단히 나타낸 그림. 원밖에 위치해 있는 의식용 도구들은 생략했다.

리는 신호를 보낸다. 이제 돌격 앞으로? 아니다! 공격개시를 명령하는 총성은 울리지 않는다. 전투의 시작을 의미하는 벨도 없다. 두 리키시는 각자 잠시 동안 서로를 노려본다. 니라미아이にらみあい라는 의식이다. 거대한 체구에서 뿜어 나오는 눈빛으로 상대방의 의지를 꺾어놓자는 의도다. 물리학보다는 심리학이 지배하는 시간이다. 리키시들은 좀 더 집중하기 위해 자신의 코너로 돌아갈 수도 있다. 그리고 흰색 선으로 돌아와서 다시 시도한다. 그 시간이 아무리 길어도 관중들은 기다린다. 1954년 5월 6일 로저 베니스터Roger Bannister가 1마일(1.6km)을 달린 시간이 될 수도 있다(그는 최초로 마의 4분 벽을 깨트린 선수다). 리키시가 침묵의 동의를 보이면 둘은 동시에 공격에 들어간다. 타치아이たちあい라 부르는 승부겨루기다.

절대로 한눈을 팔아서는 안 된다! 단 몇 초 만에 경기가 끝날 수도 있다. 1분이 넘어가는 경우는 거의 없다. 상대를 원 바깥으로 밀어내거나 상대의 발 아닌 다른 신체부위가 경기장 바닥에 닿게 하면 승리한다. 첫 공격이 가장 중요하다. 몇 초 사이에 전 국민의 환호가 쏟아질 리키시가 결정되는 것이다.

최고의 선수

누구나 좋아하는 스포츠가 있을 것이다. 한 번도 스포츠 경기를 보지 못한 사람이 있을까? 미국에서 야구를 좋아하는 사람이라면 거의 대부분이 베이브 루스가 어떤 선수인지 기억한다. 일본 야구에서는 그에 해당하는 선수가 오 사다하루(왕정치)다. 권투라면? 대부분의 사람들은 무하마드 알리를 생각할 것이다. 그의 경기를 한 번도 보지 못했을지라도 이름은 들어보았다. 일본 도쿄의 시부야[2] 같은 곳에서 큰소리로 외치면 누구나 '스모'를 생각하는 이름이 있는데, 다이호 고키大鵬幸喜라는 스모선수다. 1940년 5월 29일에 태어난 다이호는 키가 187센티미터에 한창 때의 몸무게는 거의 150킬로그램에 달했다. 다이호는 1956년 9월에 스모에 등장했는데, 그 나이 또래의 미국 청년들은 운전면허를 따러 다닐 때다. 그리고 빠르게 스모 등급을 높여서 1961년 9월에는 48대 요코즈나에 올랐다. 내가 좋아하는 미식축구 선수인 댄 마리노가 태어난 바로 그 달이다. 요코즈나横綱는 '천하장사'로 번역할 수 있으며, 스모선수들이 오를 수 있는 최고의 지위로 한 번 획득하면 그 지위를 계속 유지한다. 한 명만 있는 것이 아니라 동시에 한 명에서 네 명 정도의 요코즈나가 존재할 수도 있다.[3] 다이호가 요코즈나에 오를 때의 나이 21세는 당시까지의 스모 역사에서 가장 어렸다.[4] 다이호는 10년 동안 최고의 자리를 유지한 후 1971년 5월 은퇴했는데, 최상위 리그[5]에서 746승 144패의 기록을 남겼다. 승률로는 84퍼센트다. 다이호가 가진 혼바쇼 대회 32회 우승의 기록을 깬 선수는 아직 없다. 1960년 1월의 도쿄대회에서 1971년 5월의 도쿄대회 사이에는 69차례의 혼바쇼가 열렸는데, 다이호가 32차례나 우승하여 자신이 출전한 혼바쇼 대회 우승률이 46퍼센트를 넘었다. 그중 8차례의 대회에서는 15:0의 기록으로 완벽한 우승자가 되었다. 그의 시대였다.

다이호가 요코즈나에 오르기 1년 이상 전에 열린 1960년 5월 8일

일요일의 경기는 아주 특별해서 스모의 세계가 다이호에게 주목하는 계기가 되었다. 그 도쿄 혼바쇼에서 다이호의 첫 번째 경기 상대는 46대 요코즈나로 막강한 아사시오 타로였다. 다이호는 타치아이에서 튕기듯 나가며 오른팔을 아사시오의 왼쪽 어깨 밑으로 끼워넣었다. 그리고 무지막지한 힘으로 아사시오를 자신의 왼쪽으로 돌리며 원 밖으로 밀어냈다. 요리키리라는 기술이었는데, '밀어내다'는 뜻의 요리키리는 전통적으로 스모에서 가장 널리 사용되는 승부수였다. 다이호가 요코즈나를 이기는 데 5초도 걸리지 않았다. 그 승리는 다이호가 얻은 유일한 '킨보시'였는데, 킨보시는 황금별金星이라는 뜻으로 상급 리키시가 요코즈나를 이길 때 주어지는 호칭이다.

스모에서 승부를 가르기 위해 이용되는 기술은 키마리테라고 부르며 80가지 이상이 있다고 한다. 이때 다이호가 이용한 요리키리 기술은 상대를 원 밖으로 밀어붙이는 단순한 기술이기 때문에 흔히 볼 수 있다. 리키시는 요리키리 기술을 구사할 때 상대방의 마와시(한국 씨름의 샅바—옮긴이)를 잡는 경우가 많다. 다이호도 이 기술에 능숙해서 승리한 경기의 30퍼센트 정도에서 이 기술을 사용했다. 요리키리는 선형운동량 그 자체라 할 수 있는데, 이러한 물리학 개념에 대해 조금 뒤에서 간단히 다루고, 지금은 리키시가 자신의 체구를 불리기 위해 먹는 음식과 또 그 음식이 격렬한 승부에 필요한 에너지로 어떻게 변화되는지 설명한다.

엄청난 양의 찬코나베, 마치 빅뱅처럼

리키시들은 헤야라는 곳에서 거주하며 훈련을 받는데 일본어 헤야部屋는 '방'으로 번역되지만 훈련소와 비슷한 의미를 가진다. 상급 리키시들이 이와 같은 훈련소를 만들어 운영한다. 그곳에는 엄격한 위계질서가 있어서 신참들은 청소나 식사준비 같은 허드렛일부터 수행해야 한다. 스모경기를 본 적이 있는 독자라면 스모 생활에서 먹는 일이 매우 중요한 부분을 이룰 것이라 생각하게 된다. 리키시 식단의 주요 메뉴는 '찬코나베'라 부르는 일종의 전골요리로, 닭고기와 쇠고기, 생선, 두부, 야채(버섯, 우엉, 당근 등), 된장, 감자 등의 갖가지 고영양의 재료가 들어간다. 거기에다 밥이 있고 술까지 더해진다.

그 많은 양의 음식을 몸에서 어떻게 다 이용할까? 물리학적 관점에서는 에너지보존법칙을 생각하게 된다. 빅뱅[6]이 일어났을 때 우주는 일정한 양의 에너지를 갖게 되었다. 예를 들어, 우리는 위치에너지의 기준점을 정의하고 그때의 전체 에너지가 0이라 말할 수 있다. 그리고 양의 운동에너지를 가지고 돌면서 그에 상응하는 음의 위치에너지, 즉 중력끌림을 받는 여러 입자들을 생각할 수 있다. 진공 상태에서 에너지로부터 입자와 그에 대응하는 반입자가 만들어지고 또 이들은 서로 충돌하여 소멸되면서 진공 상태에 다시 에너지를 발생시킬 수 있다. 중력끌림은 입자를 서로 가까이 당겨서 은하 먼지와 행성, 별, 그리고 우주의 다른 모든 차가운 성분들을 형성한다. 아주 운이 좋게도, 우리는 별로부터 생명체가 만들어지는 데 필요한 조건을 갖출 정도의 거리에서 형성된 큰 공 모양의 물질 위에 자리 잡게 되었다. 우리의 태양 안에서는 양성자가 다른 양성자와 충돌하면서 수소가 헬륨으로 바뀌는 융합반응이 일어난다. 양성자들은 모두 전하가 같은 극을 가져서 서로 가까이 접근하기 어렵기 때문에[7] 이런 충돌은 드물게 일어난다. 그러나 열에너지와 양자역학적 터널링quantum-mechanical tunneling이 있기 때문에 태양 속의 양성자들이 서로 반응하고 태양으로부터 광자의 분출로 이어지는 연쇄반응이 촉발될 수 있다. 태양의 중심부에서 한 쌍의 양성자가 충돌하여 광자가 분출되고 이것이 우리에게 도달하여 살갗을 보기 좋게 태우기까지는 10억 년 정도가 소요된다. 이렇게 긴 시간이 걸리는 것은 행운이라 할 수 있는데, 반응이 빨리 일어나면 태양의 수명이 짧아지고 이것은 곧 우리 지구의 멸망을 의미하기 때문이다. 지구의 나이는 대략 45억년 정도며, 태양은 사람 나이로 치면 조금 나이든 정도다. 매초 태양 중심부에서 약 40억 킬로그램의 물질이 에너지로 바뀐다. 아인슈타인이 자신의 유명한 공식인 $E_0=mc^2$을 통해서 질량은 에너지의 한 형태에 불과하다는 것을 입증해 보였기 때문에 우리는 질량과 에너지 사이의 이와 같은 전환을 이해할 수 있다(E_0=물체의 정지에너지, m=질량, c=진공에서 빛의 속력). 55억 년 정도가 지난 후 태양이 적색거성으로 변하면 우리 지구는 모든 물과 대기가 끓어서 달아나거나 태양에게 먹혀버릴 것이다. 하지만 우리에게는 충분한 시간이 있어 그동안 인류의 생존 방법을 찾을 수 있을 것이다!

이런 논의가 스모와는 무슨 상관이 있을까? 태양에서 분출되는 광자의 흐름은 식물의 광합성뿐만 아니라 지구상의 모든 생명들에게 없어서는 안 된다. 에너지의 형태는 그 형태가 계속해서 바뀌지만 그 총량은 항상 동일하게 유지되며 이는 물리학적으로 설명 가능하다. 에너지의 형태가 바뀜으로 무질서에서 질서가 창조될 수 있다. 나는 제6장에서 열역학 제2법칙에 대해 말한 바 있다. 일부에서 질서가 창조되려면 전체적으로는 무질서가 증가해야 한다. 원자들이 분자로 만들어지는 것은 지구에서 질서를 향유하는 한 가지 방법이 되는데, 예를 들어 DNA 같은 거대분자가 형성되어 우리와 같은 생명체에게 도움을 준다. 여기서 우리 인간과 같은 생명체가 구체적으로 어떻게 형성되었는지 논의하지는 않지만 그 개념은 설명할 수 있다. 어떤 것이 죽으면 질서가 무질서로 바뀐다. 우리는 지구에서 갖추어진 질서들이 주는 혜택을 향유하지만 이는 궁극적으로 태양이 죽게 되기 때문이기도 하다. 질서가 증가하면서 에너지가 한 형태에서 다른 형태로 변하는 것은 어떤 일이 행해진다는 의미이며, 이것은 다시 에너지 일부가 버려지는 것으로 이어진다.

이러한 개념을 바탕으로 생각해 보자. 찬코나베로 가득 찬 그릇 앞에 리키시가 앉아 있다. 그는 이제 음식을 먹으려 하는데, 그 음식이라는 존재(리키시 자신도 마찬가지다)는 태양에서 비롯되었으며, 태양은 또 빅뱅에서 그 근원을 찾을 수 있다. 리키시가 차가운 맥주와 함께 찬코나베를 먹는 이유는 어디에 있을까? 이제부터는 우리가 어떤 일을 할 수 있는 것은 우리 몸에서 에너지가 보존되기 때문임을 설명한다.

열역학의 기초

지금부터 열역학의 처음 두 법칙을 정량적으로 살펴보자. 첫 번째 법칙은 에너지보존법칙과 동일하다. 즉, 다음과 같다.

$$\Delta E = W + Q \qquad (식\ 9.1)$$

여기서 ΔE는 어떤 과정 동안 계 내부 에너지에 생긴 변화(즉, 주어진 계 내의 전체 에너지)이며, W는 그 과정 동안 해당 계에 가해진 일, 그리고 Q는 그 과정 동안 열 흐름의 양이다. 열이 계 내부로 들어가면 $Q>0$이며, 계에서 열이 나오면 $Q<0$이다. W와 Q 앞에 변화량을 의미하는 Δ를 붙이지 않은 이유는 주어진 순간에는 그 모두가 존재하지 않기 때문이다. 주어진 과정 동안에 전달된 양에 대해 말할 때만 의미를 가진다. 그러나 어떤 주어진 시간에 계 내에 존재하는 에너지의 특정한 양에 대해 생각할 때는 의미가 있는데, 〈식 9.1〉에서 Q가 0이라면 투입되는 에너지 전부를 일로 바꿀 수 있음을 말해준다.

휘발유에 내재된 모든 화학적 에너지를 일로 바꾸는 자동차를 만들려고 하기 전에 먼저 열역학 제2법칙을 생각해 보아야 한다. 닫힌계는 시간이 흐를수록 더 무질서해진다고 말한 바 있다. 앞의 제6장에서는 무질서도를 측정하는 물리량을 간단히 소개했다. 닫힌계에서 시간이 흐르면 엔트로피(무질서도)가 증가하는 경향이 있다는 것이 열역학 제2법칙이다. 이러한 제2법칙을 방정식으로 표시하면 다음과 같다.

$$\Delta S \geq 0 \quad (식\ 9.2)$$

여기서 부등호(≥)에 포함된 등호(=)는 자연스럽지 못한 어떤 과정에만 적용된다. 스포츠의 세계를 포함해서 우리가 알고 있는 대부분에서는 엔트로피가 증가한다. 〈식 9.2〉는 아주 간단한 형식이지만 우주에서 벌어지는 모든 과정들에 적용되어 제한을 가하고 있다. 엔트로피가 증가할 때는 열이 흐르는데, 이것은 우리가 어떤 일을 할 때면 항상 낭비되는 열이 있음을 의미한다. 열역학 제1법칙에 따르면 우리는 절대로 이길 수 없으며(가진 에너지보다 더 많은 일을 할 수 없다), 제2법칙은 우리가 비길(가진 에너지와 동일한 양의 일을 한다) 수도 없다고 말해준다. 이렇게 항상 어느 정도 낭비되는 열이 있기 때문에 끝없이 작동하는, 즉 영구기관이나 열을 전혀 발생시키지 않는 엔진은 불가능하다.

이와 같은 엔트로피를 기억하며 스모 훈련소를 생각해 보자. 신참 리키시는 하루에 몇 시간씩 청소를 한다. 그러면 훈련소 자체는 그 이전보다 좀 더 질서를 갖추고 엔트로피는 줄어든다. 그러나 리키시들의 엔트로피는 훈련소의 엔트로피가 감소한 것보다 더 많이 증가한다. 무엇보다도 그들은 일하면서 에너지를 발산하고 땀을 쏟는다. 전체 계(리키시+훈련소)의 엔트로피는 증가했다. 훈련소의 모든 리키시들이 먹고, 자고, 씻고, 요리나 훈련 등을 하면서 시간이 지나면 훈련소는 점점 더 혼란스러워지지 않을까? 어떤 리키시도 정리나 청소를 하지 않은 채 시간이 지나면, 훈련소의 엔트로피가 올라간다.

이와 같은 개념은 세포 속에 질서 있게 존재하는 분자에도 동일하게 적용된다. 세포가 홀로 방치되면 점점 더 무질서해지고 결국은 죽는다. 세포를 구성하는 모든 원자들은 각자 다른 방향으로 떨어져나가고 결국 '세포'가 해체된다. 세포가 살아 있기 위해서는 화학적 반응이 일어나야 한다. 이러한 반응은 일부 원자들을 분자로 결합시키는데, 그 반응에서도 역시 열에너지가 일부 방출된다. 이렇게 세포가 조직화되어 질서가 생기는 것보다 주위 환경이 무질서해지는 정도가 더 크기 때문에 전체적인 엔트로피는 물론 증가한다.

에너지의 행로

태양에서 온 에너지는 경기 시작과 함께 폭발하는 리키시의 공격으로 나타난다. 여기에서는 에너지의 이와 같은 행로를 간단하게만 요약할 것이다. 그렇지 않으면 생물학 교과서를 기술해야 할 것이기 때문이다. 그렇지만 독자들은 내가 여기에 설명하는 이상의 자세한 내용을 다른 곳에서 더 읽어볼 수 있을 것이다. 생물학과 화학(두 가지 모두 활발한 연구가 이루어지는 학문 영역이다)을 통해 우리의 몸이 어떻게 작동하는지 많이 알 수 있다. 그리고 다른 여러 분야와 마찬가지로 이런 학문 영역에서도 물리학 법칙들이 그 기초를 이룬다.

찬코나베 요리에 들어가는 여러 야채에게 내려쬐는 햇빛에서 시작하자. 광합성은 태양에서 온 전자기에너지를 이용해 땅 속의 물과 공기 중의 이산화탄소를 결합시켜서 당분을 생산하는 과정이다. 광합성의 부산물로 산소 가스와 약간의 열에너지가 나오며 우리가 호흡할 때 이러한 산소를 이용한다. 열에너지의 존재는 에너지보존법칙(열역학 제1법칙)에서도 확인되며, 태양의 전자기에너지가 모두 화학적 에너지로 전환되는 것이, 즉 효율성 100퍼센트가 아님을 말해준다(열역학 제2법칙). 생산된 당분에는 화학적 에너지가 들어 있는데, 내부에 화학결합의 형태로 저장된다. 리키시는 찬코나베 속의 우엉뿌리를 크게 한 입 베어 삼켜서 흡수하는 당분에서 이러한 에너지를 이용한다.

이와 같은 과정을 화학식으로 간략히 표현하면 다음과 같다.

$$(\text{전자기에너지}) + H_2O + CO_2 \rightarrow \text{당분} + O_2 + E_{\text{열}} \qquad (\text{식 } 9.3)$$

당분 속에는 이용 가능한 에너지가 저장되어 있는데, $E_{\text{열}}$만큼의 에너지는 이용할 수 없다. 저장된 에너지를 끌어내려면 위 방정식의 화살표가 거꾸로 되어야 하며, 이러한 역 과정을 호흡이라 부른다. 우리가 공기를 들이쉬며 산소를 마셔야 하며, 내쉴 때 이산화탄소가 나가는 이유를 이 방정식에서 알 수 있다. 먹는 음식으로부터 〈식 9.3〉의 역 과정을 통해 에너지가 방출되는 것을 '산화'라 부른다. 당분과 산소가 결합하기 때문이다.

〈식 9.3〉과 그 역의 호흡 과정을 이렇게 그 개요만 식으로 나타내기는 쉽다. 그러나 이러한 반응은 실제로는 여러 반응을 거치고 효소라 부르는 특수 단백질이 그 과정에서 촉매로 작용한다. 리키시가 찬코나베 한 그릇을 비우면 그의 신체에 많은 양의 당분이 들어간다(함께 먹는 밥에 들어 있는 탄수화물에서 얻어지는 영양소다). 그리고 리키시는 느긋하게 벽에 기대어 휴식을 취한다. 그가 섭취한 당분뿐만 아니라 이미 그의 몸에 들어 있는 당분들이 모두 동시에 호흡반응을 일으켜 저장된 화학적 에너지를 방출하고 물(수증기)과 이산화탄소를 배출하는 것은 아니다. 즉, 스모 훈련소에서 이런 에너지들이 자연적으로 연소되어버리는 것이 아니다. 우리 몸에서 일어나는 호흡은 그보다 훨씬 느린 속도로 통제 하에 진행된다. 당분에는 에너지가 저장되어 있지만 제멋대로 방출되는 것이 아니다. 만약 효소의 도움이 없다면 당분이 에너지를 내놓을 수 없을 것이다. 자연은 우리를 위해 여러 유형의 효소를 준비해두었으며, 그 각각은 특정한 화학반응들을 시작시키는 임무를 수행한다. 그리고 우리 몸의 세포에는 필요할 때 화학반응을 도와주는 갖가지 효소들이 정교하게 포함되어 있다. 리키시가 자신이 저장하고 있는 모든 에너지를 한 순간에 방출하지 않아도 된다!

당분이 에너지를 방출하면 세포가 그 에너지를 사용하기 전 극히 짧은 시간 동안만 저장된다. 이러한 에너지는 활성전달물질이라는 분자 내의 화학적 결합의 형태로 저장되는데, ATP라 부르는 이 분자는 중요하기 때문에 여기서 간단히 설명한다. ATP는 아데노신-3-인산 Adenosine-Tri-Posphate의 영문 첫 글자를 딴 약어지만 각각의 단어가 어떤 의미인지 알 필요까지는 없다. 우리 몸 세포 내의 미토콘드리아에서 에너지 전환이 일어나는데, 이것은 세포핵과 원형질막 사이의 세포질에 위치한 미세 구조물이다.

우리 몸이 에너지를 방출하기 위해 이용하는 가장 중요한 당분은 포도당으로 그 구조식은 $C_6H_{12}O_6$이다. 포도당에 호흡반응이 일어날 때의 화학식은 다음과 같다.

$$C_6H_{12}O_6 + 6O_2 \rightarrow 6H_2O + 6CO_2 + \text{에너지}(686\text{kcal}) \quad (\text{식 } 9.4)$$

광합성은 이와 반대방향으로 일어나는 반응이다. 포도당 1몰이 산화되면 686영양칼로리(킬로칼로리, 영양 단위로 그냥 칼로리라고도 한다. 제4장 '주 10' 참고)의 에너지가 나온다. 포도당 1몰은 약 6×10^{23}(6뒤에 0이 23개 붙는 숫자다)개의 포도당 분자를 나타내는 단위로, 질량으로는 약 180그램에 해당된다.[8] 공기 중에서 포도당이 분해된다면 686영양칼로리의 에너지가 열의 형태로 방출된다.

세포 내에서는 위에서 〈식 9.4〉로 표현한 반응이 일어날 때 ADP로부터 ATP가 생합성된다. ADP는 아데노신-2-인산Adenosine-Di-Posphate의 영문 첫 글자를 딴 약어지만 ATP와 마찬가지로 여기서 그 구체적 의미를 알 필요는 없다.[9] 세포가 에너지를 필요로 하면 ATP가 분자 내에 저장된 에너지를 공급해준다. 물 분자가 쪼개지면서 반응을 일으키는 가수분해라는 과정을 통해 에너지를 방출하는데, 그 결과 ATP가 ADP로 변하게 된다. 이렇게 만들어진 ADP는 또 다른 반응을 거쳐 다시 ATP로 만들어진다. 우리 몸의 살아 있는 세포 내에서는 이와 같은 주기가 계속해서 반복된다. ATP는 매우 짧은 순간 동안만 에너지를 저장한다는 데 주목할 필요가 있다. ATP는 일단 에너지를 저장하면 이를 방출할 준비가 된다. 우리 몸의 세포 내에 많은 ATP들이 자신이 저장한 에너지를 이용해주기를 기다리면서 오랜 시간 동안 대기하고 있는 것은 아니다.

〈식 9.3〉에 포함된 산소는 중요한 요소다. 산소는 물론 호흡을 통해 얻는다. 〈식 9.3〉의 포도당 반응식에서 686영양칼로리의 에너지를 얻자면 6몰의 산소가 필요함을 알 수 있다. 표준온도와 압력에서의 산소를 이상기체, 즉 상호반응이 일어나지 않는 분자들로 이루어진 기체라 가정하자. 화학교과서는 이상기체 1몰의 부피가 22.4리터라고 한다. 우리가 한 번 호흡할 때마다 다음과 같은 식으로 구해지는 만큼의 에너지를 생산할 수 있다.

$$\frac{686\text{kcal}}{\{(O_2\ 6\text{몰}) \times (22.4\text{리터}/O_2\ 1\text{몰})\}} \simeq \text{약 } 5\text{kcal/리터} \qquad (\text{식 } 9.5)$$

즉, 우리 몸이 산소 1리터를 소비할 때마다 몸은 에너지 약 5영양칼로리를 만들어 이용한다. 하지만 우리 가슴 속의 허파(폐)는 매번 호흡할 때마다 들어오는 산소를 모두 흡수하지는 않는다. 들이마시는 산소의 약 16퍼센트는 다시 내뱉는다. 즉, 질소(공기의 약 78퍼센트를 구성한다)는 폐에서 전혀 흡수되지 않기 때문에 한 번 호흡할 때마다 흡입되는 물질의 4~5퍼센트만 폐에서 흡수된다는 의미다. 어떤 일상활동을 하느냐에 따라 다르지만, 우리는 매일 300~800리터 정도의 산소를 필요로 한다. 이것을 〈식 9.5〉에 적용하면 매일 1500~4000영양칼로리를 태우는 것에 해당된다.

이제 이 정도의 지식을 가지고 원래의 이야기로 돌아간다. 리키시는 찬코나베를 입에 가득 넣어 삼킨다. 음식 속의 포도당은 폐에서 흡수된 산소와 ADP들을 이용하여 ATP들을 만들어낸다. 여기서는 미토콘드리아가 가장 중요한 역할을 한다. 이 과정에 부산물도 일부 만들어지는데, 이산화탄소와 물이다. 이산화탄소는 호흡할 때 내뱉으며, 물은 땀이나 소변 등 여러 경로를 통해 배출한다. 다시 ATP가 에너지를 저장한다. 이제 우리 몸이 이렇게 저장된 에너지를 이용하는 한 가지 방법을 살펴보자.

일하고 있어요!

'일Work'은 에너지나 운동량, 그리고 일률처럼 일상적으로 사용하는 단어다. 우리는 '일하러 가서', '열심히 일하고', '먹고 또 일한' 다음 '일을 끝낸다.' 그러나 물리학에서는 '일'에 대한 정의가 매우 엄격하다. 즉, 일은 〈힘의 특정 방향 성분〉×〈그 방향으로 이동한 거리〉로 정의된다. 쉽게 '힘 곱하기 거리'로 생각해도 되지만, 그렇게 단순하지는 않다. 어떤 종류의 힘들은(제8장에서 만났던 구심력이 대표적이다) 물체의 움직임 방향을 변화시키지만 일은 전혀 하지 않는다. 구심력은 물체의 이동방향과 항상 수직이므로 힘에서 물체의 이동방향 성분이 없어 그 값이 0이기 때문이다. 즉, 물리학에서의 일은 물체의 이동방향으로 가해지는 힘의 성분이 있을 때만 수행된다.[10]

물리학에서 말하는 일의 개념을 좀 더 잘 적용해 보기 위해 혼바쇼에서 다이호가 훈련하는 모습을 생각해 보자. 다이호가 이용했던 훈련도구들 중에는 '텟포teppo'라는 기구가 있는데, 전봇대처럼 생겼지만 그처럼 크진 않다. 권투선수의 훈련용 헤비백이나 영화 〈록키〉에서 주인공이 이용했던 고깃덩이처럼 텟포도 리키시의 공격 상대 역할을 해준다. 리키시는 손으로 텟포를 치면서 팔과 다리, 허리를 강화한다. 이렇게 하면 손도 거칠게 단련된다! 다이호가 손으로 텟포를 치는 모습을 상상해 보자. 그의 하체가 중심보다 뒤에 위치한 자세에서 엄청난 힘을 동원해 손으로 텟포를 민다. 그러나 바닥에 단단히 고정되어 있는 텟포는 움직이지 않는다. 다이호 역시 움직이지 않는데 텟포에서 다이호에게 가해지는 힘이 바닥이 그에게 가하는 정지 마찰력과 정확하게 균형을 이루기 때문이다. 연습장 밖에서 훈련을 참관하는 신참 리키시의 눈에는 아무런 움직임도 보이지 않는다. 텟포 없이 이에 대해 설명하려면 서서 단단한 벽을 밀어보는 것도 한 방법이다. 물리학적 관점에서 다이호는 텟포에 대해 아무런 일도 하지 않았다. 그러나 "난 힘을 너무 써서 지쳤는데, 어떻게 아무 일도 안 했다고?"라고 반박할 수도 있을 것이다. 다이호가 밀었던 텟포나 내가 밀었던 벽은 일체 움직이지 않았기 때문에 아무 일도 행해지지 않은 것이다. 한 시간 동안 계속해서 밀어도 그 물체가 움직이지 않으면 아무리 땀이 나고 지쳐도 일은 하지 않은 것이다. 자신이 실제로는 일을 했어도 텟포나 벽에 행해진 일은 없는 것이다. 이런 현상을 이해하기 위해서는 텟포나 벽이라는 거시적 세계를 떠나 세포 내의 미세한 구조로 접근해야 한다.

폐가 산소를 몸으로 흡수하여 반응의 시작에 중요한 역할을 한다. 우리 몸의 근육들은 역으로 반응하여 산소를 방출한다. 앞에서 우리 몸이 포도당과 산소를 이용해서 에너지를 만들어 ATP에 저장한다고 설명한 바 있다. 여기서는 우리가 벽을 밀면서 벽에는 아무런 일을 해주지 않더라도 근육에서는 어떻게 ATP를 이용하여 일을 하는지 현미경적 차원에서 살펴볼 것이다. 우리가 바닥에서 공을 들어올릴 때 공에다 일을 해주는 것은 이해하기 쉽다. 공에다 일정한 힘을 가해서 위치를 옮기는 데 힘 벡터의 방향이 공이 옮겨지는 방향과 동일하다면 이때 한 일은 단순히 힘과 이동거리를 곱한 것이다. 우리 몸의 내부에서는 골격근이 수축하여 골격을 움직인다. 해부학적으로는 근육이 수축하며 뼈를 당겨서 그 뼈를 움직인다. 따라서 일을 하는 것이다. 그러나 텟포나 벽을 밀 때는 아무것도 움직이지 않는 것으로 보인다.

호흡하면서 공기를 들이마시면 폐에서 공기 중의 산소를 흡수하여 대부분은 혈액 속의 헤모글로빈으로 전달한다. 일부 혈액은 근육조직으로 흘러간다. 근섬유筋纖維라고도 부르는 근육세포는 긴 원통모양의 구조로 여러 개의 핵을 가지고 있다. 근육세포 하나는 굵기가 50마이크로미터($1\mu m = 10^{-6}m$) 정도에 지나지 않지만 신축성이 매우 강하여 길게 늘어날 수 있다. 근섬유 내에는 근원섬유筋原纖維가 많이 들어 있는데, 근원섬유의 크기는 직경이 1~2마이크로미터로 아주 미세한 구조다. 즉, 한 개의 근섬유 내에 포함된 근원섬유의 수는 수백 개에서 2000개에 달한다. 빨대 여러 개가 원기둥처럼 한데 묶여 있는 모양을 상상하면 된다(〈그림 9.2〉).

각각의 근원섬유(빨대) 내에는 많은 수의 근절(근섬유분절)들이 들어 있다. 빨대 한 개를 잡고 둘레에 거의 비슷한 간격으로 둥근 원을 그린다고 상상하자. 각각의 원은 빨대의 길이 방향 축에 수직이 되고,

이것은 동전묶음에서 동전들 사이의 공간과 거의 비슷하다(〈그림 9.3〉에서 흰색 마디 각각을 동전이라 생각하면 된다). 빨대에서 그와 같은 마디 각각 혹은 동전들은 근절이다. 근절 하나의 길이는 2.5마이크로미터에 불과하다(우리 상상 속의 동전묶음에서 동전 한 개의 두께에 해당한다). 각각의 근절 내에는 두 종류의 필라멘트(세사)가 있는데, 서로에 대해 미끄러져 들어갈 수 있는 조직들이다. 그중 한 종류의 필라멘트는 두께가 얇은 '액틴actin'이고 다른 한 종류는 두꺼운 '미오신myosin'이라는 필라멘트다. 두 종류의 필라멘트들은 근원섬유의 원통형 축을 따라 움직인다. 빨대의 한 마디(근절)를 두꺼운 스파게티국수(미오신 필라

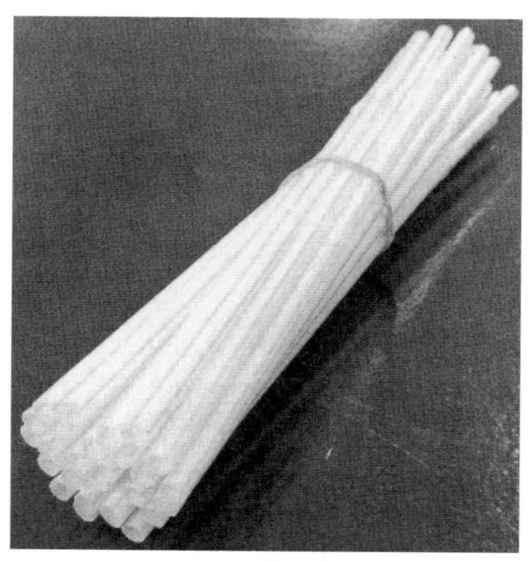

■ **그림 9.2** | 근육세포의 장난감 모형. 각각의 빨대들은 근육세포 내의 근원섬유를 나타낸다. 모형이 크기에 비례하는 것이 아니다. 빨대를 실제 숫자만큼 모아서 묶을 수 없기 때문이다(수백 개가 필요할 것이다).

멘트)와 얇은 잔치국수(액틴 필라멘트) 가닥으로 그려보자(〈그림 9.4〉). 미오신 필라멘트 두께는 약 16나노미터(1nm=10^{-9}m)로 액틴 필라멘트 두께의 세 배다.[11]

이쯤에서 독자들 사이에서 "웬 생물학 강의? 내 머리 속은 스파게티로 차 버렸는데!"라는 항의가 나올지 모른다. 아주 조금만 더 참으면 다시 흥미로운 이야기로 돌아온다. 미오신 필라멘트에는 '미오신 헤드'가 여러 개 붙어 있다. 〈그림 9.5〉의 미오신 헤드가 원시인의 몽둥이를(여기서는 액틴 필라멘트에 끼워져 있다) 닮았다. ATP 분자가 미오신 헤드

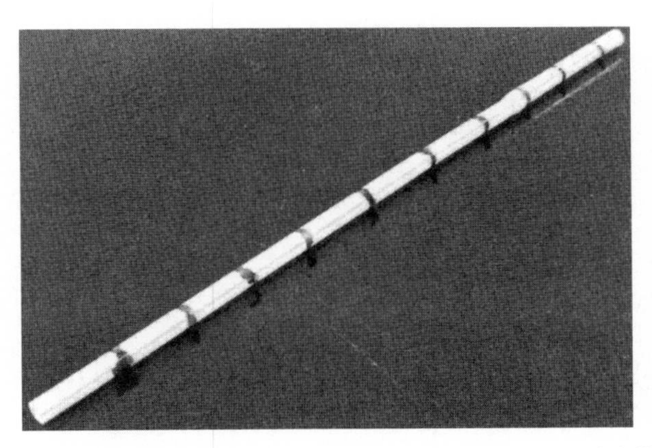

■ **그림 9.3** | 하나의 근원섬유(빨대) 속에 많은 수의 근절이 들어 있다. 그림에서는 검은 펜으로 근절(흰색 마디)들을 나누었다.

■ **그림 9.4** | 하나의 근절 내에 얇은 필라멘트(액틴)와 두꺼운 필라멘트(미오신)가 들어 있다. 이 모형은 빨대를 절반으로 잘라서 액틴 대용으로 잔치국수를, 미오신 대용으로 스파게티를 이용했다.

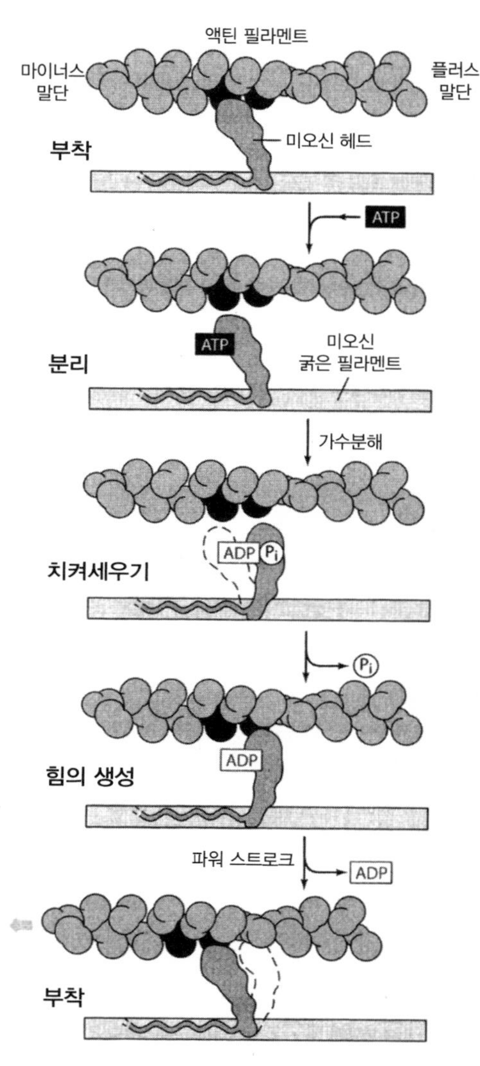

부착 – 순환주기의 시작이다. 결합 뉴클레오티드가 없는 미오신 헤드는 액틴 필라멘트에 '강직'된 형태로 고정된다(여기서 '강직'이라는 용어가 사용된 것은 죽은 후 나타나는 사후강직의 원인이 여기에 있기 때문이다). 능동적으로 수축하는 근육에서는 이러한 상태는 매우 짧은 순간만 유지되며, ATP 분자가 결합하면서 끝난다.

분리 – ATP 분자는 미오신 헤드 뒷부분의(액틴 필라멘트에서 가장 먼 쪽) 커다란 틈새에 결합하고, 즉시 액틴 결합부위 구성에 약간의 변화가 일어난다. 이렇게 되면 헤드가 액틴에 결합하는 부착력이 감소하여 필라멘트를 따라 헤드가 움직인다. (그림에 보이는 헤드와 액틴 사이의 공간이 이러한 변화의 핵심이다. 하지만 실제로는 헤드가 액틴에 매우 가까이 위치할 것이다.)

치켜세우기 – 헤드의 틈새는 마치 굴착기의 삽처럼 ATP 주위에서 닫히며 모양이 변하여 헤드가 필라멘트를 따라 약 5나노미터 정도 이동하게 된다. ATP는 가수분해되고, 이때 만들어지는 ADP와 P_i가 단백질에 단단히 결합된 상태로 남는다.

힘의 생성 – 액틴 필라멘트의 새로운 지점에 미오신 헤드가 약하게 결합하면 ATP의 가수분해로 생긴 무기질 인이 방출되고, 그에 따라 헤드는 액틴에 강하게 결합된다. 이 과정의 결과로 파워 스트로크가 발생한다(헤드가 원래의 형태로 다시 돌아가면서 힘이 발생한다). 파워 스트로크 과정 동안 헤드에 결합되었던 ADP가 떨어져 나가고 다시 새로운 순환주기가 시작된다.

부착 – 순환주기의 마지막에, 미오신 헤드는 액틴 필라멘트에 단단히 고정되어 강직된 형태로 된다. 헤드가 액틴 필라멘트의 새로운 지점으로 이동했음을 알 수 있다.

■ **그림 9.5** | 미세한 수준에서 나타낸 일이 행해지는 모습

로 튀어오른다. ATP는 ADP 분자로 되면서 저장된 에너지를 방출하고 미오신 헤드를 '치켜세운다.' 제1장의 〈그림 1.2〉 휘어지는 자 모형에서 적용된 아이디어와 같다. ATP 분자에 저장되었던 에너지의 일부가 이제는 미오신의 치켜세워진 헤드 형태의 에너지로 옮겨졌다. 이제 미오신 헤드가 일을 할 수 있게 됐다! 치켜세워진 미오신 헤드는 액틴 필라멘트에 붙고 세워진 헤드를 스스로 굽힌다. 말하자면, 미오신 헤드가 액틴 필라멘트에 힘을 가해서 그것을 움직인다(원시인의 몽둥이가 스파게티에 '일을 하여' 근육이 수축된다). 드디어 일이 등장했다! 빅뱅에서부터 시작하여 태양 내부의 핵들이 융합하고, 광합성이 이루어지고, 찬코나베를 먹고, 산소를 흡입하고, 포도당이 산화되며, ATP에 에너지가 저장되고, 미오신 헤드를 치켜세우며 에너지가 옮겨진다. 그리고 세워졌던 미오신 헤드가 숙여지며 마침내 액틴 필라멘트에 일이 행해진다. 먼 길을 돌아서 왔다!

벽을 계속해서 밀다 보면 피곤해지고 땀이 흐르게 된다. 땀은 우리 몸이 열을 쉽게 방출할 수 있도록 돕는 작용을 한다. 그리고 땀은 앞에서 설명한 것처럼 근육이 에너지를 전환할 때 만들어지는 부산물이기도 하다. 골격근의 에너지 효율성은 20퍼센트에 불과하다(활동 강도에 따라서 약 ±6퍼센트 정도의 차이는 있다).

리키시가 텟포를 미는 동안 근육의 긴장도를 거의 일정하게 유지하기 위해 미오신 헤드는 액틴 필라멘트를 일초에 수백 번씩 움직인다. 미오신 헤드가 움직이면 액틴 필라멘트는 뒤로 밀려간다. 이러한 필라멘트가 뒤로 밀려가면 마치 스프링처럼 곧 제자리로 돌아가면서 저장된 일부 위치에너지를 방출한다. 이러한 개념은 우리 몸의 길항근에도 적용된다. 길항근은 어떤 근육(동작근)이 움직임에 반대로 작동하는 근육을 말한다. 미오신 헤드는 근육을 수축시키는, 즉 단단하게 만드는 작용만 하고 근육을 이완시키지는 못한다. 팔운동 기구인 암컬arm curl을 하고 있다고 상상하자. 이때는 이두근(동작근)이 수축한다. 말하자면 원시인의 몽둥이(미오신 헤드)가 작동한다. 그러나 이와 동시에 삼두근(길항근)은 늘어나는데, 이때 삼두근에서 원시인 몽둥이는 아무것도 하지 않는다. 팔을 펴면서 무게 추를 내릴 때는 삼두근이 동작근으로 수축하고 이두근은 길항근이 되어 늘어난다. 길항근이 없으면 동작근이 수축해서 한 동작을 되돌릴 수 없을 것이다.

생화학적인 여러 가지 상세한 사항들이 있지만 생략하고, 여기서 우리는 어떤 일이 일어나든 물리학적 법칙을 벗어나지 않는 데 감사하게 생각해야 한다. 힘껏 밀어도 텟포가(혹은 벽이) 꿈쩍도 하지 않지만 어디에선가는 일이 행해져야 한다. 〈그림 9.5〉에서 아주 자세히 확대해서 보았을 때, 분명히 힘이 물체를 움직였고 따라서 일을 한 것이다. 좀 더 확대하면 ATP 분자와 미오신 헤드의 구조도 그릴 수 있다. 그리고 분자 수준까지 거슬러 올라가면, 이때 각각의 원자 속에서 전자가 무엇을 하고 있는지 알게 될 것이다. 액틴 필라멘트에 가해지는 미오신 헤드의 힘은 궁극적으로는 전자기력이라 할 수 있다.

우리 몸이 일하는 방식은 아주 놀라울 정도로 흥미롭고, 독자가 원한다면 다른 여러 문헌들에서 여기에 설명된 것보다 훨씬 더 많은 이야기를 접할 수 있다. 하지만 이제 그만 미시적 세계를 벗어나서 좀 더 익숙한 물리학의 거시적 세계를 다시 한 번 살펴보자.

선형운동량

이제 우리 몸 안에서 에너지가 어떻게 일로 바뀌는지 이해했으며, 맞붙을 준비가 되었다. 타치아이たちあい라 부르는 리키시의 첫 공격이다. 일단 다이호와 아사시오가 니라미아이にらみあい라는 준비자세에서 암묵적인 합의에 이르면 서로를 향한 공격이 개시된다. 〈그림 9.1〉을 다시 보면 공격을 시작할 때 다이호와 아사시오 사이를 떼어놓는 공간이 넓지 않음을 알 수 있다. 이것은 두 리키시가 충돌하는 순간까지 둘 중 어느 쪽도 큰 속력을 낼 수 없다는 의미가 된다. 찬코나베를 벌컥벌컥 삼키고 무거운 체중을 확보해야 하는 이유가 여기에 있다.

큰 덩치가 중요한 이유를 이해하기 위해 선형운동량에 대해 먼저 설명할 필요가 있다. 우리는 앞의 제5장에서 회전운동에 있어 각운동량이라는 개념을 접한 바 있다. 여기서는 병진운동, 즉 일직선으로 움직이는 운동이 중심이 된다. 〈식 3.6〉으로 제시한 뉴턴의 제2법칙이 여기서도 언급된다.

$$m\vec{a}=\vec{F}^{\text{net}} \qquad \text{(식 9.6)}$$

뉴턴이 그의 유명한 제2법칙을 수립할 때 그는 가속도를 생각한 것이 아니라 선형운동량을 염두에 두었다. 선형운동량을 $\vec{p}$로 표시할 때 다음과 같은 공식으로 선형운동량을 정의할 수 있다.

$$\vec{p}=m\vec{v} \qquad \text{(식 9.7)}$$

아주 간단한 공식처럼 보인다. 그러나 물론 독자들이 상상하듯이 이 공식 안에는 실제로 훨씬 많은 것이 들어 있다. 우리는 주위에서 가끔씩 '운동량'이라는 말을 아주 일상적인 용어처럼 듣는다. '그는 운동량이 많은 사람이다' '운동량을 늘려서 살을 빼라' 등이다. 물론 물리학적 관점에서 보면 정확한 표현이 아니지만 물리학 법칙들과 어느 정도 관련을 가진다. 〈식 9.7〉에서 질량과 속도의 곱을 생각하자. 공에 부딪혀야 한다면 100km/hr 속력의 탁구공(질량 2.7gm)과 같은 속력의 야구공(질량 145gm) 중 어느 쪽에 맞는 것을 택할까? 둘 다 부상을 입히겠지만 나는 탁구공을 택할 것이다. 야구공의 질량이 탁구공보다 거의 54배 크기 때문이다. 〈식 9.7〉에 대입하면 탁구공이 가진 선형운동량은 야구공의 154분의 1에 불과하다.

탁구공을 선택할 수밖에 없는 이유를 설명하기 위해 뉴턴의 제2법칙을 그가 처음 표현했던 형태로 여기에 다시 적을 필요가 있다(물론 좀 더 간결하게 현대적인 부호를 이용한다). 뉴턴의 제2법칙을 좀 더 근본적인 방법으로 표현하면 다음과 같다.

$$\frac{\Delta\vec{p}}{\Delta t}=\vec{F}_{\text{ave}} \qquad \text{(식 9.8)}$$

여기서 $\vec{F}_{\text{ave}}$는 Δt라는 시간 간격 동안 물체에 가해지는 평균 알짜 외부 힘이다.[12] 평균가속도는 다음과 같이 정의된다.

$$\vec{a}_{\text{ave}} = \frac{\Delta \vec{v}}{\Delta t} \qquad \text{(식 9.9)}$$

〈식 9.7〉과 〈식 9.9〉를 결합하면 〈식 9.8〉이 도출되고, 뉴턴의 제2법칙도 〈식 9.6〉으로 표현된다. 〈식 9.8〉로부터 우리는 물체의 선형운동량의 시간변화율은 그 시간 간격 동안 그 물체에 가해진 알짜 외부 힘의 평균임을 알 수 있다.

다시, 다이호의 공격 순간으로 돌아가자. 니라미아이 시간 동안 눈싸움을 견뎌낸다면, 몇 초 내에 타치아이 동안 어떻게 해야 할지 결정해야 한다. 다이호의 공격을 막아내자면 그의 속력을 0으로 줄여야만 한다. 즉, 그의 선형운동량을 0으로 만들어야 한다. 〈식 9.8〉을 다음과 같이 다르게 표현할 수 있다.

$$\Delta \vec{p} = \vec{F}_{\text{ave}} \Delta t \qquad \text{(식 9.10)}$$

위 방정식의 우변은 물리학자들이 상호작용에 있어서의 '충격량'이라 표현하는 것인데, 일상생활에서도 자주 사용해온 용어다. 충돌 시 물체에 가해지는 힘은 매우 복잡할 때가 많다. 충격량을 힘의 평균을 이용해서 정의하는 이유도 여기에 있다.[13] 공격해 오는 다이호를 멈추게 만들려면 다이호의 $\Delta \vec{p}$에 해당하는 크기가 필요하다. 즉, 이 크기는 그가 첫 공격에서 나에게 접촉하는 순간의 속력과 체중의 곱이다. 만약 내가 그를 일시적으로 정지시킬 수 있다면, 다이호의 최종적 선형운동량이 0이기 때문이다. 다이호를 멈추게 만들어 막아내려 하지만 〈식 9.10〉의 좌변은 내가 통제할 수 없다. 그러나 방정식의 우변은 내가 조작할 수 있다. 힘에 충돌시간을 곱한 값은 고정되어 있지만, 힘과 충돌시간 각각은 둘을 곱하여 고정된 값이 얻어지도록 원하는 대로 바꿀 수 있다. 내게 아주 큰 힘이 없다고 생각되면 충돌시간을 늘리면 된다. 다이호가 나와 충돌한 직후 아주 약간 몸을 뒤로 뺀다. 그러나 너무 멀리 물러나면 안 된다. 경기장 원 밖으로 나갈 수 있기 때문이다. 더 이상 뒤로 물러날 수 없으면 큰 힘을 가해서 그를 정지시켜야 한다. 이제 리키시가 몸집이 클 뿐만 아니라 힘도 강해야 하는 이유를 알게 되었다.

아마 대부분의 사람들이 인식하지 않으면서 〈식 9.10〉을 활용하고 있을 것이다. 의자나 나무 위에서 뛰어내려본 적이 있으면, 발이 땅에 닿을 때 본능적으로 무릎을 굽혔을 것이다. 무릎을 굽히지 않고 편 상태로 착지하면 선형운동량을 0으로 만들기까지 걸린 시간이 너무 짧아서 필요한 힘은 상대적으로 커져 무릎에 부상을 입기 쉽다. 무릎을 굽히면 충돌시간이 늘어나고 따라서 멈추기 위해 필요한 힘이 줄어든다. 야구글러브도 같은 원리로 작동한다. 글러브의 패딩padding이 충돌시간을 늘려주는 역할을 한다. 글러브 없이 야구공을 받아본 적이 있다면, 아마 야구공이 손에 닿는 동시에 손을 뒤로 당겼을 것이다. 맨손으로 손을 움직이지 않고 야구공을 받는 것보다 훨씬 좋은 방법이다.[14]

자동차 에어백 덕분에 생명을 건진 사람들이 많이 있다. 물리학이 생명을 구해주었다! 에어백이 충돌시간을 늘려주고 따라서 멈추게 하는데 필요한 힘이 줄어든 것이다.

알짜 외부 힘이 0인 계에서 선형운동량이 보존된다는 개념에서 우리는 세계가 작동하는 방식이 매우 아름답다는 것을 다시 한 번 확인할 수 있다. 〈식 9.10〉의 우변에서 알짜 힘이 0일 경우가 그렇다. 여기서 '계'라는 단어가 매우 미묘한 의미를 가진다. 다이호가 계에서 유일한 존재라면 그의 선형운동량은 보존되지 않을 것이다. 충돌할 때 알짜 힘을 느끼기 때문이다. 그러나 계에 다이호와 아사시오 모두가 포함되면 선형운동량이 보존되는 상황에 좀 더 근접한다. 리키시들은 분명히 지구로부터 받는 외부 힘(체중)을 느끼지만 그와 같은 힘은 경기장 바닥으로부터의 수직항력에 의해 대부분 상쇄된다. 각각의 리키시는 바닥의 마찰력을 느낀다. 하지만 계가 두 리키시로 이루어졌음을 생각하면 마찰력의 방향은 대부분이 서로 반대고 그 크기는 비슷하다. 그리고 리키시가 부딪힐 때 충돌시간은 매우 짧아서(1초 이하일 경우도 많다) 한쪽이 다른 쪽에게 가하는 힘이 각각의 리키시가 경험하는 주된 힘이다. 그러나 뉴턴의 제3법칙에 의하면 첫 번째 리키시가 두 번째 리키시에게 가하는 힘은 두 번째 리키시가 첫 번째 리키시에게 가하는 힘과 같고 방향은 반대다. 그와 같은 힘들이 상쇄된다는 것은 두 리키시로 이루어진 계에 가해지는 알짜 힘이 짧은 충돌시간 동안에는 0이라는 의미다. 뉴턴의 제3법칙과 선형운동량 보존의 법칙은 밀접히 연결되어 있다.

충돌을 좀 더 정량적인 방법으로 분석하기 위해, 두 리키시로 이루어진 계에서의 선형운동량에 발생한 변화를 다음과 같은 식으로 표현할 수 있다.

$$\Delta\vec{p}_{계} = \Delta\vec{p}_{다이호} + \Delta\vec{p}_{아사시오} \qquad (식\ 9.11)$$

또는

$$\Delta\vec{p}_{계} = (\vec{p}_{다이호,\ final} - \vec{p}_{다이호,\ initial}) + (\vec{p}_{아사시오,\ final} - \vec{p}_{아사시오,\ initial}) \qquad (식\ 9.12)$$

여기서 충돌 전(처음) 아주 짧은 순간과 충돌 후(나중) 아주 짧은 순간의 선형운동량을 표현했다. 계의 선형운동량이 변하지 않는다면, 위의 방정식은 다음과 같이 표현될 수 있다.

$$\vec{p}_{다이호,\ initial} + \vec{p}_{아사시오,\ initial} = \vec{p}_{다이호,\ final} + \vec{p}_{아사시오,\ final} \qquad (식\ 9.13)$$

즉, 충돌 전 전체 계의 선형운동량은 충돌 후 전체 계의 선형운동량과 같다. 위 방정식들 속의 모든 $\vec{p}$는 벡터값을 나타낸다. 벡터에서 방향은 크기만큼 중요하다. 다이호가 동쪽으로, 아사시오는 서쪽으로 공격한다고 가정하고, 다이호의 처음 선형운동량의 크기가 아사시오의 그것보다 크다고 가정하자. 이것은 계의 선형운동량 방향이 동쪽을 향한다는 의미다(그리고 계의 선형운동량은 충돌 후에도 역시 동쪽을 향해야 한다). 두 선수가 충돌 후 하나로 엉켜버린다면, 두 리키시를 뭉쳐진 하나의 커다란 물체로 생각할 수 있다. 유명한 1960년의 시합에서처럼 다이호가 아사시오를 돌려서 팽개쳐버리면 선형운동량이 다이호 쪽에 있게 된다. 아사시오의 질량중심은 기본적으로 그의 발 위에 위치했고 그는 다이호를 밀어낼 수 없었다. 많이 밀어붙일 수 없었기에 아사시오는 다이호가 계의 선형운동량 방향을 정하도록 할 수밖에 없었다. 두 선수 모두 원 안에 있었지만 다이호가 이겼다. 아사시오의 발이 먼저 나갔기 때문이다.

이제 니라미아이와 타치아이가 왜 그렇게 중요한지 이해가 갈 것이다. 상대가 무서운 눈으로 노려볼 때 나의 신경이 흔들리면 첫 충돌 때의 선형운동량 싸움에서 져서, 몸이 뒤로 밀리고 결국 원 밖으로 나가게 된다. 혹은 아사시오처럼 회전한 후 나의 원래 위치 뒤쪽으로 내던져질 수도 있다. 몇 초 안에 패배자가 된다! 초기 속력을 높일 정도의 공간이 없기 때문에 큰 체구가 도움이 된다. 〈식 9.7〉은 선형운동량을 크게 하고 싶지만 속력을 높일 수 없으면 질량이 커야 한다고 말해준다. 그렇지만 리키시가 단지 체구만 크다고 생각해서는 안 된다. 상위 리키시들은 대부분 체구가 크지만 그 속에는 많은 근육들이 들어 있다. 리키시의 거대한 체구가 유연성을 저해할 것으로 생각되면 그들이 마타와리 훈련을 하는 모습을 보면 생각이 달라질 것이다. 그 훈련을 할 때 리키시는 엉덩이를 바닥에 대고 앉아서 양쪽 다리를 최대한 넓게 벌리는데, 놀랄 정도다. 나도 리키시가 그 훈련을 하는 모습을 보기 전까지는 그렇게 유연하리라 생각하지 못했다!

여기서 스모에 이용되는 80여 가지 스모 기술(키마리테)들을 다 설명할 수는 없다. 하지만 스모에 관한 책이나 인터넷에서 이에 대해 자세히 알아볼 수 있을 것이다. 이 책에서 지금까지 내가 설명한 내용들만으로도 다양한 스모 기술들의 토대를 이루는 물리학을 이해하기에 부족함이 없을 것이다. 직선운동에 대한 뉴턴의 제2법칙과 그에 해당하는 회전운동의 법칙을 기초적으로 이해하고 선형운동량 및 각운동량에 대한 개념을 갖는 것으로 충분하다.

이제 스모의 세계에 작별을 고한다. 그리고 다음 장에서는 스포츠를 더 흥미 있게 보는 방법을 알려줄 예정이다.

승부를 맞추는 S방정식

10

그리 쉽지 않은 이 책을 읽으며 나와 함께 여기까지 온 독자는 이제부터 스포츠 경기를 관람하거나 혹은 직접 경기에 참여할 때 더 재미있게 즐길 수 있게 되었기를 바라며, 이 책을 쓴 저자의 가장 큰 목적도 여기에 있다. 세계가 어떻게 움직이는지 좀 더 잘 이해할 수 있게 되었기 때문이다. 사실 이 책에서 세상의 모든 스포츠를 다 다루지는 않았고 거론된 스포츠 중에서도 극히 일부 측면에 대해서만 설명하였기에, 관계되는 많은 물리학들 중 이 책에 포함되지 않은 내용이 더 많다. 하지만 독자들은 자신이 관찰하는 세계의 움직임들에다 우리가 중요하게 다룬 보존법칙(에너지보존, 선형운동량보존과 각운동량보존)을 적용할 수는 있을 것이다. 물론, 이것을 스포츠로만 한정할 필요는 없다. 예를 들어, 에너지보존에 관한 지식이나 열역학 법칙들은 현재 에너지 문제를 두고 주위에서 벌어지고 있는 정치적 논쟁들에 대해 이해하는 데 도움이 될 수 있다(최소한 과학적 관점에서는 그렇다). 저자는 이러한 문제들에 대해 정치적 관점을 조언할 역량을 가지고 있지 못하다. 매년 12월 스웨덴 스톡홀름에서 노벨상을 받는 위대한 과학자들이 이용하는 물리학 법칙들과 우리일상을 지배하는 물리학 법칙들이 동일하기 때문에 우주는 아름다울 수 있다. 원자 내부에서 복잡하게 전개되는 과정을 분석하기 위해 고에너지 물리학자들이 이용하는 각운동량 보존의 법칙은 카타리나 비트가 얼음판 위에서 회전하면서 두 팔을 끌어당겨 모으면 속도가 높아지는 이유를 설명할 때 동원되는 법칙과 동일하다. 놀랍지 않은가?

이 마지막 장에서 나는 간단한 이론 한 가지를 더 설명하려고 한다. 하지만 여기서는 골치 아픈 물리학 법칙들을 더 이상 동원하지 않는다. 그 대신 스포츠를 볼 때 재미를 더 해줄 수 있는 모형을 만들어 볼 것이다. 우리는 이 책에서 물리학자들이 세계를 설명하기 위해 여러 가지 모델들을 만들어 사용하는 것을 보았다. 나는 여기서 스포츠와 관련해 다루었던 여러 가지 물리학 법칙들을 이용하여 컴퓨터 모델들을 만들었다. 예를 들어, 원반이 날아가는 경로를 나타내는 그래프는 물리학적 현상을 컴퓨터 모델을 이용해서 그린 것이다. 여기서 나는 미국 대학풋볼 승부 맞추기에 이용하는 컴퓨터 모델을 보여주려 한다. 많은 미국 가정들이 그렇듯이 나와 나의 가족들도 대학풋볼을 좋아하고 가을이면 매주 풋볼경기를 시청하는데, 여기에 승부 맞추기 내기가 추가되면 흥미가 더해진다. 프로게이머들은 이 말이 무엇을 의미하는지 알 것이다. 대부분의 경우 컴퓨터게임은 단순히 컴퓨터 모델에 지나지 않는다.

대학풋볼 경기를(어떤 스포츠든 상관없다) 시청하기 위해 친구들이 모여 앉았을 때, 경기가 시작되기 전에 무슨 말들이 오갈까? 대부분의 경우 어느 쪽이 이길지 논의하거나 자신의 예측을 강하게 주장한다. 방송이나 신문에서도 경품을 걸고 승부 맞추기 응모를 받는다. 합법적으로 승부에 판돈을 거는 스포츠복권도 있다.[1] 경기에서 얻을 점수를 맞추는 방식도 있다. 약 10년 전에 나는 '어느 팀이 이길 것인가?' 및 '그 팀이 몇 점이나 얻을 것인가?' 하는 두 가지 측면 모두를 포함하는 예측 모델을 구상했으며 이것을 다음에 설명한다.

*S*방정식

나는 먼저 이러한 내기의 핵심에 대해 설명한 다음에 관련된 여러 측면들을 살펴보려 한다. S는 게임에서 한 팀이 얻는 '점수'를 나타내며, S의 간단한 방정식은 다음과 같다.

$$S = P \cdot R - 1 \qquad \text{(식 10.1)}$$

여기서 P는 '예측', R은 '순위' 요소다.

P에서부터 시작하자. A팀과 B팀이 경기를 하는 것으로 가정한다. 우리의 맞추기 내기에서는 게임에서 얻을 점수를 예측해야 한다. 즉,

A팀이 경기에서 몇 점을 얻고 B팀은 몇 점을 얻을 것인지 말해야 한다. 한 팀이 얻을 점수를 예측하는 데는 무수히 많은 방법이 있을 것이지만 여기서 나는 실제 점수와 예측 점수의 퍼센트 차이를 이용하는 방법을 선택했다. 퍼센트 차이란 간단히 두 숫자의 차이 절댓값을 평균으로 나누고 100퍼센트를 곱하여 구한다. A팀이 얻을 것으로 예측되는 점수를 P_A, 그리고 B팀의 예측 점수를 P_B, A팀과 B팀이 얻은 실제 점수를 P'_A, P'_B라 가정하자. 이때 A팀에 대해 예측 점수와 실제 얻은 점수 사이의 퍼센트 차이는 다음과 같이 계산된다.

$$(\%\ \text{차이})_A = \left| \frac{P'_A - P_A}{\frac{1}{2}(P'_A + P_A)} \right| \cdot 100\% \qquad (\text{식 } 10.2)$$

그리고 B팀에 대해서도 같은 방식으로 퍼센트 차이를 정의할 수 있다. 예를 들어, A팀이 10점을 얻을 것으로 예측했는데, 실제로는 15점을 얻었다고 하면 퍼센트 차이는 40퍼센트가 된다. 예측 점수가 20점이었다면 퍼센트 차이가 29퍼센트다. 두 경우 모두 실제와는 5점이 빗나갔지만 두 번째 예측의 퍼센트 차이가 더 낮다. 여기서 내 생각은 실제보다 낮게 빗나가는 것이 실제보다 높게 빗나가는 것보다 더 나쁜 예측이라는 것이다. 여기서 '빗나간다'는 말은 실제가 예측보다 큰 경우와 작은 경우 모두를 말한다. 즉, 〈식 10.2〉에서 P_A와 P'_A의 순서는 바뀌어도 상관없기 때문에 15점을 얻을 것으로 예측하고 실제로 20점을 얻었다면 퍼센트 차이가 29퍼센트로 같게 된다.

그렇기 때문에 점수를 낮게 예측하는 것이 높게 예측하는 것보다 더 모험이 따른다고 생각할 수 있다. 그 극단적 예는 한 점도 올리지 못하는 경우다. 내가 영패로 예측한다면 그 팀이 경기를 지지부진하게 끌고 가다가 결국 득점을 한 점도 못할 것이라 생각하는 것이다. 꽤 대담한 상상이다! 내가 0점을 예측했고 실제로 그렇게 된다면 〈식 10.2〉의 분모가 0이 되어 난감한 상황이다. 그래서 나는 이와 같은 경우는 퍼센트 차이를 0으로 설정한다. 그리고 예측 점수가 0이 아닌 어떤 숫자라면 그 팀이 영패를 당했을 때 항상 같은 퍼센트 차이 값을 가지게 된다(혹은 그 반대로 0점으로 예측했지만 그 팀이 어떤 점수든 얻을 때도 마찬가지다). 이와 같은 경우들을 〈식 10.2〉에 적용하면 200퍼센트가 된다. 우리의 예측 내기에서 영패는 특별한 경우라 할 수 있다. 만약 0패를 예상했는데 실제로 그렇게 된다면 아주 잘 맞춘 것이다. 3점으로 예측했을 때나 40점을 예측했을 때나 영패는 퍼센트 차이가 동일하다. 0점일 경우는 모든 숫자들이 동일한 곱셈 계수를 가지게 되는 것이다! 점수가 0에서 멀수록 퍼센트 차이는 낮아진다. 그렇지만 주의해야 한다. 예측 점수를 높게 하면 이길 수 있을 것으로 생각한다면 실제 점수가 어느 쪽에 위치할지 알아야 한다. 예를 들어, 어떤 팀이 얻을 점수를 당신은 30점으로 예측하고 나는 10점으로 예측했을 때, 실제로 얻은 점수가 20점이라면 당신이 내기에서 이긴 것이지만(당신의 퍼센트 차이는 40퍼센트고 나는 57퍼센트다), 실제 점수가 7점이라면 내가 내기의 승자가 된다(당신은 124퍼센트, 나는 35퍼센트).

최우수팀이 약체 팀을 상대로 경기한다면, 그 최우수팀이 얻을 점수 예측 내기는 그리 재미있지 않을 것이다. 예를 들어, 대학풋볼 강자인 오하이오주립대학이 오하이오고등학교를 상대로 한다면 대학이 49점을 얻는다 해도 과하지 않을 것이다(나는 터치다운 6번으로 42점을 얻을 것으로 예측했고 실제로는 7번의 터치다운에 성공했다). 그리고 한편으로, 오하이오대학이 대학연맹전에서 미시간대학을 상대로 하는 경기에서 나는 24점을 예측했는데, 실제 점수 17점을 얻는다면 이 경기에서 나의 예측이 빗나간 점수 7점은 앞의 고등학교를 상대로 한 경기의 예측에서 빗나간 7점보다 내게는 더 크게 보인다. 고등학교 상대 경기에서 퍼센트 차이는 15퍼센트지만 미시간대학과 경기의 퍼센트 차이는 34퍼센트다. 미시간대학과의 경기 예측에서 빗나간 7점은 오하이오대학이 얻은 실제 점수에서는 고등학교 상대 경기에서 빗나간 7점에 비해 더 큰 비중을 차지하는 것이다.

이제 〈식 10.1〉에서 P요소를 계산해 보자. 내가 A팀과 B팀이 각각 P_A, P_B라는 점수를 얻을 것으로 예측했다고 하고, 두 팀이 실제로 얻은 점수는 각각 P'_A와 P'_B라면 예측요소 P는 다음과 같은 방정식으로 얻을 수 있다.

$$P=\left[1+\frac{1}{2}\left(\left|\frac{P'_A-P_A}{P'_A+P_A}\right|+\left|\frac{P'_B-P_B}{P'_B+P_B}\right|\right)\right]^5 \qquad \text{(식 10.3)}$$

'나더러 이렇게 복잡한 식을 계산하라고?'라는 항의가 나올 것이다. 이것은 과학이라기보다는 약간 예술적인 것일지도 모른다. 나는 이러한 방정식을 유도해낼 능력이 없다. 단지 P를 구하는 여러 가지 방정식들을 적용해 본 다음 위의 식을 선택한 것일 뿐이다. 퍼센트 차이가 이 속에 숨어 있지만 나는 그 요소들을 변화시켰다. 완벽한 예측일 때는 예측요소 P값이 1이다. 방정식의 지수 5제곱이라는 값은 내가 이 방정식을 여러 번 적용해 보았을 때도 확인되었다.

그리고 〈식 10.1〉의 순위요소 R을 보자. 이 요소는 예상 밖 승부를 양적으로 나타내기 위한 것이다. 애팔래치안주립대학이 미시간대학을 이길 것이라는 예측(실제로 2007년 9월 1일 애팔래치안주립대학이 이겼다)과 미시간대학이 오하이오주립대학에 승리를 거둔다는 예측(2007년 12월 17일 두 팀의 대결 결과는 오하이오주립대학의 승리였다) 중 어느 쪽이 더 무리한 예측일까? 앞의 경기는 미국을 충격에 빠트렸지만 뒤의 경기 결과에는 크게 놀라지 않았다. 예상 밖의 승부를 알아맞힐 수 있으면 예측 내기에서 큰 이익을 챙길 수 있다. 그렇지만 이렇게 어림없는 예측을 했다가 틀리면 그만큼 큰 손해를 보게 된다. P요소가 승리 팀에 대해 말해주는 것은 없다. 즉, 무엇보다도 A와 B를 바꿔 놓아도 마찬가지다. 승리팀을 정확히 예측한다면 $R=1$이고 이것이 전부다. 하지만 예측이 틀린다면 $R>1$이 된다.

예상 밖의 승부 예측을 양적으로 나타내려면 순위체계가 필요하기 때문에 콩그로브 컴퓨터 순위체계Congrove computer ranking라는 것을 이용한다.[2] 만약 1위팀(#1)이 2위팀(#2)을 이길 것으로 맞게 예측한다면, #1이 #40을 이길 것으로 맞게 예측할 때와 R값이 같다. 그러나 예측이 틀리는 경우에는 후자가 전자의 경우보다 더 큰 손해를 보게 된다. 실력이 비슷한 팀 사이에서는 순위가 바뀔 수 있기 때문이다. 순위 #1과 #2 사이에는 실제로 차이가 없지만 #1과 #40 사이에는 차이가 크다.

터무니없을 것 같은 예측이지만, 즉 #40이 #1을 이길 것으로 예측하고 또 승부가 그렇게 된다면 큰 상을 받지만, 동시에 그와 동일하게 #40이 #1을 이길 것으로 예측하지만 승부는 그 반대라면 큰 손해를 입게 된다. 대담한 예측을 하려면 그만큼 더 신중해야 한다!

순위요소를 양적으로 나타내기 위해서는 해당 경기에서 두 팀의 순위를 알아야 한다. 두 팀의 순위를 각각 R_A와 R_B라고 하면 순위요소 R을 다음과 같이 정의할 수 있다.

$$R=[1+(R_A-R_B)^2]^{\frac{1}{3}} \qquad (식\ 10.4)$$

P의 정의에서처럼 R의 정의도 과학적으로 유도된 것이 아니다. 두 팀 사이의 순위 차이가 클수록 커지는 어떤 값을 구성하고자 했다. 그와 같이 커지는 속도나 형태는 내가 개인적으로 선택했을 뿐이다. R의 최솟값은 약 1.26으로 두 팀의 순위 차이가 1에 불과할 때다. 최댓값은 순위 차이가 120일 때 약 24가 된다. 〈그림 10.1〉은 R값과 순위차 사이의 관련을 보여주는 그래프다. 처음에는 R값이 빠르게 증가하다가 거의 직선으로 된다. R은 〈식 10.4〉를 이용해서 구한 값으로 승자를 정확히 예측하지 못한 경우에 한정됨을 기억해야 한다. 승자를 바르게 예측했다면 $R=1$이 된다. 해당 경기에서 나의 점수, 즉 S를 계산하기 위해 〈식 10.3〉으로부터 예측요소 P값을 그리고 〈식 10.4〉로부터 순위요소 R값을 계산한다. P와 R을 계산했다면 〈식 10.1〉을 이용해서 S를 구한다. 예측이 완벽했다면, 즉 해당 경기에서 두 팀이

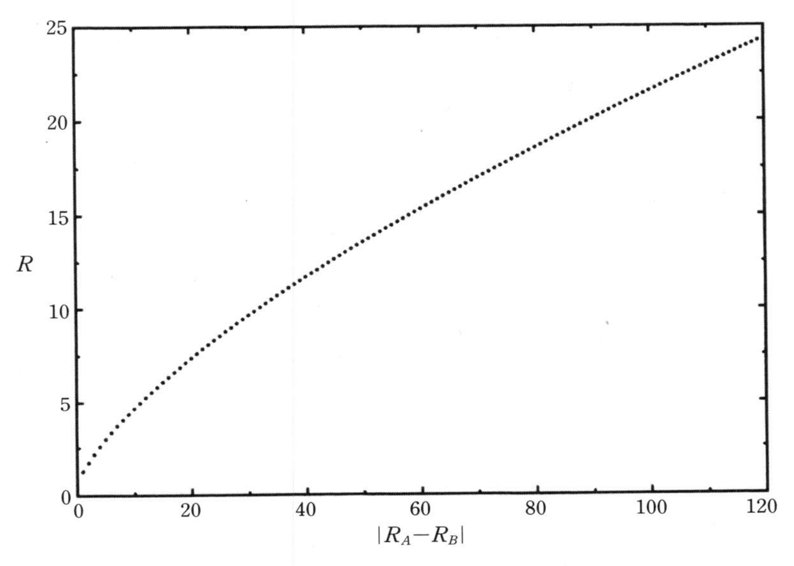

■ **그림 10.1** | 순위요소 R과 순위 차이 $|R_A - R_B|$.

얻는 점수를 정확히 맞혔다면 $S=0$이다. P와 R의 곱에서 1을 빼는 이유가 여기에 있으며, 완벽한 예측일 때의 값은 0이다. 점수 예측이 크게 빗나갈수록 S값이 커진다. 경기를 하는 두 팀 사이의 순위 차이가 클수록 승자예측이 틀릴 때의 S값이 크기 때문에 더 큰 손해를 입는다. S값을 낮추기 위해서는 승자를 맞추고 예상점수도 실제와 가까워야 한다. 즉, 두 가지 예측 모두를 잘 해야 한다.

S값을 계산하는 방정식에 포함되는 여러 요소들의 설명이 조금 복잡하게 보일 수도 있지만, '엑셀'과 같은 통계 프로그램을 이용하면 쉽게 구할 수 있다. 한 경기에서 〈식 10.2〉, 〈식 10.3〉, 〈식 10.4〉를 프로그래밍한 다음에는 오려두기 – 붙여넣기 기능을 이용하면 이런 작업

을 다시 할 필요가 없다. 나의 스프레드시트에는 맞붙은 두 팀 각각의 순위를 입력하는 셀과 내가 예측한 점수를 입력하는 셀이 있다. 그리고 경기에서 실제로 얻은 점수를 입력하는 셀도 만들었다. S방정식을 조각으로 나눌 필요는 없지만 나의 스프레드시트에서는 그렇게 구성하였다. P와 R이 입력되는 셀이 각각 한 개씩 그리고 S를 나타내는 셀 하나. 숫자를 입력하자면 모두 6개의 셀, 즉 순위, 예상점수, 그리고 경기의 실제 점수를 나타내는 셀들이 필요하다. P를 구하기 위해 셀 하나에 〈식 10.3〉을 입력하고 다른 셀에는 〈식 10.4〉를 입력한다. S를 나타내는 셀의 쉬운 값($P \cdot R-1$)에 비해 두 셀은 구하기 어려운 값을 가진다. P와 R을 구하는 데 시간이 약간 걸리지만 예측 맞추기 게임을 위한 그 밖의 설정은 금방 끝낼 수 있다. 보통 매주 25경기를 예측한다. 많은 사람들이 자신의 예측을 보내오고 나는 이를 컴퓨터에 입력한다. 그리고 경기가 끝난 후 경기에서 얻은 실제 점수를 입력한다. 내 컴퓨터는 각 경기마다 예측에 응모한 모든 사람들의 값을 계산하고 나는 그 결과를 평균하여 경기당 참가자들의 S값 평균을 산출한다. 내기의 재미를 더하기 위해 슈퍼볼 경기에는 정기 시즌 경기보다 두 배의 가중치를 준다. 시즌이 끝나면서 모든 것이 분명하게 드러나면, 가장 낮은 S값을 얻은 사람이 우리의 승부 맞추기 내기의 우승자가 된다.

사례

승부 맞추기 내기와 관련해 앞에서는 비교적 추상적으로 설명했기 때문에 지금부터는 실제 경기를 보면서 몇 가지 숫자를 예를 들어 사용할 것이다. 예측 내기에 네 사람을 등장시킨다. 제이Jay, 자렛Jarrett, 맨디Mandy, 그리고 나Eric이다. 앞에서 나는 2007년 9월 1일, 토요일 미시간 스타디움('빅하우스'라는 별명을 가진 경기장)에서 애팔래치안주립대학이 미시간대학에 대승을 거두는 일이 일어났다. 〈표 10.1〉은 그 경기에서 우리 네 사람이 했던 예측과 실제 결과를 보여준다. (2007년에는 1-AA 디비전에 소속된 팀이 119개였기 때문에(2008년에 1팀이 추가), 애팔래치안의 순위를 120위로 설정했다.) 표에서 볼 수 있듯이 우리는 모두 미시간대학의 승리를 예측했고 다른 모든 사람들도 그랬을 것이다. 애팔래치안주립대학의 놀라운 승리로 우리 모두는 충격에 빠졌다! 내가 했던 예측이 가장 크게 틀렸다. 미시간대학이 얻을 점수를 가장 크게, 그리고 애팔래치안의 점수를 가장 작게 예측했기 때문이다. 나의 *S*값이 가장 나빠서 가장 나쁜 예측이 되었다. 디비전 1-AA에 속한 애팔래치안주립대학은 미시간대학을 이길 것으로는 예상하지 않았지만 미국의 120위 팀보다 분명히 우수한 팀이었다. 미시간대학은 두 차례나 1-AA 챔피언에 올랐고 2007년 12월에 3연패를 앞두고 있는 팀이었다. 이러한 실력 차를 뒤집기는 거의 불가능하다. 물론 우리 중 한 명이 애팔래치안의 승리를 예측했다면 그는 자신의 어처구니없이 대담한 예측에 대해 큰 보상을 받았을 것이다. 그 주에 우리가 했던 내

■ **표 10.1** | 애팔래치안주립대학과 미시간대학 경기의 예측과 결과(2007년 9월 1일)( ) 안은 순위

	맨디	**제이**	**자렛**	**에릭**	**실제 결과**
애팔래치안(120)	17	14	17	12	34
미시간(113)	28	37	30	39	32
S값	52.25	62.90	48.54	74.99	

■ **표 10.2** | 텍사스대학과 아이오와주립대학 경기의 예측과 결과(2007년 10월 13일)

	맨디	**제이**	**자렛**	**에릭**	**실제 결과**
텍사스(23)	31	38	37	34	56
아이오와(113)	13	10	14	17	3
S값	5.55	3.74	4.89	5.92	

기는 애팔래치안의 기적적 승리로 인해 S값이 엄청나게 커져버렸다.

이제 다른 경기, 흔히 볼 수 있는 승부를 보자. 〈표 10.2〉는 우리 전부가 승자를 맞게 예측한 경기 결과로 2007년 10월 13일 텍사스가 아이오와주립대학에 승리를 거두었다. 모두가 텍사스가 이길 것을 알았지만 패배한 아이오와주립대학이 얻을 점수 예측은 크게 빗나갔다. 그 경기에서 홈구장의 이점은 그렇게 크지 않았다. 제이가 가장 잘 예측했는데, 아이오와주립대학의 점수를 가장 낮게 그리고 텍사스대학의 점수를 가장 높게 예측했기 때문이다. 맨디의 예측도 나보다 좋았다. 아이오와주립대학의 낮은 득점에 대한 그의 예측이 텍사스대학의 높은 득점에 대한 나의 예측보다 더 근접했다. 실력이 월등한 팀이 얻을 높은 득점을 예측하기는 어렵지 않다. 그보다는 아이오와주립대학

이 2쿼터에 필드골 하나만을 어렵사리 성공시킬 것으로 예측하는 것이 더 어렵다.

이제 승리팀을 예측하기가 아주 까다로운 경기로 가보자. 2007년 11월 3일 토요일 사우스플로리다대학 구장에서 벌어진 신시내티대학과의 경기다. 〈표 10.3〉은 그 경기에서 우리의 예측과 실제 결과를 보여준다. 원정팀 신시내티의 승리는 약간 의외였지만 우리 중에서 유일하게 자렛은 신시내티의 승리를 예측했다. 그래서 그는 가장 좋은(가장 낮은) *S*값을 얻었다. 맨디는 제이에 비해 훨씬 좋은 *S*값을 얻은 데 주목하자. 맨디의 예측은 제이에 비해 두 팀 모두의 실제 점수에 더 가까웠기 때문에 낮은 *S*값을 얻을 수 있었다.

지금쯤 *S*방정식에 대해 어느 정도 이해하게 되었기를 바란다. *S*값이 낮으면 경기의 승자뿐만 아니라 두 팀이 얻을 점수도 잘 예측했음을 의미한다. 이렇게 하면 단순히 승부 맞추기 내기를 넘어서, 모두가 승리 팀을 맞췄을 경우에도 누가 더 정확하게 예측했는지 가릴 수 있다. 두 팀이 얻을 점수 예측의 정확도가 추가됨으로 좀 더 머리를 싸매야 하는 내기가 되며 재미가 더해진다. 드물기는 하겠지만, 승리 팀 예측은 틀렸어도 점수를 잘 예측한 사람이 승리 팀을 맞힌 사람보다 더 좋은 *S*값을 얻는 경우도 생길 수 있다. 순위 차이가 작다면 승자가 바뀔 가능성도 있다. 즉, 예상외의 승부라는 말을 적용하기 어렵다. 그와 같은 경우에는 예측 점수의 정확도가 좋은 *S*값을 얻을 수 있는 가장 중요한 요소다(이 방법이 너무 머리 아프다면, 여러 신문에서 제공하는 승부 맞추기 응모에 참가하면 된다).

표 10.3 | 신시내티대학과 사우스플로리다대학 경기의 예측과 결과(2007년 11월 3일)

	맨디	제이	자렛	에릭	실제 결과
신시내티(18)	24	16	29	20	38
사우스플로리다(14)	28	21	22	25	33
*S*값	4.26	9.10	1.17	6.07	

표 10.4 | 오하이오주립대학과 루이지애나주립대학 경기의 예측과 결과(2008년 1월 7일)

	맨디	제이	자렛	에릭	실제 결과
오하이오(1)	21	17	34	23	24
루이지애나(6)	24	24	21	27	38
*S*값	0.98	1.47	7.35	0.58	

마지막으로 한 가지 사례를 더 살펴보자. *S*값들이 작은 경우다. 이 책에서 마지막으로 소개되는 경기는 2008년 1월 7일 월요일에 열린 BCS 챔피언십 풋볼 경기로, 루이지애나주립대학이 오하이오주립대학을 누르고 내셔널 챔피언에 올랐다. 그 경기에서 우리가 했던 예측이 〈표 10.4〉다. 자렛은 오하이오의 승리를 예측해서 가장 나쁜 *S*값을 받아야 했고 나의 예측이 가장 좋았다. 어떤 경우에는 경기에 앞서 좋은 예감이 드는 반면 그렇지 않은 경우도 있을 것이다. 자신의 예감이 맞기를 바라며 경기를 지켜볼 때도 흥미가 더 해진다.

앞에서 말했듯이 내가 만든 *S*방정식은 과학적인 것이 아니다. 그리고 점수 예측 내기에 사용하는 모델로 내 방정식이 최고라고 주장하지도 않는다. 방정식에서 내가 선택한 항이나 지수에 문제가 있다고 비판할 독자도 있을지 모른다. 이런 비판은 환영이다. 나는 *S*방정식을 만드는 과정을 즐겼으며, 내가 원하는 계산을 할 수 있는 방정식이 만들어질 때까지 계속 다듬었다. 그래서 *S*방정식은 경기의 예측에 있어 중요한 것에 대한 나의 철학을 담고 있다. 지난 몇 년 동안 맨디와 제이, 그리고 자렛은 모두 경기 결과 예측 내기를 하며 *S*방정식을 만드는 데 큰 역할을 했다. 어떤 순위체계를 이용하고 어떤 경기들을 포함시킬지 등을 함께 논의했다. 독자들도 경기 결과 예측 내기에 내가 여기서 제시한 방정식을 이용해 보고, 보완이 필요한 부분이 발견되면 수정하여 자신들의 방정식을 만들 수 있다. 주위의 친구들과 얘기하며 서로의 생각을 공유하고 발전시켜 방정식을 더욱 정교히 할 수 있을 것이다. 만약 나의 방정식이 마음에 들지 않으면 폐기해버려도 좋다! 그리고 새로운 어떤 방정식을 만들어낸다면 스포츠를 더욱 재미있게 관전할 수 있을 것이다.

덧붙이는 말

물리학에 익숙한 사람뿐만 아니라 좋아하지 않는 사람도 모두 매일 삶의 모든 순간들마다 물리학을 경험하고 있다. 우리는 물리학 법칙들에 의해 제한을 받으면서 한편으로는 물리학을 이용한 기술을 이용해 제한을 벗어난다. 인류는 지구 위에서 살아온 역사 내내 우주가 어떻게 움직이는지 고민하기를 멈추지 않았기 때문에 자동차를 타고 집에 돌아와 에어컨과 전등을 켜고 TV에서 스포츠를 보며 즐길 수 있게 되었다. 나의 직업이 물리학자이고 여기에 애착을 가지고 있기 때문에 물리학이 이 세계에 기여한 바를 너무 과장하고 있을지도 모른다. 과학은 궁극적으로 지식을 추구하고 인류는 과학적 지식을 기술발전으로 전환시킨다는 점을 기억해야 한다. 아인슈타인은 질량이 에너지의 한 형태임을 밝혔다. 그리고 우리는 이러한 지식을 어떠한 기술에 응용할지 결정하는데, 핵발전으로 도시에 에너지를 공급할 수 있지만 핵폭탄으로 한 도시를 없애버릴 수도 있다. 나는 "어떤 것을 할 수 있다고 해서 그것을 해야 한다는 뜻은 아니다."는 오래된 격언을 좋아한다. 과학은 우리 주위의 세계를 이해하는 도구가 되어야 한다. 생각하는 능력은 우리의 가장 큰 재산이라 할 수 있다.

스포츠는 고도의 기술사회에서 단조롭게 살아가는 우리에게 큰 즐거움을 준다. 공이 왜 저렇게 날아가는지 알면 우리의 휴식 시간이 좀 더 재미있어진다. 자기 안의 동심이 깨어나서 스포츠가 아주 재미있어질 때면 마음 다른 구석에 물리학자도 있음을 기억하자. 그도 어릴 때부터 함께하고 있다.

후주(後註)

01 / 스포츠는 물리학으로 이루어져 있다

1 여기서 사용한 '반사(bounce)'라는 용어는 빛과 물체 사이의 상호작용을 지나치게 간단히 표현한 것이다.

2 과학적 표기로 표현하면 3.0×10^8m/s(meter per second).

3 우리에게 익숙한 온도라는 의미다. 소리의 속력은 온도가 1도 증가할 때마다 초속 0.6미터씩 빨라진다.

4 빛이 자연적으로 이렇게 진행할 수는 없다. 빛이 야구장의 여러 구조물에 부딪히지 않더라도 빛은 직선으로만 진행한다. 광섬유 케이블과 같은 도구를 이용하면 빛이 지구를 돌아가게 할 수 있다. 하지만 이 경우 지구를 몇 바퀴 돌고 난 빛은 극단적으로 옅어지게 된다.

5 라디오 방송의 AM 파의 파장이 300미터, 진동수는 1초당 100만 번 (1mega(10^6)hertz 또는 1MHz; 1마이크로초(10^{-6}초, μsec)당 1번으로도 표현할 수 있다)이다. 그러므로 한 번 진동하는 데 걸리는 시간이 100만분의 1초인데, 우리가 인식할 수 없을 정도로 짧은 시간이다.

6 야구공을 야구방망이로 칠 때처럼 이와 같은 메아리 실험은 소리가 발생하는 대상으로부터 실험을 하는 자신이 최소한 200미터 이상 떨어져 있어야 더 효과적이다.

7 시간의 단위를 초에서 시간(hour)으로 변환해야 한다. 1시간은 3600초이므로,

2초는 $\frac{2}{3,600}$시간$=5.\bar{5}\times10^{-4}$시간이다. $5.\bar{5}$의 윗줄은 소수점 이하 5가 계속 반복된다는 표시임.

8 갈릴레이는 현대과학의 토대가 된 실험을 수행했다. 갈릴레이의 《신과학 대화(*Dialogues Concerning Two New Sciences*)》(1638)에 빛의 속력에 관한 실험이 실려 있다. Henry Crew와 Alfonso Salvio가 1914년에 영어로 번역한 이 책을 1954년에는 Dover가 다시 발간했다.

9 어떤 것은 정확하게 알 필요가 없다. 예를 들어, 오븐의 온도를 100도(혹은 10도 단위)로 말한다고 해서 문제가 되지는 않는다. 물론 좀 더 정확하게 알면 좋은 경우도 많다. 2000년에 텍사스 주지사인 조지 부시는 플로리다주에서 앨 고어 부통령을 291만2790 대 291만2253 표로 이겼다. 차이는 531표에 불과했다. 그와 같은 경우에는 최소한 100단위의 정확도가 요구된다.

10 아이작 뉴턴은 1687년에 유명한 《자연철학의 수학적 원리》를 펴냈다. 그가 이 책에서 제시한 법칙들이 현재 우리가 고전역학이라 부르는 학문의 기초를 형성했다. 그러나 학자들은 뉴턴의 역학이 적용되지 않는 영역이 있다는 사실을 19세기가 끝나기 전에 알게 되었다.

11 스프링을 너무 길게 당기면 이른바 물체의 탄성한계를 넘어서게 된다.

12 물리학적 지식이 약간 있는 사람이라면 진동이 서서히 줄어드는 감쇠진동자를 생각할 것이다.

13 단순 스프링의 중요한 특징은 스프링의 복원력(F)이 평형 상태로부터 변형된 거리(x)에 비례하는 것이다(즉, $F\propto x$). 그리고 이와 같이 $F\propto x$인 스프링은 '훅(Hooke)의 법칙'(고체에 힘을 가해 변형시키는 경우, 힘의 크기가 어떤 한도를 넘지 않는 한 변형의 양은 힘의 크기에 비례한다는 물리학 법칙—옮긴이)을 따른다. 여기서 핵심은 스프링이 그 변형된 거리에 '선형으로 비례하는' 복원력을 갖는다는 것이다. 그러므로 선형물리학이라 불리는 분야는 스프링 모델로 많이 설명한다. 비선형 모형에 이용되는 힘의 방정식은 x의 고차식, 즉 x^2, x^3 등으로 많이 표현된다. 삼각함수나 로그도 쓰인다.

14 외부 공간에는 소리가 전달되는 매개 물질이 없는데?

15 뉴턴의 제1법칙에 의하면 일정한 속도로 움직이고 있는 물체는 외부 힘이 작용하지 않는 한 계속 같은 상태를 유지한다. 즉, 우주선은 계속 일정한 속력

으로 날아갈 수 있는데, 엔진을 가동할 필요가 있나?

16 츄바카(스타워즈의 등장인물)가 타키온(tachyon)처럼 움직인다고? 타키온은 일부 이론물리학자들이 상상하는 입자로 빛의 속력보다 더 빠르게 움직이는 특성을 가진다. 츄바카가 타키온처럼 움직인다면 빛의 속력으로 혹은 그 이하의 속력으로 느려질 수 없다!

02 / 물리학자처럼 생각하기와 벡터

1 나는 반더빌트대학에서 학부를 마쳤는데, 2005년 11월 19일 토요일 저녁의 라디오 방송을 뚜렷이 기억하고 있다. 테네시주 녹스빌에서 벌어진 그 풋볼 경기에서 나의 모교가 테네시대학팀을 28:24로 이겼다. 23년 만의 승리였다.

2 1982년 얼웨이는 워커에게 695점이 뒤져서 하이즈먼 트로피를 놓쳤다. 미국의 6개 지역 모두에서 얼웨이는 워커에 이어 2위를 기록했다. 워커는 1차 투표에서 큰 격차로 이겼기 때문에 그 경기에서 스탠퍼드가 캘리포니아에 승리를 거두었다고 했을 때 얼웨이가 워커를 누르고 트로피의 주인공이 될 수 있었을지는 의심스럽다.

3 벌칙을 받지 않았다면 하몬은 40야드 라인에서 킥오프를 했을 것이다. 대학 풋볼의 킥오프 규정은 1986년에 35야드 라인으로 옮겨졌다. 그리고 리턴을 늘리기 위해 2007년에 또 30야드로 옮겼다.

4 가너가 공을 라테랄하기 전 태클에 성공했다는 논란이 있다. 나는 '더 플레이' 동영상을 여러 차례에 걸쳐 느린 동작으로 살펴보았는데, 라테랄이 있기 전, 가너는 실제로 '다운'된 것으로 보인다. 물론 캘리포니아 팬들에게는 미안한 말이다! 그 상황에서 심판이 휘슬을 불기는 어려웠을 것이다.

5 다섯 번째이자 마지막이었던 이 라테랄에 대해서도 많은 논란이 있다. 이 라테랄이 전방 패스였기 때문에 캘리포니아에 반칙을 주고 마지막 터치다운을 무효로 선언해야 한다고 생각하는 사람들이 많다. 나도 '더 플레이'의 이 장면을 수없이 다시 보았다. 드와이트 가너가 캘리포니아의 세 번째 라테랄을 받기 전에 다운되었는지의 여부에 대한 논란과는 달리, 나는 이 마지막 라테랄이 전진 패스였는지 판단하기 훨씬 더 어렵다고 생각한다. 반칙 쪽에 가까웠을 가능성이 있다.

6 캘리포니아는 보너스 킥으로 추가점을 올릴 필요가 없었다.

7 얼웨이의 그 마지막 대학 풋볼 경기는 통한의 패배로 끝났지만, 프로선수로서 활약하는 데는 그 마지막 경기가 그에게 더 도움이 되었다고 할 수 있다. 얼웨이는 덴버 브롱코스 소속으로 1999년 1월 31일 애틀랜타 팰콘스를 꺾고 33차 슈퍼볼을 차지하면서 MVP로 뽑힌 후 현역에서 은퇴했다.

8 뉴턴의 제3법칙은 이 책에서 우리가 공부하는 모든 현상들에 적용된다. 그러나 제3법칙이 적용되지 않는 상황도 있다. 전자기역학과 관련된 여러 문제들에서는 제3법칙을 곧바로 적용할 수 없는 경우가 많다. 뉴턴의 제3법칙은 선형운동량보존 및 선형운동량이 동반되는 전자기장과 관련되는 것으로 알려졌다. 다음 장들에서 선형운동량보존에 대해서 논의할 것이지만 전자기역학에서 뉴턴의 제3법칙을 적용하는 문제는 이 책의 범위를 벗어난다.

9 크기와 같은 숫자는 스칼라량이며, 스칼라에는 방향이 없다.

10 국제단위(SI)에서는 힘의 단위로 뉴턴(N)을 이용하지만 미국에서는 파운드를 흔히 이용한다. 1N은 대략 0.2248파운드, 즉 약 4분의 1파운드에 해당된다.

11 압력은 스칼라량으로, 표면의 단위 면적당 가해지는 힘을 측정한 값이다. 내가 여기서 제시한 풋볼공 압력은 게이지 압력인데, 우리 모두가 받는 정상 대기압력을 넘는 압력의 크기다. 1대기압력(atm)은 101,325N/m^2(SI)이다(미국식으로는 14.7psi). 풋볼공 내부의 전체 압력은 그러므로 28psi가 된다. 그렇다고 해서 우리 몸이 대기압력으로 인해 눌려 찌그러진다는 걱정을 할 필요는 없다. 우리 몸의 세포들이 1대기압력에 가깝게 유지되고 있기 때문이다. 타이어, 공, 풍선, 그리고 우리 세포들은 단단하기 때문에 내부 압력이 대기압력을 넘을 수 있다. 대기압력이 두 배로 높아진 상태(풋볼공 안의 공기처럼)를 경험해 보려면 물속 10미터 깊이로 잠수하면 된다. 하지만 잠수에 베테랑이 아닌 경우 이렇게 하면 위험하다!

12 순진한 그 경찰은 물리학 지식이 없었기 때문이라 용서할 수 있지만, 뻔뻔스런 그 대학생의 죄는 용서받을 수 없다.

13 속력, 속도, 에너지, 일률, 운동량 같은 단어는 일상적 용어로는 여러 의미로 사용될 수 있지만 물리학에서는 어떤 특정한 의미를 가진다.

14 주어진 수치를 이용해 계산하면 $\sqrt{(5.9\text{mph})^2+(2.5\text{mph})^2}\simeq 6.4\text{mph}$를 얻는다. 〈식 2.3〉의 값과 약간 차이가 나는데 이것은 반올림에 따른 오차다. 내가 계산한 결과값에서는 두 자리 숫자만 의미를 가진다. 이러한 결과값을 이용해서 계산을 더 하려면 중간 계산에 더 많은 자릿수가 있어야 한다.

03 / 중력과 포물선운동

1 마이애미대학이 1984년 1월 네브래스카대학을 꺾고 전국대학풋볼 우승컵을 처음으로 차지할 때도 오렌지볼이었는데, 그 경기 역시 유명하다. 1점차로 뒤지던 네브래스카대학은 경기가 끝날 때쯤 1점 킥을 하면 동점을 이루어 공동우승을 할 수 있는 상황이었다. 하지만 코치 톰 오스본(Tom Osborne)은 역전 우승을 노리고 1점 보너스 킥 대신에 2점 컨버전플레이(전진공격)를 선택하여 공격했으나 실패하여 31 : 30의 1점차로 패배하였다.

2 터치다운 후 주어지는 보너스 킥을 찰 필요가 없었다.

3 플루티가 기록한 2240점은 오하이오주립대학의 케이드 바이어스가 획득한 1251점을 크게 넘었다. 당시 플루티의 유명한 '헤일 메리' 패스가 하이즈먼 트로피 수상자로 확정지었다고 생각되었지만, 마이애미와의 경기 전에 이미 수상자를 결정하기 위한 투표가 있었다.

4 마크 자글러(Mark Zeigler)의 논문 "The NFL treats 40-yard dash times as sacred" (April 20, 2005, edition of *The San Diego Union-Tribune*)에서 40야드 전력질주 기록의 불합리성에 대해 잘 다루고 있다. 자글러는 벤 존슨의 40야드 기록 등을 인용하여 설명했다.

5 a를 일정한 상수(등가속도)로 두고 다음과 같은 두 가지 정의에서 출발하자: $a=dv/dt$ 및 $v=dx/dt$. 여기서 d/dt는 시간으로 미분한다는 뜻이다. $a=dv/dt$를 〈식 3.1b〉에 대입하고 $v=dx/dt$를 이용하여 한 번 더 대입하면 〈식 3.1c〉를 얻는다. 그리고 〈식 3.1d〉는 등가속도운동일 때 유도되는 식으로, $(v_0+v)/2$는 t시간 동안의 평균 속력을 나타낸다. 미적분학을 공부한 적이 없다면 〈식 3.1〉의 유도과정을 이해하기 어려울 수도 있을 것이다. 하지만 둘러보면 주위에 이러한 방정식을 아는 사람들이 많을 것이니 물어보는 것도 한 방법이다.

6 〈식 3.1a〉에 $a=0$을 대입하면 제1장에서 이용했던 〈식 1.1〉을 도출할 수 있다. 이렇게 우리가 세계를 좀 더 복잡한 모델로 구성할 때면 좀 더 복잡한 방정식을 동원하게 된다.

7 〈식 3.1a〉는 포물선 방정식이다.

8 미적분학의 관점에서 가속도는 $a=d^2x/dt^2$이기 때문에 t와 x의 곡률의 관계라 할 수 있다.

9 미적분학을 접해 본 적이 있으면 $v=dx/dt$라는 정의에서 쉽게 이해될 것이다.

10 여기서도 $a=dv/dt$라는 미적분학의 정의로 이 개념이 명확하게 표현된다.

11 미적분학은 기울기, 즉 미분값을 구하는 데만 이용되는 것이 아니다. 곡선 아래의 면적, 즉 적분값은 펠란이 달려서 이동한 거리를 나타낸다. 실제로 〈그림 3.1〉의 $v-t$ 그래프 곡선 아래의 면적도 40야드다.

12 공기 및 공의 회전으로 인한 효과 등도 있기 때문에 실제로는 3차원 운동을 생각해야 한다. 이에 대해서는 제7장에서 축구를 다룰 때 좀 더 설명한다.

13 좌표계 선택과 마찬가지로 실제 세계는 좌표축을 무엇이라 부르든 관계없다. 그러나 대부분의 과학 및 수학 교과서에서는 '$x-y$ 좌표계'를 이용하기 때문에 수평축을 x, 그리고 수직축을 y로 부르는 데 익숙한 사람들이 많다. 예를 들어, 앞의 〈그림 3.1〉과 같은 경우를 설명하면서 'x축을 시간으로 설정하고'라는 식으로 말하는 사람들을 많이 보았다. 자연은 좌표 이름을 어떻게 설정하든 상관하지 않으므로, 나는 강의 시간에 '코끼리－하마 좌표계'라는 이름을 붙여 사용하기도 한다.

14 물리학 수업을 들었거나 조금이라도 물리학에 관심을 가지고 있다면 이러한 방정식들을 보았을 것이다. 하지만 방정식을 이용할 때는 주의할 필요가 있다. 어떤 방정식이든 그 토대를 이루는 가정에 대해 이해하고 있어야 한다. 여기에 제시한 세 개의 방정식에는 다음과 같은 세 가지 중요한 가정이 자리잡고 있다. (1) 공기저항을 무시한다. (2) 가속도는 일정하다. (3) 풋볼공의 비행경로 시작과 끝의 높이는 동일하다. 이러한 가정들 중 하나(혹은 그 이상)가 틀리다면 이 방정식들은 효력을 상실한다.

15 $\tan\theta=gT^2/2R$, $v_0=\sqrt{(gT/2)^2+(R/T)^2}$에서 나왔다.

16 $H=gT^2/8$로 계산할 수도 있다.

17 야구 물리학에 대해서는 K. Adair의 *The Physics of Baseball*(3rd edition, Perennial/Harper Collins, 2002)을 권한다.

18 공기항력에 대해서는 다음 장에서 더 많이 논의할 것이다. 공기저항이 여기서 우리가 하는 계산 결과를 크게 변화시키지 않기 때문에, 나는 계속해서 진공 모델에 기술적 초점을 두었다. 좀 더 자세히 알기를 원하는 독자들을 위해 〈식 4.2〉에서 $C_D=0.1$을 이용했다. 항력계수값을 이렇게 설정하는 것은 풋볼공에서 꽤 합리적이다.

19 〈그림 3.2〉를 이용해 $v_0 \simeq 60$mph 및 $\theta \simeq 38°$로 계산했다.

04 / 모형으로 우승시간을 예측하다

1 암스트롱은 2005년에 투르 드 프랑스 7연속 우승이라는 전무후무한 업적을 이루었다. 그리고 다른 선수들에게 우승의 기회를 주기 위해 은퇴했다가 2009년에 복귀했다.

2 투르 드 프랑스 팬들에게는 실망스럽게도, 울리히와 앞에서 언급한 이반 바소 같은 선수들은 2006년 투르 드 프랑스 경기에서 자격을 박탈당했다. 2006년의 투르 드 프랑스는 약물로 오염된 경기였다. 우승자였던 미국의 프로이드 랜디스 선수는 제17구간에서 믿을 수 없을 정도로 빠른 기록을 수립했지만 약물 도핑 검사에서 탈락되었다. 경기 주최측은 랜디스의 우승을 취소하고 2위 입상자인 스페인의 오스카 페라이로 지오를 우승자로 선언했다. 경기 후 한참 동안 랜디스의 약물복용이 발각되지 않았음을 감안하면 2006년 투르 드 프랑스를 우리 기억에서 지워버리는 것이 좋을 것이다.

3 이 책을 쓸 때의 100미터 세계기록 및 올림픽기록은 모두 자메이카의 우사인 볼트가 가지고 있다. '번개 볼트'는 2008년 8월 16일 베이징올림픽에서 9.69초를 기록했다. 놀라운 것은 마지막 10미터를 남겨두고 운동화 끈이 풀린 채 달렸다는 사실이다. 일부 과학자들은 그와 같은 일이 없었다면 볼트의 기록이 9.55초에 근접했을 것이라 주장한다.

4 나는 물론 첫 지점과 끝 지점 데이터로 구성한 직각삼각형 1개만을 이용할 수도 있다. 하지만 그와 같은 모형은 지형을 너무 단순화시켜서 오르막과 내

리막에서 달릴 때 나타나는 여러 변화들을 설명해주지 못한다. 그리고 컴퓨터의 계산 속도는 아주 빠르기 때문에 직각삼각형 몇 개로 구성하더라도 계산 시간에 차이가 거의 없다.

5 자전거-선수 묶음은 땅으로부터 위를 향하는 동일한 크기의 힘을 받고 있음을 기억해야 한다.

6 이것이 무엇을 의미하는지 잠시 생각해 보자. 공기는 무게가 없는 물질이 아니다. 공기 $1m^3$의 질량은 1.2킬로그램이며 무게로 나타내면 약 12뉴턴에 해당된다.

7 타이어는 약간 '편평해지는' 반면, 도로는 콘크리트와 같은 재질로 만들어진 경우 변형되는 정도가 작다.

8 이 개념은 Nicholas Giordano와 Hisao Nakanishi가 쓴 *Computational Physics* (Pearson Prentice Hall, 2006) 24~25쪽에 나온다. 이 책에는 자전거의 움직임을 컴퓨터 모형으로 만들 때 적용된 몇 가지 간단한 개념을 싣고 있다.

9 역학적으로 말하면 지구-물체 계의 위치에너지를 변화시키는 것이다. 위치에너지 개념은 하나 이상의 물체에 적용된다. 즉, 단지 하나의 물체에만 관련된 위치에너지는 의미를 갖지 않는다. 그러나 물체를 공기 중에서 들어 올릴 때 지구는 거의 움직이지 않기 때문에 이 문제에 대해 걱정할 필요는 없다.

10 에너지를 나타낼 때 흔히 이용하는 또 다른 단위로 '칼로리(cal)'가 있는데, 1cal는 약 4.2J이다. 식품 포장의 영양표시에 적힌 '칼로리'는 킬로칼로리(kcal)를 의미하며, 이 단위를 '영양칼로리' 혹은 '큰칼로리'라고도 부르며, 영문 첫 글자에 대문자를 사용하여 'Cal'로 표시한다. 1kcal 혹은 1Cal는 1000cal이다. 전력회사의 전기요금 청구서에는 사용량이 kWh로 표시된다. 1kWh는 3.6×10^6J이다.

11 마력(hp, horse power)이라는 단위도 많이 사용되는데, 1마력은 약 746와트에 해당된다.

12 예를 들어, Edmund R. Burke의 *High-Tech Cycling: The science of Riding Faster* (Human Kinetics Champaign, Illinois, 2003)와 같은 책이다.

13 팀 타임트라이얼 경주에서는 바싹 붙어서 달리는 방법이 중요한 전략이지만 개인별 타임트라이얼에서는 금지되어 있다. 각각의 개인별 타임트라이얼 경

주에서 이렇게 붙여 달리다 걸리면 벌칙으로 시간이 부과된다.

14 제16구간은 예외다. 앞에서 논의했던 것과 같이, 이 구간은 계속해서 산을 올라가는 오르막이기 때문에 날렵한 옷과 헬멧은 큰 도움이 되지 않는다.

15 벤자민 하나와 나는 투르 드 프랑스 모델링에 대한 논문을 2편 발표한 바 있다. 첫 번째는 "Model of 2003 Tour de France"(*American Journal of Physics* 72(5), 575-79(2004))다. 이 논문은 투르 드 프랑스의 경사면 모형을 제시했다. 두 번째 논문은 "Inclined-plane model of the 2004 Tour de France"(*European Journal of Physics* 26(2), 251-59(2005))다. 두 논문에서 투르 드 프랑스 모델링의 상세한 사항뿐만 아니라 우리가 선택한 변수들과 관련된 방대한 참고문헌을 볼 수 있을 것이다.

05 / 더 큰 추진력과 각운동량

1 1924년 조지 말로이와 앤드류 어빙이 죽기 전에 에베레스트 정상에 도달했을 가능성은 아직 밝혀지지 않고 있다. 그들의 실종 혹은 사망이 정상으로 올라가는 과정에서 아니면 정상 정복 후 하산하는 과정에서 발생했는지는 아무도 알지 못한다.

2 제3장 '주 15' 참고.

3 질량중심의 위치는 나의 추정일 뿐이다. 비먼의 질량중심의 정확한 위치를 정할 수는 없다. 하지만 10퍼센트 혹은 0.5미터 정도 낮아졌다고 추정하면 계산하는 데 있어 별 무리가 없다.

4 $v_{0x}=v_0\cos\theta$, $v_{0y}=v_0\sin\theta$인 것은 앞에서 이미 설명했다.

5 〈식 5.5〉는 관성텐서가 포함되는 좀 더 일반적 결과들 중 특수한 경우라 할 수 있다. 일반적 결과에 대한 이해는 이 책의 범위를 벗어난다.

6 다른 선을 선택하여 I를 계산해도 된다. 그러나 지리적 남북극을 지나는 선을 선택하는 것이 가장 자연스럽다. 하지만 I는 선택된 하나의 축에 대해서만 정의된다.

7 〈식 5.5〉의 합계는 적분으로 변환해야 한다.

8 이 개념은 제6장에서 매우 중요하다.

9 국제단위(SI)에서 라디안은 SI의 일곱 가지 기본 단위들 중 하나에서 '도출'된

다. 라디안에는 차원 단위가 없다. 예를 들어, 미터에 라디안을 곱하면 미터 값을 얻는다. 2π 라디안은 온전한 원에 해당된다. 온전한 원은 360도이기 때문에 1rad≃57.3°다. 공학자들은 각의 단위로 그래드(grad)를 이용할 때가 있는데, 400그래드가 온전한 원에 해당되므로 1rad≃63.7grad다.

10 이 책의 범위를 넘어서는 수학적 이유로 해서, 한정된 각도를 벡터로 표시할 수는 없다. 벡터의 '방향' 요소는 크기가 있는 어떤 각에 대해서는 잘 정의되지 않는다. 각이 극소, 즉 아주 작을 때 방향이 잘 정의될 수 있다.

11 순간값은 미적분학을 이용해야 하는데, $\omega=d\theta/dt$, $\alpha=d\omega/dt=d^2\theta/dt^2$가 된다.

12 그래도 나처럼 멍청한 물리학자가 멋대로 회전축을 선택해도 되는 것은 아니다. '자연스런 선택'이란 명백하게 보일 뿐만 아니라 수학적으로 가장 간단히 표현할 수 있는 것을 의미하는 경우가 보통이다.

13 $d\vec{L}/dt=\vec{\tau}^{\text{net}}$를 증명하는 것은 이 책의 범위를 벗어난다.

14 다음 논문을 참고했다. "Effect of wind and altitude on record performance in foot races, pole vault and long jump", Cliff Frohlich, *American Journal of Physics* 53, 726-30(1985).

15 파월은 점프할 때 약간의 뒷바람을 맞았다. 같은 대회의 같은 날 칼 루이스는 파월이 맞은 뒷바람과 거의 같은 세기의 맞바람을 맞으며 8.87미터를 점프했다. 파월이 점프한 그 시간에 루이스가 점프했다면 어떻게 되었을까?

06 / 물과 얼음에서 펼쳐지는 회전의 세계

1 컴펄서리 피겨(Compulsory figure, 규정종목)는 피겨스케이팅의 일부로 선수들이 얼음판 위에 스케이팅으로 특정한 '그림'을 만들어내야 한다. 심판들은 곡선이 삐뚤어진 부분 등을 보고 점수를 매긴다. 1968년 올림픽까지 이와 같은 컴펄서리 피겨가 전체 점수의 60퍼센트를 차지했다. 비트가 우승한 1984년과 1988년 올림픽에서는 컴펄서리 피겨가 전체 점수의 30퍼센트였다. 쇼트프로그램은 점수의 20퍼센트를 구성하는데, 선수들 모두가 2분 동안 특정한 동작을 구현하므로 선수들을 구체적으로 비교할 수 있다. 롱프로그램은 약 5분 정도의 시간이 소요되며, 비트가 금메달을 딸 때는 전체 점수

의 50퍼센트를 차지했다. 1980년대 이후 이러한 컴펄서리 피겨는 피겨스케이팅에서 없어졌다.

2 여기에 중성자 1개 혹은 2개가 추가되면 동위원소가 된다. 수소 원자의 핵에 중성자 한 개가 더 있는 동위원소를 중수소(듀테륨)라 부르며, 이른바 중수(重水)는 보통의 수소 대신에 중수소(듀테륨) 2개와 산소로 구성된 물이다.

3 나는 얼음이 미끄러운 특성에 대한 지식을 로버트 로젠버그가 2005년 12월《피직스 투데이(*Physics Today*)》, *pp*. 50-55에 게재한 "Why Ice Slippery?"에서 주로 얻었다. 같은 주제를 좀 덜 전문적으로 다룬 글로《뉴욕 타임스》 2006년 2월 21일자에 게재된 Kenneth Chang의 "Explaining Ice: The Answers Are Slippery"도 있다.

4 1994년 동계올림픽에서 카타리나 비트는 7위를 기록했다. 카타리나가 금메달을 목에 걸었던 1984년의 올림픽 개최 도시 사라예보가 1994년 올림픽 기간에 군대의 포위 하에 있었고, 카타리나는 자신의 금메달 획득보다는 사라예보에 평화가 오기를 더 간절히 원했다.

5 제5장의 '주 5'에서 언급한 것처럼 관성모멘트는 실제로는 관성'텐서'다. 따라서 〈식 6.1〉은 좀 더 표준적인 방정식을 단순화한 버전이라 할 수 있다. 여기서는 관성모멘트 및 각속도를 결정하는 데 이용되는 수직 회전축을 생각한다. 여기서는 에너지를 정량적으로 생각하는 텐서를 필요로 하지 않기 때문이다.

6 처음과 최종 회전운동에너지의 비는 ω_f/ω_i이며 이것은 I_i/I_f 비와도 같음을 보일 수 있다. 이와 같은 방정식을 가지고 독자들은 내가 예를 들어 제시한 숫자 외에도 다른 숫자를 적용하여 계산할 수 있다.

7 맥코믹은 1952년 핀란드 헬싱키올림픽에서 금메달 2개와 1956년 스웨덴 스톡홀름올림픽에서 금메달 두 개를 땄다. 맥코믹이 스톡홀름대회 3미터 스프링보드에서는 다이빙 역사상 가장 큰 점수 차이로 우승했다(최소한 이 책을 쓸 때까지는).

8 여러 책에서 스프링보드 다이빙을 다루고 있는데, 그중에서도 Charles Batterman의 *The Techniques of Springboard Diving*(MIT Press, 1968)이 좋은 참고도서가 될 수 있다.

9 계에 에너지가 제대로 투입되어 진동 폭이 증가하는 공명의 경우는 좋은 예이다. 루치아노 파바로티 같은 위대한 테너의 목소리가 공명할 때는 듣기 좋은 음악이 된다. 그러나 공명이 문제가 될 때도 있다. 1850년 프랑스의 앙제 다리가 무너졌는데 군인들이 발맞춰 행진하면서 다리에 큰 진동을 유발한 것이 붕괴 원인이었다. 그 사고로 226명의 군인들이 목숨을 잃었다. 그로부터 한 세기 반이 지난 지금 전 세계 군인들은 다리 위를 행진할 때 다리의 공명을 초래하지 않기 위해 발을 맞추지 않는다.

10 미국 다이빙경기 규칙 제7조에 판정에 대해 기술되어 있는데, 채점 기준을 매우 상세하게 제시한다. 나는 어렸을 적 루가니스가 올림픽 금메달을 따는 장면을 보면서, 심판들이 선수의 다이빙 모습을 지켜본 다음에 단순히 얼마나 잘했는지 자신들의 의견을 점수로 매긴다고 생각했다. 그러나 사실은 전혀 달랐다!

11 Cliff Frochlich. "Do springboard divers violate angular momentum conservation?", *American Journal of Physics* 47, 583-92(1979)를 참고하라.

12 아르키메데스는 기원전 282년부터 212년까지 살았던 그리스 과학자다. 그는 여러 가지 업적을 남겼는데, 그중에는 땅에서 물을 얻고 강에서 물을 끌어올리는 데 이용하는 나선식 펌프도 있다. 기원전 212년 아르키메데스가 살고 있던 시라쿠스가 로마군에게 포위당했을 때 군인 한 명이 그를 집에서 데려가려 했는데, 아르키메데스는 수학 문제에 골몰해 있던 중이라 이를 거절했고 화가 난 군인의 칼에 찔려 죽음을 당했다. 칼이 각도기보다 강했다!

07 / 휘어져 날아가는 킥의 과학

1 넬슨 리포트는 미국에서 1억4800만 명(전체 인구의 절반)이 2008 슈퍼볼 중 일부 장면만이라도 보았다고 보고했다. 그 경기는 1983년 미국 야전병원을 배경으로 한 드라마 〈매쉬〉 최종회의 미국인 시청자 수 1억600만 다음으로 역대 시청률 2위를 기록했다.

2 공중제비를 하듯이 뛰어올라 뒤로 회전하면서 거의 자기 키 높이에서 공을 찬다. 이때 하체의 모양이 자전거 페달을 밟는 것처럼 보이기 때문에 사이클 킥이라고도 부른다.

3 〈그림 7.4〉와 〈그림 7.6〉에 제시된 축구 데이터를 더 자세히 보려면 *Mechanical Engineering Science* 219권 pp. 657-66(2005)에 실린 Carre, Goodwill, Haake의 "Understanding the effect of seams on the aerodynamics of association football"을 참고하라.

4 매끈한 공의 데이터는 *Journal of Fluid Mechanics*, 54권, pp. 565-75(1972)에 게재된 Achenbach의 고전적 논문 "Experiments on the flow past spheres at very high Reynolds numbers"에서 얻었다.

5 Nicholas J. Giordano와 Hisao Nakanishi의 *Computational Physics*(2nd edition) p. 33을 참조하라.

6 Sheffield 연구진의 데이터 외에도 Bray와 Kerwin이 2003년 *Journal of Sports Science*(vol21, pp. 75-85)에 게재한 "Modelling the flight of a soccer ball in a direct freekick"도 내가 C_D를 추정하는 데 많이 참고하였다.

7 〈식 7.3〉은 $F_M=(1/2)C_L\rho Av^2$으로도 표시하는데, 여기서 C_L은 '양력계수'다. 속력이 너무 작지 않다면, 그리고 각속력이 너무 크지 않다면 C_L은 대략적으로 $r\omega/v$에 비례하고 그 비례계수가 C_M이다.

8 James Gleick가 쓴 *Isaac Newton*(Pantheon Books, 2003) pp. 79, 90에 실려 있다.

9 좀 더 수학적으로 말하면, $\vec{F}_M$이 $\vec{\omega}\times\vec{v}$의 방향을 가리킨다. 여기서 '×'은 '벡터 곱' 혹은 '벡터 외적'이다. 여기서는 '역 마그누스 효과', 즉 $\vec{F}_M$이 $-(\vec{\omega}\times\vec{v})$를 가리키는 특별한 상황에 대한 논의는 하지 않는다.

10 속력에 따라 달라지는 C_D라는 것은 속력이 감소하면 F_D가 약간 증가하게 되는 속력 범위가 있음을 의미한다. 〈그림 7.6〉에서 초속 8~9미터 부근이 이에 해당한다. 이와 같은 움직임은 내게 큰 흥미를 불러일으키지만, 여기서는 모든 것을 간단히 하기 위해 C_D를 계속 일정한 값으로 설정한다.

11 위의 '주 6'에서 언급한 Bray와 Kerwin의 연구와 함께 다른 두 개의 논문도 이용했다. Carre Asai, Akatsuka, Haake가 *Sports Engineering* vol.5, pp. 183-92(2002)에 게재한 "The curve kick a of football Ⅰ: impact with the foot". 그리고 Carre Asai, Akatsuka, Haake가 *Sports Engineering* vol.5, pp. 193-200(2003)에 게재한 "The curve kick of football Ⅱ: flight through the air".

12 야구의 통계와는 비교가 되지 않는다. 예를 들어, 어떤 투수가 왼손타자에 대한 성적을 알아보려면 아무 때나 큰 어려움 없이 통계자료를 얻을 수 있다. 나도 아마추어 야구통계가로 야구통계를 좋아하지만 축구에도 좋은 통계가 있나하고 찾아보았다. 혹시 독자들 중에서 관련 통계가 있는 곳을 아는 분이 있으면 내게 이메일을 보내주기 바란다.

13 Brandon G. Cook과 저자가 공동으로 *European Journal of Physics*, vol.27. pp. 865-74(2006)에 게재한 "Parameter space for successful soccer kicks"를 참조.

08 / 원반의 구심운동과 양력

1 오터가 예선 3위 안에 들었더라도 1980년 모스크바대회에는 출전할 수 없었다. 1979년 소련의 아프가니스탄침공에 항의하여 모스크바올림픽을 보이콧했기 때문이다.

2 국제육상경기연맹(IAAF) 홈페이지(www.iaaf.org)에서 원반던지기 경기규칙 책자를 다운로드할 수 있다.

3 서클의 중심과 원반의 착지 지점을 연결하는 선을 생각할 때, 이 선상에서 던지기 서클 원 앞쪽 안 모서리 지점이 거리를 측정하는 기준점이다.

4 자동차에 탄 상황을 예로 들면서 나는 자동차 외부의 정지된 관찰자 관점에서 뉴턴 법칙들을 적용했다. 자동차 밖에서는 가속을 설명하는 데 문제가 없지만, 자동차 내부라면 이야기가 다르다. 가속된 좌표계를 나타내기 때문이다. 이와 같이 '비-관성적' 좌표계에서는 뉴턴의 제1법칙이 적용되지 않는다(뉴턴의 법칙들은 관성 좌표계에서만 성립된다). 회전운동을 논의할 때는 관성 좌표계에서의 문제들을 분석하는 데 매우 신중을 기해야 한다(지구가 회전하기 때문에 생기는 문제와 비슷할 수 있다).

5 힘을 더할 때는 벡터로 계산해야 하는 것을 기억하자. 원반을 손으로 쥐는 데 필요한 힘과 구심력은 같은 방향이 아니다. 그러나 원반의 무게는 구심력에 비해 작기 때문에 계산에서 무게를 무시할 수 있다.

6 John Le Masurier, *Discus Throwing*(2nd edition), British Amateur Athletic Board, 1967.

7 미적분학에 능숙하다면 '최대로 한다'는 말이 미분값을 구한다는 뜻임을 알

것이다. 〈식 8.8〉을 미분하여 $\theta_0 = \tilde{\theta}_0$에서 $dR/d\theta_0$를 구하고 그 값을 0으로 두면 조금 재미있게 계산할 수 있다!

8 〈식 8.7〉에서 〈식 8.10〉까지는 시작과 끝의 높이가 다르다는 사실을 토대로 했다. 이러한 방정식을 유도하는 과정은 여러 책이나 논문에 실려 있다. 예를 들어, 다음과 같은 논문이다. "Maximizing the range of the shot put", D. R. Lichtenberg and J. G. Wills, *American Journal of Physics* 46 (5), 546-49(1978).

9 이와 같은 면적 비를 구하기 위해 〈그림 8.7〉로부터 추정했다. 이것은 각각의 말단이 삼각형이고 중앙이 직각인 형태로 구성되어 있다. 길이 측정은 NCAA의 *Cross Country and Track & Field: 2008 Men's and Women's Rules*의 43쪽에 실린 값을 이용했다. 그리고 전체 말단 면적을 〈그림 8.6〉과 같은 '돛 모양'의 둥근 면적으로 나누어 면적 비율을 구했다.

10 3차원적 분석을 위해서는 Mont Hubbard and Kuangyou B. Cheng, "Optimal discus trajectories", *Journal of Biomechanics* 40, 3650-3659(2007)를 참고하라. 이보다 더 오래된 논문으로는 T. C. Soong, "Dynamics of Discus Throw", *Journal of Applied Mechanics* 43, 531-36(1976)이 있다. 내가 여기서 설명한 이상으로 자세한 원반던지기 모형을 원한다면, 관련된 모든 각도를 따라 가다가는 원반보다 머리가 더 빨리 돌아가버릴 수도 있다는 것을 명심해야 한다!

11 나는 Cliff Frohlich가 그의 논문 "Aerodynamic effects on discus flight", *American Journal of Physics* 49(12), pp. 1125-12(1981)에 사용한 데이터를 인용할 수 있게 허락해준 데 감사드린다. 나는 그의 논문에서 원반의 비행을 모형으로 만드는 기법을 처음으로 배웠으며, 그는 이 장에서 내가 그러한 기법들 중 일부를 이용할 수 있도록 기꺼이 허락해주었다.

12 웹사이트 www.artoftheolympians.com을 방문하면 이 단체에 대해 더 많은 정보를 얻을 수 있다.

09 / 스모 선수의 칼로리 소모와 선형운동량

1 1934년에 시작된 메이저 골프대회인 마스터즈 대회를 중계하면서 미국 CBS 방송이 이런 표현을 사용했다.

2 도쿄에 있는 이 유명한 구역은 일본의 타임스퀘어에 해당하며, 구역의 중심

에 위치한 시부야역은 언제나 사람들로 붐빈다. 도쿄에서 아드레날린이 충만된 밤문화를 즐기고 싶다면 시부야를 방문해 보길 권한다.

3 이 책을 쓸 때 현역에서 활동하는 요코즈나는 두 명이었다. 2003년 1월에 68대 요코즈나가 된 아사쇼루 아키노리는 최초의 몽골출신으로 요코즈나에 올랐고, 2007년 5월에 몽골출신으로 두 번째로 하쿠호 쇼가 69대 요코즈나가 되었다.

4 그 후 1974년 7월, 55대 요코츠나가 된 키타노우미가 이 기록을 갱신했다. 다이호보다 1개월이 빨랐다.

5 6개의 리그가 있다. 최상위 리그는 마쿠노우치라 부르며 최상급 선수들 40명 정도로 구성된다.

6 거대한 체구의 두 리키시가 서로 부딪힌다는 뜻이 아니다.

7 양성자들이 서로 가까이 접근하여 융합되는 현상을 설명하는 고전물리학이 적용될 정도로 태양이 뜨겁지는 않다. 고전물리학에서는 금지된 일부 과정은 발생확률이 작기 때문에 양자역학이 이런 과정을 이해하는 데 도움을 준다. 우리는 매우 운이 좋다!

8 질량을 구하기 위해서는 핵자(양성자와 중성자)의 수를 합하면 된다. 예를 들어, 수소(H)는 핵자가 1개고 산소(O)에는 16개의 핵자가 있다. 그래서 포도당 1몰의 질량은 $6\times12+12\times1+6\times16=180$그램이다. 이러한 계산은 탄소(C) 1몰이 정확하게 12그램이라는 정의를 토대로 한 것이다.

9 포도당과 산소 그리고 ADP가 ATP로 만들어지기 위해서는 인산기가 필요하다. 신체의 에너지 전달에 대해 대체적 윤곽을 파악하면 되기 때문에 생화학적 지식을 깊이 파고들 필요는 없다.

10 일을 간단히 계산할 수 없을 때가 많다. 일에 대한 공식적 정의는 이동방향으로의 힘 성분에 그 방향의 이동거리를 곱한 값이기 때문에 방향이 변하면 수행한 일도 변하게 된다. 그러나 여기서 이에 대해 상세히 다룰 필요는 없다.

11 이 단락에 언급되는 모든 길이 측정은 Bruce Alberts et. al의 *Essential Cell Biology*(Garland Publishing, Inc., New York, 1998)의 참고문헌에서 인용했다.

12 미적분학에서는 〈식 9.8〉을 $d\vec{p}/dt=\vec{F}^{\text{net}}$로 표현할 수 있다.

13 다시 한 번 미적분학을 이용하면 〈식 9.10〉의 오른쪽 항은 힘을 상호작용 시

간으로 적분한 값으로 대체할 수 있다.

14 내 아내는 이것을 직접 체험했다. 텍사스 알링턴에서 2000년 7월 8일 토요일에 열린 야구경기에서였다. 샌디에이고 파드리스 야구단의 라이언 크레스코가 친 공이 1루 파울 구역 근처의 관중석으로 날아와서 내 아내의 오른쪽 손에 잡힌 것이다.

10 / 승부를 맞추는 *S*방정식

1 나와 내 가족들은 대학풋볼 경기 승부 맞추기를 하면서 어떤 방식으로든 돈을 건 적은 없다. 오직 재미를 위해서만 내기를 했다. 물론 수십억 달러가 오가는 불법 스포츠 도박이 있는 것도 알고 있다.

2 www.collegefootball.com/current_congrove_rankings.html 컴퓨터 시뮬레이션을 통해 미국 대학풋볼 상위 100팀의 순위를 매겨놓은 웹사이트다.

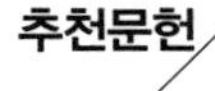

추천문헌

물리학

이 책에서 다루는 물리학은 물리학 개론, 특히 역학과 수업 시간에 논의되는 내용들로서 다음에 추천하는 문헌들과 함께 읽으면 스포츠 과학을 이해하는 데 많은 도움이 될 것이다.

Westfall, Richard. *Never at Rest: A Biograhpy of Isaac Newton*. Cambridge: Cambridg University Press, 1981. 역사상 가장 위대한 과학자 중 한 명인 아이작 뉴턴의 생애와 업적에 대해 쉽게 설명한 책이다.

Wolfson, Richard. *Essential University Physics*. 2 vols. San Francisco: Pearson/ Addison-Wesley, 2007. 책값이 비싸지 않은 물리학 개론서로 간결하게 정리하고 있다.

Zimba, Jason. *Force and Motion: An Illustrated Guide to Newton's Laws*. Baltimore: Johns Hopkins University Press, 2009. 뉴턴의 운동법칙을 쉽게 설명한 입문서로, 삽화를 통해 개념적으로 이해하는 데 도움이 된다.

스포츠

스포츠와 관련된 수학이나 물리학을 다루는 책이 점점 더 많이 출판되고 있다.

Gay, Tim. *The Physics of Football.* New York: HarperCollins Publishers, 2005. 풋볼 팬들을 고려한 책으로 미국 스포츠의 기초역학에 대해 깊이 있게 다루고 있다.

Lipscombe, Trevor. *The Physics of Rugby.* Nottingham: Nottingham University Press, 2009. 미국 외에서 미식축구(풋볼)에 해당하는 스포츠인 럭비와 관련된 물리학을 이 책과 비슷한 수준에서 다룬다.

Fontanella, John J. *The Physics of Basketball.* Johns Hopkins University Press, 2006. 농구와 관련된 물리학을 이 책과 비슷한 수준에서 다루고 있다.

Adair, Robert K. *The Physics of Baseball.* 3d. ed. New York: HarperCollins Publishers, 2002. 야구물리학의 고전이라 할 수 있으며 매우 재미있는 책이다.

Watts, Robert G., and A. Terry Bahill. *Keep Your Eye on the Ball.* New York: W. H. Freeman and Company, 2000. 야구에 대한 책이며 조금 더 전문적이지만 재미있게 읽을 수 있다.

Hache, Alain. *The Physics of Hockey.* Baltimore: Johns Hopkins University Press, 2002. 아이스하키를 좋아하는 분들에게 이 책을 권한다.

Jorgensen, Theodore P. *The Physics of Golf.* 2d ed. New York: Springer-Verlag, 1999. 골프 물리학을 잘 다루고 있는 책으로 전문적인 부록도 함께 있다.

Armenti, Angelo, Jr. *The Physics of Sports.* New York: Springer-Verlag, 1992. 스포츠 물리학에 관련하여 많은 수의 전문적 논문들을 모은 책으로, 《미국물리학회지》에 수록되었던 논문들을 많이 포함되어 있다.

Wesson, John. *The Science of Soccer.* Bristol: Institute of Physics Publishing, 2002. 개론적 수준에서 축구와 관련된 기초과학들을 대부분 다루며 마지막 단원에서는 좀 더 전문적인 내용을 상세하게 설명하고 있다.

Goldick, Howard D. *Mechanics, Heat, and the Human Body.* New Jersey: Prentice-Hall, Inc., 2001. 물리치료 분야에 지식을 쌓고자 하는 사람들에게 필요한 물리학의 기초적인 교과서다.

De Mestre, Neville. *The Mathematics of Projectiles in Sport.* Cambridge: Cambridge

University Press, 1991. 미분방정식 수준의 책으로 스포츠에서 포물선운동을 중심으로 다루고 있다.

Barr, George. *Sports Science for Young People*. New York: Dover, 1990. 아이에게 줄 책 선물을 찾고 있다면 추천할 수 있는 책으로, 스포츠 과학의 기초적인 교과서다.

Gardner, Robert. *Science Projects about the Physics of Sports*. Aldershot: Enslow Publishers, Inc., 2000. 아이들에게 선물하기에 좋은 또 다른 스포츠 과학책이다.

맥주

Denny, Mark. *Froth!: The Science of Beer*. Baltimore: Johns Hopkins University Press, 2009. 스포츠를 볼 때 차가운 맥주와 함께하면 금상첨화다. 맥주에 대한 갖가지 정보가 실려 있는 이 책을 읽으면 맥주를 더 맛있게 즐길 수 있을 것이다.

옮긴이의 글

이 책은 미국 버지니아 주의 린치버그대학 물리학 교수인 존 에릭 고프John Eric Goff 박사가 2009년에 펴낸 *Gold Medal Physics: The Science of Sports*(존스홉킨스대학 출판부)를 번역한 것이다. 저자는 스포츠를 직접 하는 것뿐만 아니라 보는 것도 즐긴다. 그리고 물리학도 좋아하고 스포츠 세계에서 물리학의 사례를 찾는 것도 무척 좋아한다. 이 책은 그러한 저자의 스포츠에 대한 사랑과 과학에 대한 열정이 농축된 것으로, 물리학을 통해 경이로운 스포츠의 세계를 이해하면서 즐길 수 있도록 서술하고 있다. 그리고 글에서도 밝혔듯이 저자는 독자가 이 책을 읽고서 직접 운동경기를 하거나 구경을 할 때 스포츠의 세계에서 벌어지는 재미있는 일들에 좀 더 가까이 갈 수 있기를 바라고 있다.

역자는 아무래도 남자보다 스포츠에 직접 참여할 기회가 적지만, TV를 통해 뛰어난 선수들이 인간의 신체적 한계를 극복하는 명장면을 볼 때마다 누구나 그렇듯이 전율을 느낀다. 이 책의 번역을 처음 의뢰받았을 때는 '스포츠와 물리학이 무슨 관계가 있기에?'라는 의문이 들었다. 하지만 책의 번역작업이 진행될수록 기존에 내가 의문을 가졌던 스포츠 장면이나 그냥 무심코 지나쳤던 중요 장면에 대해 과학적으로 설명할 수 있게 되었다. '아하!'라고 탄성을 내뱉으며 새로운 지식을 습득하며 감탄하는 순간들이 이어졌다. 역자는 물리학을 전공하지 않았지만 이 책을 통해 물리학과 스포츠, 과학과 스포츠 사이의 관계를 쉽고 분명하게 이해할 수 있었다.

전에는 김연아 선수가 얼음판 위에서 회전하면서 그 속도를 점점 빠르게 할 때 팔을 몸에 바짝 붙이는 모습을 보면서 그냥 그러려니 했지만, 그 동작의 물리학적 배경을 이해한 지금은 그 같은 장면을 보는 재미가 두 배로 커졌다. 바나나킥도 지어낸 말이거나 바람의 영향일 것으로 생각했지만, 원리도 알고 나자 축구경기에서 프리킥 하는 선수의 발동작도 살피고 골대까지의 거리와 벽을 만드는 수비수의 숫자나 바람의 방향까지도 가늠해보는 재미를 누린다.

다이빙 선수는 작용-반작용의 원리를 응용할 수 없는 텅 빈 공중에서 어떻게 몸을 비틀고 회전할까? 멀리뛰기 선수는 왜 공중에서 팔다리를 움직이고 자세를 바꿀까? 원반던지기 선수는 왜 몸을 먼저 회전시킬까? 씨름선수에게 무거운 체중이 절대적으로 유리한 조건일까? 스포츠에 참가하거나 보면서 누구나 한번쯤은 가져보았을 여러 의문을 재미있게 그리고 물리학적으로 설명하고 있다. 저자가 미국인이라 미식축구(풋볼)에 관련된 이야기는 조금 생소한 부분도 있지만, 스포츠를 좋아하는 사람이나 물리학을 좋아하는 사람이라면 누구나 좋아할 수밖에 없는 내용들을 다루고 있다. 스포츠와 관련된 물리학적 지식을 얻음으로써 세상을 보는 이해의 폭을 넓힐 수 있는 유익한 교양서로서 부족함이 없을 것이다.

원서에 수록된 사진 중 몇 개는 저작권자의 허락을 받지 못해 아쉽게도 일러스트로 대체할 수밖에 없었다. 그리고 결코 쉽지 않은 물리학이라는 분야를 번역하는 과정에 내용을 꼼꼼히 검토하고 교정해 준 대학원에서 물리학을 전공한 후배의 도움이 컸다. 모두에게 감사를 전한다. 역자에게 좋은 책을 번역할 수 있는 기회를 준 (주)양문에게도 늘 감사드린다.

2014년 12월

진 선 미

찾아보기

(ㄱ)

가너(Dwight Garner) 35, 36, 46, 293
가속도 벡터 62, 188, 218
가속도운동 56, 59
각가속도 113, 116, 185
각속도 벡터 113, 116, 194, 219
각속력 116, 156, 157, 185, 191, 193, 218, 303
각운동량 101~130, 132, 135, 140, 150, 159, 161, 299
각운동량보존 111~122, 123, 131, 132, 140, 144, 218, 275
각운동량보존의 법칙 150, 156, 157, 276
각운동량의 시간변화율 120
갈릴레이(Galileo Galilei) 18, 292
경계층 180, 181, 183, 186
경험적 방정식 22
고디언(Fortune Gordien) 208, 210
공기마찰 39, 190, 218
공기밀도 85, 93, 127, 129, 187
공기저항 50, 67, 68, 69, 70, 84, 85, 86, 91, 108, 113, 123, 126, 127, 128, 153, 180, 181, 182, 227, 241, 296, 297
공기항력 68, 85, 127, 185, 188, 189, 190, 218, 227, 230, 297
공-막대 모형 25, 135, 136
관성 좌표계 82, 304
관성모멘트 113, 114, 115, 116, 118, 120, 121, 124, 140, 142, 144, 146, 147, 157, 301

광합성 250, 254, 257, 265
구심가속도 222, 223
구심력 221, 222, 223, 259, 304
국제단위(SI) 63, 116, 299
국제축구연맹(FIFA) 173
그랑주떼 109
근삿값 25, 67
근섬유 261
근원섬유 261, 262, 263
근육세포 261, 262
기젤만(Scott Gieselman) 53

(ㄴ)

노르가이(Tenzing Norgay) 101
뉴턴(Isaac Newton) 22, 23, 188, 267, 292
뉴턴 역학 23, 292
뉴턴의 제1법칙 62, 220, 221, 292, 304
뉴턴의 제2법칙 62, 92, 109, 113, 163, 188, 194, 222, 234, 236, 267, 268, 269, 274
뉴턴의 제3법칙 38, 39, 41, 82, 151, 180, 186, 231, 271, 294

(ㄷ)

다넥(Ludvik Danek) 211, 212
다이빙 스프링보드 151, 152, 153, 154, 155, 159, 161, 162, 168, 216, 301
다이호 고키(大鵬幸喜) 247, 248, 259, 260, 267, 269, 270, 271, 272
닫힌계 142, 145, 167, 168, 252
더 플레이 31, 32, 35, 36, 37, 42, 45, 46, 47, 48, 49, 293
데이비스(Lynn Davies) 102
도테르(Mike Dotterer) 33, 34
도효이리 245
등가속도운동 56, 295

(ㄹ)

라인쉬(Gabriele Reinsch) 213
라테랄(패스) 32, 35, 36, 47~50, 293
레이아웃 자세 157
로저스(Richard Rogers) 35, 36, 48, 49
로젠버그(Robert Rosenberg) 139, 301
롱(Luz Long) 207
루가니스(Greg Louganis) 132, 148, 149, 150, 153~161, 162, 163, 164, 166, 167, 168, 169, 216, 302
리키시 244, 245, 246, 248, 249, 251, 253, 254, 255, 256, 258, 260, 265, 267, 270, 271, 272, 273, 306
립스콤브(Clare Lipscombe) 198

(ㅁ)

마그누스(Heinrich Gustav Magnus) 187, 188
마그누스 힘 187, 188, 189, 190, 230

마쥬리어(John Le Masurier) 223
마찰력 39, 91, 120, 157, 223, 271
매질 14
맥코믹(Pat McCormick) 148, 301
맨리(Elizabeth Manley) 133, 134
모언(Kevin Moen) 35, 36, 45, 46, 47
무질서도 168, 252
미국올림픽위원회 153
미국풋볼리그(NFL) 32, 54, 55
미론(Myron) 205, 206, 208
미오신 262, 263, 265
미오신 필라멘트 262, 263, 264
미오신 헤드 263, 264, 265, 266
미토콘드리아 256
밀데(Lothar Milde) 211

(ㅂ)

바나나킥 174, 196, 314
바람의 영향 69, 108, 314
바브카(Richard Babka) 210
바브카(Rink Babka) 241
바소(Ivan Basso) 72, 297
반입자 249
베니스터(Roger Bannister) 246
베컴(David Beckham) 173~175, 185, 187, 189, 190, 191, 192, 193, 194, 195, 196
베컴의 바나나슛 173~175
벡터 방정식 49, 62
변위 벡터 43, 45, 46
변형력 27
병진(평행이동) 대칭성 139
병진운동 107, 113, 144, 267
병진운동에너지 215
보스턴(Ralph Boston) 103
부력 163, 164, 165, 166
부양력 226, 230, 231, 232, 233, 234, 235, 237, 238, 239, 241
비머네스크 101~104, 130
비먼(Bob Beamon) 102, 103, 104, 105, 106, 107, 108, 110, 111, 112, 113, 119, 120, 122~125, 126~130, 211, 237, 241, 299
비어(Klaus Beer) 129
비열 167
비트(Katarina Witt) 132~134, 135, 137, 140, 141, 142, 143, 144, 145, 147, 148, 156, 276, 300, 301
빅뱅 249, 251
빛의 속력 13, 14, 15, 17, 18, 22, 23, 29, 250, 292, 293

(ㅅ)

산화 255
3미터 스프링보드 다이빙 153, 154, 155
상대속도 69, 229, 230
생체 소나 16

선험적 동등 확률 194
선형속력(직선속력) 156
선형운동량 112, 248, 267~274, 294
선형운동량보존 112, 275, 294
소리의 속력 14, 17, 18, 21, 22, 24, 291
속도 벡터 44, 48, 49, 65, 66, 220, 221, 224, 229, 231, 237
속도-시간($v-t$) 그래프 58, 59, 60, 296
솟아오르는 패스트볼 189
쇼트프로그램 133, 134, 300
수소결합 135, 136, 137
수직항력 83, 84, 87, 271
순간 속력 42~47, 105
순위요소 281, 282, 283
슐트(Jürgen Schult) 212
스트라포드(Troy Stradford) 53
스프링 25, 26, 27, 28, 41, 252, 265, 292
스핀력 187
신도 245
실베스터(Jay Silvester) 211, 212
쌍극자 136
쌍극자-쌍극자 상호작용 135, 136

(ㅇ)

아르키메데스(Archimedes) 161~166, 302
아르키메데스의 원리 164
아사시오 타로 248, 267, 271, 272, 273
아인슈타인(Albert Einstein) 82, 250, 290
아트 오브 더 올림피안스 241
알짜 외부 토크 113, 117, 119, 120, 233
암스트롱(Lance Armstrong) 71, 72, 73, 74, 78, 86, 90, 91, 96, 128, 162, 180, 229, 297
암스트롱(Neil Armstrong) 101, 102
액틴 262, 263, 264
액틴 필라멘트 263, 264, 265, 266
양자역학 23, 306
양자역학적 터널링 250
얼웨이(John Elway) 32, 33, 34, 37, 293, 294
에너지보존법칙 110, 112, 249, 252, 255
ADP 257, 259, 264, 265, 306
S방정식 275~290
ATP 256, 257, 259, 260, 261, 263, 264, 265, 266, 306
엔트로피 168, 252, 253, 254
열에너지 89, 250, 254, 255
열역학 148, 252~254, 275
열역학 제1법칙 168, 253
열역학 제2법칙 168, 169, 251, 252
영양칼로리 147, 148, 257, 258, 298
옐로저지 71, 72
오른손법칙 124, 188

오버핸드 커브 189
오스본(Tom Osborne) 295
오웬스(Jesse Owens) 207
오터(Al Oeter) 207, 208, 209, 210, 211, 212, 213, 214, 216, 217, 218, 219, 221, 222, 223, 224, 225, 226, 227, 229, 235, 237, 240, 241, 304
와일즈(Andrew Wiles) 102
요코즈나 247, 248, 306
운동마찰 40, 138
운동에너지 89, 112, 144, 167, 168, 181, 216
울리히(Jan Ullrich) 72, 297
워싱턴(Lee Washington) 8, 217
워커(Herschel Walker) 33, 34, 293
위치 벡터 43
위치에너지 152, 167, 217, 249, 266, 298
위치-시간($x-t$) 그래프 59
유레카 163, 164
유체역학 179, 181
융합반응 250
음성부양력 232
음전성 135
음파 14, 15, 16, 17, 21, 26, 153, 167
음향정위 16, 17
이네스(Sim Iness) 210
일률 75, 88, 89, 90, 91, 93, 94, 95, 98, 99, 259
일반상대성이론 23
일본스모협회(JSA) 244
임계속력 183, 185

(ㅈ)

자글러(Mark Zeigler) 295
자전거-선수 묶음 81, 82, 83, 84, 85, 86, 88, 90
작용-반작용의 법칙 38
장난감 모형 25~28, 136, 262
전기에너지 89, 167
전자기력 266
전자기에너지 254, 255
점입자 107, 108
정성적인 방법 27
정지마찰 40, 159
정지에너지 250
제동 토크 126
조던(Michael·Jordan) 51
존슨(Ben Johnson) 55, 295
종파 21, 24
중력 51~70, 82, 83, 91, 108, 113, 123, 127, 136, 153, 163, 165, 166, 167, 174, 188, 189, 190, 217, 226, 227, 295
중력가속도 62, 63, 64, 89, 90, 105, 129
중력끌림 249
중력에너지 89, 167

중력위치에너지 112
지오다노(Nicholas Giordano) 184
GPS(위성항법장치) 44
직선운동 116, 117, 119, 174, 219, 221, 274
진공물리학 240
질량중심 107, 108, 109, 110, 111, 112, 113, 117, 122, 123, 125, 126, 127, 128, 129, 144, 153, 154, 155, 156, 162, 185, 215, 217, 218, 224, 229, 273, 299

(ㅊ)

찬코나베 249, 251, 254, 255, 258, 265, 267
초유동체 헬륨3 101
출발속력 69, 105, 106, 110, 127, 128, 129, 154, 155, 192, 216, 218, 222, 224, 225, 265
충격량 269

(ㅋ)

카레(Matt Carré) 182, 183, 184
카를루스(Roberto Carlos) 203
캄파넬라(Roy Campanella) 5
캔 오브 콘 12
컴펄서리 피겨 300, 301
코너킥 175~179, 191, 197~202, 203
코사르(Bernie Kosar) 52, 53, 54
콩그로브 컴퓨터 순위체계 281
쿡(Brandon Cook) 7, 203
쿼크 114
킬러고래 17

(ㅌ)

타임트라이얼 94, 95, 98, 298
탄성위치에너지 152
터크 자세 157
테르-오바네시안(Igor Ter-Ovanesyan) 103
템포 259, 260, 261, 265, 266
토마스(Debra Thomas) 133, 134
투르 드 프랑스 71, 72, 74, 76, 77, 78, 79, 80, 81, 83, 86, 88, 92, 93, 94, 95, 97, 98, 99, 297, 299
특수상대성이론 23

(ㅍ)

파월(Mike Powell) 130, 300
퍼지 요인(오차범위) 85
펠란(Gerard Phelan) 54, 56, 57, 58, 59, 61, 65, 296
평균 속도 44, 45, 46
평균 속도 벡터 47
평균 속력 42~47, 73, 74, 75, 76, 86, 295
평형 26, 27, 292
포드(Mariet Ford) 35, 36, 48

포물선 방정식 67, 296
포물선운동 51~70, 104, 110, 172, 187, 224, 295, 311
포물선운동 모델 67
포스베리(Dick Fosbury) 110
포스베리 뛰기 110
포워드 패스 47, 48, 49
표면마찰 180
프란틀(Ludwig Prandtl) 181
프롤로그 80, 94
프리킥 173, 175~179, 191~197, 199, 200, 201, 203, 314
플루티(Doug Flutie) 52, 53, 54, 55, 60, 61, 62, 65, 66, 67, 68, 69, 70, 104, 105, 295
피구(Luis Figo) 173
피아트코프스키(Edmund Piatkowski) 210
피타고라스 정리 45, 47
필라멘트 262, 263, 264

(ㅎ)

하몬(Mark Harmon) 34, 35, 37, 38, 40, 41, 293
항력 84, 86, 87, 93, 94, 113, 127, 162, 163, 166, 183, 184, 187, 227, 230, 231, 232, 235, 241
항력계수(공기저항계수) 85, 93, 128, 182, 183, 184, 227, 229, 233, 297
헤니(Sonja Henie) 133
헤모글로빈 261
헤일 메리 34, 35, 53, 55, 66, 105, 295
회전력 124, 157
회전마찰력 87
회전속도벡터 124
회전속력 147, 156, 187, 191, 218, 219
회전운동 107, 113, 117, 118, 267, 274, 304
회전운동에너지 144, 145, 146, 148, 215, 301
힐러리(Edmund Hillary) 101, 102
힘의 작용선 119, 185, 218

금메달 물리학

초판 찍은 날 2015년 1월 15일 **초판 펴낸 날** 2015년 1월 22일

지은이 존 에릭 고프
옮긴이 진선미

펴낸이 김현중
편집장 옥두석 | **책임편집** 하금홍 | **디자인** 권수진 | **조판** 윤미정 | **관리** 위영희

펴낸곳 (주)양문 | **주소** (132-728) 서울시 도봉구 창동 338 신원리베르텔 902
전화 02. 742-2563~65 | **팩스** 02. 742-2566 | **이메일** ymbook@nate.com
출판등록 1996년 8월 17일(제1-1975호)

ISBN 978-89-94025-37-7 03400

* 잘못된 책은 교환해 드립니다.